U0266876

李 毓 佩 数 学 科 普 文 集

Collections of Li YuPei's Works
on Popular Science in
the Field of Mathematics

李毓佩●著

小诸葛
智斗记

长江出版传媒
Changjiang Publishing & Media

湖北科学技术出版社
HUBEI SCIENCE & TECHNOLOGY PRESS

图书在版编目（CIP）数据

小诸葛智斗记 / 李毓佩著. -- 武汉：湖北科学技术出版社, 2019.1

（李毓佩数学科普文集）

ISBN 978-7-5706-0386-2

Ⅰ．①小… Ⅱ．①李… Ⅲ．①数学－青少年读物 Ⅳ．①O1-49

中国版本图书馆CIP数据核字(2018)第143579号

小诸葛智斗记

XIAOZHUGE ZHIDOU JI

选题策划：何 龙 何少华

执行策划：彭永东 罗 萍

责任编辑：万冰怡 封面设计：喻 杨

出版发行：湖北科学技术出版社 电话：027－87679468

地 址：武汉市雄楚大街 268 号 邮编：430070

（湖北出版文化城 B 座 13－14 层）

网 址：http://www.hbstp.com.cn

印 刷：武汉市金港彩印有限公司 邮编：430023

710×1000 1/16 20.25 印张 4 插页 258 千字

2019 年 1 月第 1 版 2019 年 1 月第 1 次印刷

定价：72.00 元

本书如有印装质量问题 可找本社市场部更换

目 录
< CONTENTS >

1. 铁蛋博士

铁蛋博士是谁

铁蛋，我们大家可能都认识他。就是那个既聪明又机灵的小男孩，待人挺热情，爱打抱不平。对，他还喜欢帮助小同学，办事也挺热心。

这孩子怪招人喜欢的。他的学习好吗？

唉！就是有这点儿小毛病。他呀，上课不大爱专心听讲，有时候还爱搞点儿小动作。所以，他的功课学得不怎么样，特别是数学。

铁蛋着急吗？

铁蛋不着急。他认为这也不是什么大缺点。他从来都是高高兴兴的。

你瞧，这不是铁蛋来了！喏，就是背着书包的那个男孩。

哟，怎么啦！他怎么噘着嘴呀？

铁蛋当上了数学博士

今天，铁蛋可有点儿不大高兴，他的数学考试得了 59 分。再多 1 分，就不用补考了。偏偏差这 1 分，真伤脑筋。铁蛋拿着这张卷子，无精打采地往家走。

正走着，从一棵大树后面闪出来一个小人，铁蛋近前一看，浑身上下是小丑的打扮，原来是木偶剧团的演员"小机灵"。

铁蛋心里正烦着他那 59 分呢，也没顾得上想一想，木偶剧团的演员怎么能随随便便就溜出来了。小机灵却十分热情，拉住铁蛋的胳臂说："哎呀，铁蛋！今天晚上我们木偶剧团演出新戏，你跟我一块儿去看戏吧！"

听说是去看木偶戏，铁蛋高兴得跳了起来，把数学不及格的事儿一下子忘到了脑后，跟着小机灵看戏去了。

走哇，走哇，左转一圈，右转一圈，连木偶剧团的影子都没见到，天也渐渐黑了。这可怎么办呢？

铁蛋拉着小机灵的手说："小机灵，咱们俩准是走错路了，我的肚子也饿啦，咱们回家吧！"

小机灵叹了一口气，挠着脑袋说："唉，真倒霉。铁蛋，都怪我不好，领你走错了路。前面好像有灯光，咱们上那儿去看看。"

他俩朝着有灯光的方向走去。走着，走着，铁蛋产生了一种奇怪的感觉，他觉得周围的树木好像突然变矮了，房子也变矮了，连模样也变了，就好像全是用积木搭起来似的。

这是到了哪儿？铁蛋和小机灵走到一幢小房子的跟前，还没敲门，却听见屋里有嘈杂的人声，声音挺大，一直传到了窗外。

一个人说："哎呀！咱们胖总统出的数学题可真难，到现在还没一个人能算出来。"

另一个人说:"唉!咱们胖总统嘛,特别爱数学,可偏偏咱们矮人国的人,又都不怎么懂数学。"

又有一个人说:"所以胖总统特别喜欢懂数学的人才,他不是专门设了数学博士的学位,要招聘数学人才吗!"

铁蛋从窗户外面探头往里一看,只见屋里坐着许多从来没有见过的小矮人,正在那儿谈得津津有味,可谁也没有认认真真去做一道题。

小机灵趴在铁蛋的耳朵旁边,小声说:"铁蛋,你不已经是五年级的学生了吗?你去帮他算一算。"

铁蛋赶紧往后退,摇摇头说:"不行,不行,我的算术不怎么样。"

小机灵不管三七二十一,把铁蛋推进了矮房子。他向小矮人们介绍说:"各位,这位是我的朋友铁蛋。你们有什么数学难题解决不了,只管问他,他都能帮你们解决。"

小矮人们听说铁蛋会算数学难题,全都轻松地出了一口长气:"啊——"

一个瘦瘦的矮人站起来说:"铁蛋,昨天我们的胖总统出了一道非常难非常难的数学题,他说:谁要是算出来了,就请他当'数学博士'。你要是能把它算出来,那可就太好了。"

铁蛋怯生生地问:"是一道什么样的难题呀?"

"你可要注意听着,"瘦矮人的脸上表情严肃,一字一顿地说,"15加15,等于多少?"

铁蛋一听,心中一块石头落地,差点儿乐出声来。心想,这算什么数学难题呀!他立刻回答说:"等于30!"小矮人们又全都惊讶地出了一口长气:"啊——"那意思是:没想到,铁蛋这孩子,连想都不用想,就算出来了!真不简单。他们低声商量了一下,那个瘦矮人就站了出来,代表大家宣布说:

"铁蛋,你的数学真棒,令人十分钦佩,我们要带你去见胖总统。"

胖总统一见铁蛋还只是一个小孩，可已经算出了矮人国的公民们都没有算出来的数学难题，心里很是高兴。为了考查一下铁蛋，又加出了几道难题，他问：

　　"$100+100=?$"

　　"200！"铁蛋果然不假思索就答了出来。

　　"$185-45=?$"胖总统又问。

　　"140。"铁蛋对答如流。

　　"$18-18=?$"胖总统想，这个问题大概能难住铁蛋了。

　　"0呀！"铁蛋一点儿也没被难住。

　　铁蛋一口气答出了胖总统的三道难题，使胖总统感到十分惊讶。他问铁蛋："铁蛋，看来你是一个非常用功的好学生，学习成绩一定很优秀。你都学过哪些数学啦？"

　　几句夸奖的话，把铁蛋的脸都说红了。他很不自然地用手按了按装在口袋里的数学答卷，那上面他只考了59分呀！

　　小机灵不知道铁蛋的秘密，他把脑袋一晃，显露出木偶演员的口才，滔滔不绝地夸起了铁蛋。他对胖总统说："铁蛋可是个好学生呀，特别是数学，不管是几十位的加减法，还是上百位的乘除法，不管是求最大公约数、最小公倍数，还是小数、分数、混合运算，他都会。算术中出名的难题，什么'鸡兔同笼'啦，'围城植树'啦，'流水行船'啦，等等，都不在话下。至于算个三角形的面积或是圆锥体的体积，也都不成问题……"

　　铁蛋听小机灵越说越玄，心里很不是滋味，赶紧用手拉了拉小机灵的衣服，不让他再说下去。

　　可胖总统听得心花怒放，十分高兴地站了起来，大声说："我宣布，从现在起，任命铁蛋为我们矮人国的'数学博士'。"

　　胖总统的话音刚落，总统府里响起了长时间的鼓掌声。胖总统接着说："铁蛋，今后你就留在我身边，做我的数学顾问吧！"

铁蛋心里扑腾扑腾地直跳。他对胖总统说："那可不行，我出来没对爸爸妈妈说，也没向老师请假。"

胖总统说："这不要紧，小机灵可以先回木偶剧团，托他给你家人带个口信回去。"

小机灵也说："铁蛋，这一切你都不用担心，我回去以后，先去你的爸爸妈妈那里，告诉他们，你在这儿当上数学博士了，叫他们别挂念。老师那儿，我也去给你请个假。"

铁蛋转过脸，低声埋怨说："小机灵，你在胖总统面前把我吹得那么神，可是我的算术学得并不好哇！"

"这没关系，你不是一个小学生吗？以后还可以继续学习呀！"小机灵说着，从口袋里拿出一个小黑盒子递给铁蛋说，"这是带视频功能的通话机，你要是遇到什么困难，用它叫我就好了。"

铁蛋接过通话机又问："我用它呼叫我爸爸妈妈，或者呼叫老师，也行吗？"

"行。它是万能通话机，你想叫谁都行。"

铁蛋这才稍稍放了心，他依依不舍地把小机灵送到矮人国边境。

"你可别把我留在这儿就不管啦！"铁蛋先叮嘱了一句，再接着说，"小机灵，再见！"

"好好地当你的数学博士吧！"小机灵嘻嘻地笑着回答，"我会经常来看你的，你放心！铁蛋博士，再见！"

铁蛋就这样留在矮人国当上了数学博士，一切都很快乐。也有些小矮人来请他帮助解决数学问题，不过都很简单，铁蛋毫不费力就给解决了，所以，铁蛋就又像以前那样总是高高兴兴的了。

不料有一天，天刚蒙蒙亮，一阵震耳欲聋的枪炮声把铁蛋从梦中惊醒了。一个卫兵慌慌张张地闯进铁蛋的房间说："铁蛋博士，长人国前来侵犯我国边境了，胖总统要火速派军队出击，请你马上去商量委任军团司令的大事。"

博士差点被枪毙

胖总统紧急召见了铁蛋博士。胖总统说："铁蛋博士，今天清晨，长人国进犯我国边境。我们矮人国现在一共有三个军团，A军团有91人，B军团有140人，C军团有112人，你看我得任命多少名军官去统帅这三个军团才好？"

铁蛋问："总统，您有什么要求吗？"

"我们矮人国，人小，心眼也特别小，每个军官都要求自己带领的士兵人数一样多，少一个也不行。另外，为了保存实力，作战的时候也不能三个军团同时都开上前线，只能一个军团一个军团地出击。所以，我需要知道，最多任命多少名军官,使得这几名军官不管是去统帅A军团，还是去统帅B军团、C军团，每名军官所带领的士兵都一样多。"

铁蛋听了胖总统的话，马上就变得不那么高兴了，天知道得派几名军官才合适呢！问派几名军官，可以肯定它是一道数学题，可这是一道什么数学题呢？

铁蛋记起了数学课张老师的话，他一讲到数学应用题的时候，总是反反复复地提醒同学们：要做题先得会审题。

铁蛋皱起了眉头去"审"胖总统出的题。加法？不像。减法？也不像。乘法？更不像了！看来很像一道除法应用题，可是该用谁去除谁才合适呢？铁蛋可就想不大清楚了。

胖总统见铁蛋直皱眉头，半天没有回答，心里很着急，说："铁蛋，你倒是快点算呀！算不出来，我就没法出兵了。"

铁蛋心里比胖总统更加着急，他想：91、140和112这三个数中，最小的数是 91。就说 91 吧，让胖总统派 91 名军官去 A 军团，正好一名军官带领一名士兵，谁也不会生气。

铁蛋赶紧回答："报告总统，我算出来了。您任命 91 名军官最合适。"

胖总统听了铁蛋博士的回答，认为万无一失，马上下令：任命 91 名军官，统帅人数最多的 B 军团，火速还击长人国的军队。

没想到，胖总统的命令传达下去，没过一会儿，就听得总统府的外面人声嘈杂，又吵又闹，乱成一团。

胖总统正要问外面发生了什么事情，一名士兵跑进来说："报告总统！不好了。您新任命的 91 名军官，去统帅 B 军团的时候，由于每名军官所带的士兵不一样多，发生了争吵。"

刚报告完，就看见 91 名军官分成两派，乱哄哄地涌进了总统府。

胖总统连忙问："各位带的士兵，怎么会不一样多呢？"

一名军官对胖总统说："报告总统，我们 91 名军官到了 B 军团。您知道，B 军团有 140 人。先去的 49 名军官，每人带领了两名士兵。我们后去的 42 名军官，每人只能带领一名士兵。这怎么能行呢？"

胖总统气冲冲地对铁蛋说："铁蛋，你是怎么搞的，算错了数，误了我的军机大事，我要把你拉出去枪毙！"

铁蛋一听，吓了一跳，他哪想到做错一道题要受这么严重的处罚！急忙对胖总统说："总统，请原谅！刚才算得太急了，让我再想一会儿。"

胖总统一想，要是不让铁蛋算，又去找谁算呢？于是改了口气说："好，你回去再想想，想出来了马上告诉我！"

可怜的铁蛋回到自己的房间里，愁眉苦脸。他一下子哪能想得出来呢？这时要是有张老师来帮助自己就好了。哦，有办法了，小机灵不是给自己留了一台万能通话机吗！它到底灵不灵呢？

铁蛋赶紧取出通话机，把它打开，对着话筒低声而又急促地叫着："张老师，张老师，我是铁蛋，我是铁蛋！"

李毓佩
数学科普文集

小机灵果然不骗人，铁蛋马上从荧光屏幕上看到了张老师和蔼的面容，同时从耳机里听到了张老师亲切的声音："铁蛋，我是张老师，你叫我有什么事吗？"

铁蛋急忙把自己碰到的难题一五一十地告诉了他。

铁蛋发愁地问："张老师，这是个什么题呢？怎么这么难算哪？"

张老师笑着说："铁蛋，这道题并不难呀，你不是已经想到它是道除法题吗？你再想一想，怎样才能找到一个数，使得91、112和140这三个数，都能被它除尽呢？"

铁蛋本来就不笨，经老师一提醒，一下子就开了窍，他高兴地说："张老师，我想出来了，这是个求最大公约数的问题，我知道该怎么做了。"

铁蛋关闭了通话机，在纸上列出了求最大公约数的短除算式：

$$7 \, \big|\, \underline{91 \quad 140 \quad 112}$$
$$13 \quad 20 \quad 16$$

对啦，最大公约数是7。

铁蛋高兴地去见胖总统："报告总统，我算出来了！您应该任命7名军官。"

胖总统不像一开始那样痛快，怀疑地问："铁蛋，你能保证，这7名军官不管去哪个军团，每一名军官所带领的士兵，都是一样多吗？"

铁蛋这回也不像一开始那样糊里糊涂，他十分有把握地回答说："胖总统，请您放心。这七名军官如果去A军团，每人统帅13名士兵；如果去B军团，每人统帅20名士兵；如果去C军团，每人统帅16名士兵。再也不会争吵了。"

胖总统认为铁蛋说得很有道理，又重新任命了7名军官去统帅B军团。

在胖总统急需委派出军官的紧急时候，铁蛋帮助他做出了正确的决定。胖总统心里很高兴，他对铁蛋说："我的数学博士，你算得真好啊！

快来告诉我，你是怎样算的？假如我的三个军团的人数分别是 60 人、132 人、240 人，我应该任命多少名军官去统帅这三个军团呢？"

铁蛋又准确又迅速地写出了算式：

$$\begin{array}{r|ccc} 3 & 60 & 132 & 240 \\ 4 & 20 & 44 & 80 \\ \hline & 5 & 11 & 20 \end{array}$$

然后向胖总统解释说："您看，在这三个数里，3 和 4 是它们的公约数。您要是委派三名军官或四名军官到这三个军团去，每个军官都能统帅一样多的士兵，它们都是这三个数字的公约数。"

胖总统说："我派去的军官人数最多应该是多少呢？"

铁蛋马上回答："这就是求最大公约数的问题了。公约数 3 乘公约数 4，3×4＝12，您最多可以派 12 名军官到这三个军团去，他们到了这三个军团中的任何一个军团，每个军官也都能带领一样多的士兵。"

胖总统见铁蛋能告诉他派出军官的几种数字，认为铁蛋的学问真了不起，兴致勃勃地继续问："铁蛋，如果我派 10 名军官去，行不行呢？我喜欢'10'这个数字。"

铁蛋肯定地回答说："不行。总统，除了 1、2、3、4、6 和 12 这六个数目，其他的数目都不行。"

胖总统有点不大高兴，追着问："我不明白，为什么你说的数目就行，我说的数目就不行？你才是个博士，我可是个总统啊。"

铁蛋笑了。他学着张老师的口气，耐心地对胖总统解释说："总统，我告诉你的那几个数目，都是求最大公约数时求出来的，不是随便想出来的。别的数目不是这三个数的公约数，谁说都不行。"

胖总统明白了其中的道理，又照着铁蛋教的求最大公约数的方法，自己出了几个题目试算了一下，果然很灵。当他算到假设三个军团的人数是 71、140 和 43 的时候，求来求去，没有求到公约数。

胖总统奇怪了，叫住铁蛋说："铁蛋博士，你快看，在这几个数字中，它们的最大公约数是几呀？"

"1！"铁蛋在帮助胖总统的过程中，自己也变得聪明起来了，"1是所有正整数的约数。所以，当您碰到几个数字在一起而没有公约数的时候，它们的最大公约数就是1。"

"对！的确是1！"胖总统高兴地说，"要是碰到这样的情况，1就是我。我不管到哪个军团去，统统由我统帅，我就是全体士兵的总指挥。"

胖总统和铁蛋一边做题，一边议论，两人正谈得高兴，突然一名士兵跑来报告："警察部长要求立刻见总统，有要事呈报。他说，我们矮人国的重要军事情报被偷走了。"

设计追捕特务

警察部长气喘吁吁地跑来报告："三个军团的军事部署情报，全被长人国派来的特务偷走了。"

胖总统一听军事情报被偷走，非常生气。命令警察部长亲自追捕，要抓活的。

警察部长回答说："长人国派来的特务十分狡猾，他并不急于出境，而是带着情报驾驶着摩托车，绕着大山底下的环形公路一圈一圈地兜圈子。他想把情况侦察清楚以后，再携带情报逃跑。"

胖总统问："警察部长，你的摩托车和长人国特务的摩托车比较，谁的速度快？"

警察部长自豪地回答："报告总统，当然是我的摩托车的速度快！"

"既然你的摩托车比长人国特务的摩托车的速度快，那你追上他，把他抓住，没问题。"胖总统把问题看得很简单。

"可是总统，"警察部长犹犹豫豫地解释，"我们是矮人国的人，个儿矮，力气小，比不得他们长人国的人，个儿高，力气大，只怕我单独和那个特务相遇的时候，打不过他。"

胖总统说："这好办，我率领一支队伍埋伏在环形公路的交叉路口，你驾驶摩托车去追赶特务，在你单独追上特务的时候，先不要去惊动他。等你恰好在交叉路口追上特务的时候，再动手抓他，此时我再让预先埋伏在交叉路口的士兵支援你。"

警察部长认为这个办法很好，可是他问道："总统，您知道我得绕几圈才能和特务正好在交叉路口相遇呢？"

总统回过头来问铁蛋说："博士，你来帮助算算。特务绕山一圈50分钟，警察部长绕山一圈40分钟，他们同时从交叉路口出发，部长得绕几圈才能正好在交叉路口把特务截住？"

铁蛋眨巴着大眼睛想，上次遇到的军官带兵问题，我是用求最大公约数的方法解决的。这次追特务又该用什么方法来算呢？

胖总统见铁蛋总不出声，着急地在一边催促着："你倒是快算哪，晚了特务就跑啦！"

铁蛋没时间再想下去了，心想："反正得找出一个他们共同到达交叉路口的时间数，我还是用求最大公约数的方法算吧。"于是他列出了算式：

$$\begin{array}{r|rr} 10 & 40 & 50 \\ \hline & 4 & 5 \end{array}$$

铁蛋向总统报告："只需要用10分钟的时间，警察部长和特务就可以重新在交叉路口相遇。"

胖总统一听只需要用10分钟，于是下令叫警察部长马上去追。自己也急忙召集队伍，要求火速赶到交叉路口。谁知警察部长刚刚走到门口，就请求胖总统暂时停止前进。胖总统不耐烦地说："还不快点走！一共只有10分钟的时间，晚了就要耽误大事了。"

警察部长对铁蛋说："数学博士，你算得对吗？特务绕一圈要50分钟，我绕一圈要40分钟，10分钟以后，我和他都在山路的什么地方？能在交叉路口相遇吗？"

"这……"铁蛋一听，对呀！他们都从交叉路口出发，10分钟以后，两个人都还在半路上呢，怎么可能又在交叉路口相遇呢？他一时答不上来。

警察部长上下打量着铁蛋，悄悄对总统说："总统，铁蛋个头这么高，总在重要的时候算错题，他会不会是长人国派来的奸细？"

胖总统摇摇头说："铁蛋博士是小机灵向我推荐的，我知道小机灵是好孩子，铁蛋当然也是好孩子，不会是什么奸细。铁蛋年龄小，也许学了算术不大会用。让他再给算一算。"他转过脸来对铁蛋说："铁蛋，你再想想，看到底得用多长时间。"

铁蛋心里很难过，真后悔自己没有把算术学好，一碰到问题老是模模糊糊，"审"不清楚题，也就拿不准该用什么算法去做题。这回可来不及去问张老师了，只好学习着自己再分析分析。他想：前面派军官的问题，是需要找到几个数的最大公约数；而现在追特务的问题，是需要找到一个什么数呢？问他们各跑了几圈之后才能相遇？噢，对了……

张老师不是讲过这么一道题吗？两名自行车运动员在环形跑道上比赛，甲运动员绕一圈需要用10分钟，乙运动员绕一圈需要12分钟。两名运动员同时间、同地点、同方向出发，问需要用多长时间，两个人再一次在起点相遇？这时甲、乙运动员各转了多少圈？张老师说，这是一个求最小公倍数的问题。

现在，警察部长骑摩托车去追骑摩托车的特务，要求算出他们从交叉路口同时出发以后，转了几圈才能再在交叉路口相遇。原来我要找的不是它们的公约数，而应该是它们速度的共同倍数。为了节省时间，需要找出它们的最小公倍数来——哎，这不是求最小公倍数的问题嘛！

想到这里，铁蛋高兴地蹦了起来，忘记了矮人国房子矮，竟把脑袋撞出了一个大鼓包。

铁蛋还记得求最小公倍数的方法，他写了一个式子：

$$\begin{array}{c|cc} 10 & 40 & 50 \\ \hline & 4 & 5 \end{array}$$

40 和 50 的最小公倍数是 $10 \times 4 \times 5 = 200$（分钟）。

这回，铁蛋充满信心地把计算结果交给了胖总统，并且给胖总统出主意说："我们可以让警察部长先骑着摩托车趁着特务经过交叉路口的时候追上去。这时候，等于他俩都刚刚从交叉路口出发，200 分钟以后，警察部长正好转了 $20 \div 40 = 5$（圈），特务也正好转了 $200 \div 50 = 4$（圈），他们正好在同一时间回到了交叉路口。"

胖总统一面听，一面点头说："200 分钟还差不多，200 分钟合 3 小时 20 分。我率领队伍到那里，埋伏好，时间足够了。"

胖总统亲自带着士兵埋伏在交叉路口。时间一分一分地过去，两辆摩托车也一前一后风驰电掣般地从自己埋伏的地点闪过，胖总统沉住气，一动不动。过了 3 小时 20 分钟，特务和警察部长果然同时到达交叉路口。警察部长将摩托车往路中心一横，长人国特务没有提防，他的摩托车被撞倒在地，两个人展开了激烈的搏斗。只见胖总统把手一挥，埋伏的士兵大喊一声，一拥而上，活捉了特务，搜出了被偷走的军事情报。

这次追拿特务，轻而易举地取得了胜利，胖总统高兴极了，又问铁蛋："这次你用的什么方法，算得这么准确？"

铁蛋喜滋滋地回答："报告总统，我用的是求最小公倍数的方法。"

胖总统又问："最小公倍数怎么求法，我也学一学。"

铁蛋列出求最小公倍数的短除算式，胖总统一看就乐了，咧开大嘴哈哈笑着说："博士呀博士，你这个方法不是和求最大公约数的方法一模一样吗？"

铁蛋说："算法是一样，可是求的目的不同，得数也就不相同。最大公约数是求几个数共有的最大约数，只取除式左边的商；而最小公倍数是求几个数共有的最小倍数，除了取除式的商以外，还得乘上这几个数的余数。刚才第一回我就是把这道求最小公倍数的题，当作求最大公约数的题去做，结果算错了，要不是警察部长提醒我，险些出事！"

胖总统也不再追究铁蛋第一次的错误，只是对铁蛋说："这算术可真有用啊！你回去把求最大公约数和最小公倍数这两类问题，好好总结一下，别再搞错了。总结清楚了，我也要学一学。"

忽然，北边鼓声咚咚，军号嗒嗒。原来是 B 军团击退了长人国的入侵军队，矮人国居民沿途欢迎士兵的凯旋，场面十分热烈。

晚上，铁蛋回到房间，想起自己这一阵在矮人国遇到的事情，又高兴又惭愧。高兴的是自己还真用算术帮助胖总统解决了几道难题，惭愧的是每次算题总要出点差错。其实题也并不算难，只怪自己过去没好好学数学。于是他打开通话机呼叫张老师，请他给自己补习数学。打那以后，从不间断。通过一段时间的学习，铁蛋长进很快。

一天晚上，铁蛋正在向张老师学习数学。突然，窗户上映出了两个长长的人影，铁蛋收起万能通话机问道："谁?"没人回答，再问一声，仍没人回答。只听得"哗"的一声，门被推开了，闯进来两个蒙面人，两支枪逼住了铁蛋："不许动!"

宴会上的考试

两个蒙面人用黑布蒙住铁蛋的眼睛，用枪逼着铁蛋，把他绑架走了。

当解开蒙在铁蛋眼睛上的黑布的时候，铁蛋一下愣住了。他来到了一个多么奇怪的地方呀！

宫殿高大得出奇，比矮人国的总统府高出一倍；宫殿两旁站立着的士兵，一个个又瘦又长，比胖总统的士兵几乎长出一倍。宫殿正中的宝座上，坐着一个人，很瘦，看不出他有多高，想必也矮不了。

铁蛋气愤地高声质问："你是什么人？为什么绑架我？"

坐在宝座上的瘦长人先是一阵冷笑，接着说："这里是长人国，我就是长人国的瘦皇帝。过去我们攻打矮人国，由于他们的军官总是为了带兵不一样发生内讧，我们每战必胜，可以缴获大量的战利品。"说到这里，瘦皇帝生起气来，不由得提高了嗓门，"自从矮人国来了你这么个数学博士，矮人国的一切行动都有条有理，步调一致，害得我们第一次打了败仗！我派去的特务队长也被矮人国给活捉了。"

铁蛋说："那又怎么样呢？"

瘦皇帝皮笑肉不笑地对铁蛋说："既然你的数学那么好，我这儿解决不了的数学难题有一大堆。这次把博士请来，是想请你帮助算三道题。不过，请你记住，根据我国的法律，如果有一道题算得不对，我就立刻下令把你枪毙！博士，你看怎么样呢？"

铁蛋毫不畏惧地说："你们长人国无故侵犯矮人国，以强欺弱，以大欺小，我当然要帮助矮人国反抗你们的侵略！你有什么难题，尽管说出来吧！"

瘦皇帝说："好，好，你答应下来就好。给博士摆宴招待！"

瘦皇帝一声令下，碗、盘、杯、筷摆满一桌，奇怪的是什么菜也没有，里面全是空的。

瘦皇帝又下令："请皇太子！"不一会儿，只见两个卫兵领着傻呵呵的瘦太子走了出来。

瘦皇帝向外一招手说："上菜！"两个卫兵从外面抬进一个大笼子，笼子上面钉有木板，只能看见脚。

瘦皇帝说："今天的宴会，请大家吃烤兔和烧鸡。这个大笼子里面装有兔子和鸡，一共是 50 只，请你告诉我，这里面共有几只兔子几只鸡？"

铁蛋一听，心想：瘦皇帝给我出鸡兔同笼的问题了。就问："它们共有几只脚呢？"

瘦皇帝狡猾地笑了笑说："还没数呢！"

铁蛋知道瘦皇帝要故意为难自己，便想了一下，对瘦皇帝说："你不是说吃烤兔和烧鸡吗？请抬一个火炉来吧！"

瘦皇帝不知道铁蛋要干什么？就命令卫兵抬进一个火炉。铁蛋让卫兵把大笼子放在火炉上烤了起来。大家都觉得奇怪，一个个瞪大眼睛看着笼子。瘦太子觉得很好玩，跑到笼子旁边一个劲儿地往笼子里面瞧。

笼子底部热得烫脚，鸡都抬起了一只脚，个个"金鸡独立"。兔子也给烫得用后腿支撑着站了起来。

铁蛋对瘦太子说："你数数，这下面一共有多少只脚？"

瘦太子认认真真地数了一遍，说："不多不少，正好70只脚。"

铁蛋马上说："一共有20只兔子30只鸡。"

瘦皇帝听了，马上命令："卫兵，打开笼子，让瘦太子数一数。"

瘦太子站在笼子旁边，1，2，3，4，…，数完了兔子又数鸡，然后高兴地叫道："爸爸，真的，20只兔子30只鸡，一只不差！"

瘦皇帝只好让卫兵把笼子抬走。不一会儿，烤兔、烧鸡端了上来，大家动手吃了起来。

瘦太子坐在铁蛋的旁边，伸出大拇指说："铁蛋，你真不愧是数学博士，算得这么准，简直神了。你能告诉我是怎样算的吗？"

铁蛋说："你想想，火烤笼子的时候，鸡几只脚着地？兔子几只脚着地？"

瘦太子回答："鸡嘛……一只脚着地，兔子嘛……哎，两只脚着地。"说着就来了个"金鸡独立"，引得满屋人哄堂大笑，把瘦皇帝气得直哆嗦。

铁蛋问："如果从每只鸡和每只兔子中再减去一只脚，是不是只剩下每只兔子的一只脚了?"

瘦太子连忙答道:"对!对!"

铁蛋说:"刚才火烤笼子时,你数过了,共有70只脚。瘦皇帝告诉说,里面鸡兔共有50只。从70里面减去50,就好比把每只兔子和每只鸡的脚再减去一只。那剩下的不就是每只兔子的一只脚的数吗?也就是兔子的只数呀。因此,我先算出来兔子有20只,然后就知道鸡有30只。"

瘦太子高兴地跳着说:"办法高,想得奇,又烤兔子,又烧鸡。让剩下的脚数和兔子的头数一样多,先求兔子再求鸡。"说着,不一会儿,就把一只鸡吃完了。瘦太子对瘦皇帝说:"爸爸,我没吃饱,我还想吃。"

瘦皇帝对外面喊:"再抬一个笼子来!"只见卫兵又抬出一大笼子的鸡和兔来。

瘦皇帝对铁蛋说:"这次你不能用火烤了,因为我要吃清蒸兔子和清蒸鸡,请博士再给我算算,笼子里共有几只兔子几只鸡?"

铁蛋问:"它们一共有几只呢?"

瘦皇帝更加阴险地回答:"不知道。"

铁蛋想:这回不让我用火烤了,而且不但没有脚数,连头数也不告诉我了。我得想个什么办法去算呢?他想了一下对瘦皇帝说:"请给我一些青草和米粒,行吗?"

瘦皇帝没防备铁蛋会提出来这个要求,一时也猜不透他的用意,只得又答应了。

铁蛋不慌不忙,把青草放在笼子上面,把米粒撒在笼子底下。兔子闻见青草香,举起两只前腿扒在笼子上沿,后腿支撑着站立起来吃青草。而鸡呢,它们两只脚着地,忙着低头吃米。铁蛋让瘦太子数了一下脚数,有100只脚。

铁蛋把青草撤掉,又让瘦太子数了一下脚数,是150只脚。

铁蛋对瘦皇帝说:"笼子里有25只兔子25只鸡。"卫兵打开笼子一看，又是一只不差！

瘦太子佩服地说：“真神呀！又是一只不差！铁蛋博士，请你快告诉我，这次又是怎样算的呢？”

铁蛋说：“放上米和青草以后，你数了有100只脚。这时兔子前脚扒在笼子沿上，每只兔子和鸡一样，只有两条腿站在笼子里。这样的100只脚是几只兔子几只鸡呢？”

瘦太子想了想说：“这时的兔子和鸡都是两只脚，100只脚说明兔子和鸡共有50只。”

铁蛋夸奖瘦太子说：“你说得对呀，这样我们就知道了笼里兔子和鸡的总只数了，是不是？”

“是的。”瘦太子学算术的兴趣给提起来了，他接着问：“那你又怎样知道它们各自的只数呢？”

铁蛋对瘦太子说：“后来我把青草撤掉了，兔子就四脚着地，你又数了它们的总脚数，是150只脚。150只脚比100只脚多50只脚，这50只脚是谁的呢？”

“是兔子的呀！”瘦太子清清楚楚地回答，“这时笼子里的每只兔子比刚才多了两只脚，50只脚正好是25只兔子的。”

“对呀，”铁蛋继续鼓励瘦太子，“你已经算出来了，笼里的50只兔子和鸡当中，有25只是兔子，还剩下几只鸡，你还算不出来吗？”

“25只鸡！”瘦太子拍着手欢呼起来，“对极了！对极了！铁蛋博士，你讲得真明白。我上了十年学，总念一年级，老师说我笨，爸爸说我没出息。要是我的老师也像你这样讲，我准能升级。”

卫兵又端上清蒸兔子和清蒸鸡，瘦太子一个劲儿地让铁蛋吃，铁蛋也不客气，美美地吃了一餐。

瘦皇帝看到这一情景，心中直生闷气，自己出的难题不但没考住铁蛋，反而叫他吃了个饱，气得一拍宝座说：“好！博士，今天就算你答出了我的第一道难题。明天你再来，我要考你第二道题。"

瘦皇帝说完便叫士兵把铁蛋带进了牢房。

夜明珠在哪只盒子里？

第二天一大早，铁蛋被两名士兵带到瘦皇帝跟前。他看见桌子上摆着许多华丽的小盒子，小盒子上面编着 1，2，3，4，…，的号码。没等铁蛋看清有几个盒子，瘦皇帝就让一名卫兵用一块绸缎把小盒子全都盖上了。

瘦皇帝说："铁蛋博士！长人国的国宝——夜明珠，就在这些小盒子中的某一个盒子里，这些小盒子从 1 开始编号。除去那个装夜明珠盒子的编号之外，把其余编号都加起来，再减去装夜明珠盒子的编号，刚好等于 100。我问问你，夜明珠装在第几号盒子里？共有多少个小盒子？"

铁蛋一听可犯了难，既要求出装夜明珠盒子的编号，又要求出小盒子的个数，这可怎么做呢？一犹豫，就没有答话。

瘦皇帝突然发出一阵怪笑，对铁蛋说："数学博士！怎么样，不会算了吧？我要做到仁至义尽，给你三天时间，到时候你回答不出来，可别怪我不客气。来人！把他押下去。"

铁蛋回到牢房，一边想一边在地上画着："盒子有多少个不知道，应该设盒子数为 x 个。夜明珠放在几号盒子里也不知道，应该设夜明珠在 y 号小盒子里。这样不就有两个未知数 x 和 y 了吗？应该先求哪一个呢？怎样列方程呢？"

铁蛋反复琢磨，怎么也理不出一个头绪来。不免又想起了张老师，刚抓起万能通话机，又转念一想，为什么不自己先凑一凑呢？于是铁蛋先把前面的 10 个编号加在一起：

$$1+2+3+4+5+6+7+8+9+10$$

$$=(1+10)+(2+9)+(3+8)+(4+7)+(5+6)$$
$$=11+11+11+11+11=55。$$

这前 10 个号加在一起的和才是 55，铁蛋想，现在可以肯定，盒子不止 10 个。

那么，再加几个盒子呢？试试看。

铁蛋又把从 11 到 15 这 5 个号加在一起：

$$11+12+13+14+15=(11+14)+(12+13)+15=65。$$

这样从 1 加到 15，总共是 120，已经超过了 100。铁蛋想，看来夜明珠大概在前 15 个盒子里了，我在这个范围里面去凑凑。

夜明珠可能在哪号盒子里呢？ 120 比 100 多 20，根据题意，相加的答数应该去掉装有夜明珠盒子的号数，还得减去装有夜明珠盒子的号数，这两个数其实是一个数，因此，只要找到用 120 减去两个一样的数等于 100 就行。

啊！猜出来了，夜明珠应该在 10 号盒子里。因为从 120 减去两个 10，正好是 100！想到这里，铁蛋又高兴得跳起来了。

铁蛋这一跳不要紧，可把看守的士兵吓了一跳。士兵喝道："铁蛋，你要干什么？"

铁蛋对士兵说："快去告诉你们的瘦皇帝，他出的第二道题，我已经算出来了。"

士兵领着铁蛋来见瘦皇帝，铁蛋说："你出的第二道数学题，我算出来了。一共有 15 个盒子，夜明珠放在第 10 号盒子里。"铁蛋抢先一步将盖在桌子上的绸子"唰"的一下揭开，一数盒子正好是 15 个；铁蛋又拿起第 10 号盒子，"啪"地打开了盒盖，一颗光彩夺目的夜明珠显露出来。

瘦皇帝并不服输，他问铁蛋："你是怎么算出来的？"

铁蛋想，我当然不能告诉他是凑出来的，就说："我是用试验的方法求出来的。"

"试验法?"瘦皇帝哈哈大笑地说,"我不承认它是算术,这纯粹是瞎蒙,是瞎猫碰见死耗子。你说不出计算的方法,不能算数。把铁蛋带下去。"

铁蛋坐在牢房里直发愁,瘦皇帝不承认试验得出来的结果。用列方程解这道题自己又不会,怎么办呢?

忽然听见有人低声在叫:"铁蛋,铁蛋。"铁蛋一看,啊!原来是好朋友小机灵藏在角落里。铁蛋连忙转过身去挡住了士兵的视线,只见小机灵递过来一张折得很小的纸条,轻轻地说:"这是张老师让我带给你的。"

铁蛋接过纸条打开一看,上面写着:

$$1+2+3+\quad\cdots\quad+(x-2)+(x-1)+x$$
$$3+(x-2)=x+1$$
$$2+(x-1)=x+1$$
$$1+x=x+1$$

这是什么意思呢?铁蛋琢磨了一会儿,也就明白了。

三天的期限到了。铁蛋又被带到了瘦皇帝的面前,瘦皇帝幸灾乐祸地问:"铁蛋,怎么样?不许蒙,你就算不出来了吧!"

铁蛋不慌不忙地说:"我怎么算不出来呢?我设一共有盒子 x 个,设夜明珠放在 y 号盒子里。根据你出的题目,我可以列出以下的方程:

$$[1+2+3+\cdots+(x-2)+(x-1)+x]-2y=100。"$$

瘦皇帝打断铁蛋的话说:"你在一个方程式中放了两个未知数,怎么解呢?"

铁蛋把小机灵带来的纸条上写的式子列了一遍,对瘦皇帝说:"你看,根据这个式子,从 1 到 x 这几个连续数的和,可以归纳为以下的式子:

$$1+2+3+\cdots+(x-2)+(x-1)+x=\frac{x(x+1)}{2}。$$

李毓佩
数学科普文集

把这个式子代到我刚才列的那个方程中去，得

$$\frac{x(x+1)}{2}-2y=100。$$

解得

$$y=\frac{x(x+1)}{4}-50。"$$

瘦皇帝两眼直直地盯着铁蛋追问："你解到这里，也还是两个未知数呀！"

铁蛋毫不畏缩，他清晰地回答："有了这样简化的方程，我就可以根据题意对它进行分析。x 代表盒子数，y 代表夜明珠的盒子号数，它们都只能是正整数。这样我们就知道，$\frac{x(x+1)}{4}$ 必须是比 50 大的正整数，而且 $x(x+1)$ 必须得被 4 整除。"

"你说这个数到底是几呀？"瘦皇帝听得有点不耐烦了。

"你别急，我马上就能把它解出来。"铁蛋沉着地回答说，"x 和 $x+1$ 表示相邻的两个正整数，一个是奇数，另一个必定是偶数。如果 $x+1$ 是能被 4 整除的偶数，它只能等于 4，8，12，16，20…属于 4 的倍数；而 x 就只能相应地等于 3，7，11，15，19…这些数是差为 4 的奇数。如果 x 取这些奇数中小于 15 的数，比如取 $x=11$，则 $y=\frac{11\times(11+1)}{4}-50=-17$，$y$ 得负数，这显然不是我们要求的那个数；如果 $x=15$，则 $y=\frac{15\times(15+1)}{4}-50=10$，$y$ 得 10，经过验算符合题意。如果 x 取这些奇数中大于 15 的数，比如 $x=19$，则 $y=\frac{19\times(19+1)}{4}-50=45>19$，这表示 y 号小盒不在 19 个小盒子内，也不是我们要求的数。因此，在 x 能取的 3，7，11，15，19…这些数中，大于 15 的，小于 15 的都不合适。只有 $x=15$ 才正合适。所以，由 $x=15$，$y=10$ 可知，一共有 15 个小盒子，夜明珠必定在 10 号小盒子里。"

铁蛋有条有理，层次清楚，一口气说完了解法，瘦皇帝大吃一惊，心想：好厉害的铁蛋博士呀！可他还是不甘心地说："铁蛋，你虽然已

经解答出第一道和第二道题，但是还有第三道题等着你算呢。明天你要是答不出来，我还是要判你死刑的。"

铁蛋正想答话，忽然发现瘦皇帝宝座下面有个东西一闪。铁蛋定睛一看，啊！原来是他来了。

瘦太子害怕打屁股

铁蛋在牢房里来回走着，他正琢磨着：明天瘦皇帝还会出什么题呢？

"铁蛋博士，铁蛋博士！"忽然听得牢门外有人叫他。铁蛋抬头一看，是瘦太子。铁蛋把手伸出铁窗，和瘦太子握了握手。

铁蛋问："瘦太子，找我有事吗？"

瘦太子说："好几天没看见你了，我真想你。你那天又烤兔子又烤鸡，可真有意思。我那天吃了一只烧鸡，又吃了一只清蒸兔子，不过……"说到这儿瘦太子突然低下了头。

"不过？你怎么啦？"铁蛋追问。

瘦太子很伤心地说："我爸爸那天生气啦！说瞧人家铁蛋多聪明，才上五年级，就会做那么多数学题，埋怨我总念一年级，给他丢脸。第二天硬要我上五年级。你想，我上一年级都很吃力，上五年级更没门儿啦。我一道题也做不出来，昨天我爸爸打了我的屁股，把屁股都打青了，好痛呀！"

铁蛋同情地问："瘦太子，你看我能帮你做点什么呢？"

瘦太子说："只有你才能使我免于挨打。"说着从上衣口袋里掏出一张纸，递给了铁蛋。铁蛋一看，上面是几道四则算术题。

铁蛋说："这几道题，我都可以教给你怎么做。"

"嗯，嗯，那很好，"瘦太子一边点头一边说，"还有口答题哪！老师问我：我和我爸爸年龄之和是 55 岁，之差是 33 岁，求我的年龄和我

李毓佩
数学科普文集

爸爸的年龄。"

铁蛋问:"你怎么答的?"

瘦太子说:"我把 $55+33=88$ 算出来,再把 $55-33=22$ 算出来。我告诉老师,我爸爸 100 岁,我 34 岁。老师说我算得不对,可是错在哪儿啦?"

铁蛋惊奇地问:"你爸爸哪有 88 岁呀?你也没有 22 岁呀?你应该都除以 2。你父亲是 44 岁,你是 11 岁。"

"对!对!我是 11 岁。为什么除以 2 就对了呢?"

"你和你父亲的年龄之差是 33 岁,这说明你父亲比你大 33 岁。如果把你的年龄加上 33 岁,就等于你父亲的年龄,是不是?"

"是的。"瘦太子仍旧没明白,"可是老师没说我的年龄是几岁呀!"

铁蛋心想,这个瘦太子也真太糊涂,便把老师给他出的题意指出来说:"老师虽然没说你的年龄是几岁,但是告诉了你,你的年龄与你父亲的年龄之和是 55 岁呀。"

"对了,我的年龄在'和'里面哩!"瘦太子有点明白了。

"是呀!在你和你父亲年龄的和 55 岁上面,再加上你和你父亲的年龄的差,不正好等于你父亲的年龄的 2 倍吗?"

"是 2 倍!"瘦太子这下子完全明白了,"所以 $(55+33)÷2=44$(岁),当然是我父亲的年龄。"

"那么,你自己的年龄又该怎么算呢?"铁蛋继续开导瘦太子。

"照你教给我的方法去做呗!"瘦太子这回可不再发愁了,"将我和我父亲的年龄之和中减去我俩年龄的差,不就是我的年龄的 2 倍吗?所以,$(55-33)÷2=11$(岁),这就是我的年龄,一点不错。"

"你这样算是对的。"铁蛋进一步开导瘦太子,"不过既然已经知道了父亲的年龄是 44 岁,你直接用 $55-44=11$(岁),就把你的年龄也求出来了,这样算不是更简单一些吗?"

"是更简单些。"瘦太子傻呵呵地笑着，心里真开心。他又问："铁蛋，老师还问了我一道题：我和我爸爸年龄之和是 55 岁，22 年后，我爸爸的年龄恰好是我年龄的 2 倍。求我爸爸和我的年龄。你说这道题又该怎么算呢？"

铁蛋想了一下说："用 55 减去 22 再除以 3，就是你的年龄。"铁蛋在地上写着：

$$\frac{55-22}{3} = \frac{33}{3} = 11 \text{（岁）}.$$

瘦太子问："为什么要这样算呢？"

铁蛋解释道："你想一想，这 55 岁中包括了些什么？包括你父亲和你现在的年龄，对不对？"

"对！对！"

"你父亲现在的年龄是你现在年龄的 2 倍再加上 22。对不对？"

瘦太子连连摇头说："不懂，不懂。"

铁蛋一点一点分析题意说："再过 22 年，你父亲增加 22 岁，你也增加 22 岁，对不对？"

"那当然了，他长 1 岁，我也长 1 岁。"瘦太子对这点不含糊。

"老师出的题说，要等到 22 年以后，你父亲的年龄才是你的年龄的 2 倍，这说明你父亲现在的年龄比你现在的年龄的 2 倍还多 22 岁，对不对？"

"对。"瘦太子点点头，"所以得用 55−22。可是，铁蛋，不是说是年龄的 2 倍吗？你干嘛要用它来除以 3 呀？"

"又糊涂了不是。"铁蛋真耐心，"减出来的这个数字中，既包含有你父亲对你的年龄的 2 倍，还包含有你自己现在的年龄在内，你说该除以几才对呢？"

"啊！加上我自己现在的年龄在内，一共是 3 倍，是得除以 3。"瘦太子一明白就喜欢嘻嘻地笑，"铁蛋，我真高兴。你跟我这样一解释，我心里就清清楚楚；我爸爸一打我的屁股，我心里就糊糊涂涂。我爸爸真不好，他喜欢打人，有时还真要枪毙人哪！"

"他真有那样坏吗？"铁蛋问。

"嗯！"瘦太子承认。他向左右看了看，小声对铁蛋说，"你明天要留神点！我猜我爸爸非下毒手不可。"

铁蛋也小声回答说："不要紧，我有朋友。谢谢你了。"

铁蛋说的"朋友"，就是昨天在瘦皇帝宝座下看见的"他"。瘦太子还想和铁蛋多说几句话，听见远处有人在喊他，只简单地对铁蛋说了声"谢谢"，就一溜烟地跑了。

鳄鱼池旁的斗争

一大早，瘦皇帝就把铁蛋领到一个大水池旁边。铁蛋探头往里一看，一条非常长的、张着血盆大口的鳄鱼正在水中游动。

"我现在给你出第三道题。"瘦皇帝指着鳄鱼对铁蛋说，"这条鳄鱼的重量等于它本身重量的 $\frac{5}{8}$，再加上 $\frac{5}{8}$ 吨，请问我这条鳄鱼有多重呀？博士。"

铁蛋一听，噢！考分数啦，这我倒不怕。

铁蛋肯定地说："鳄鱼重量的 $\frac{5}{8}$，再加上 $\frac{5}{8}$ 吨等于鳄鱼重量，要求鳄鱼有多重。这 $\frac{5}{8}$ 吨就该占鳄鱼重量的 $\frac{3}{8}$ 了。这是知道部分求全体，应该做分数除法：

$$\frac{5}{8} \div \frac{3}{8} = \frac{5}{8} \times \frac{8}{3} = \frac{5}{3} = 1\frac{2}{3} \text{（吨）}。$$

鳄鱼重量为 $1\frac{2}{3}$ 吨。"

瘦皇帝又说："我这条鳄鱼是条名贵的长尾巴鳄鱼。它的尾巴是头长度的 3 倍，而身体只有尾巴的一半长。已经知道它的身体和尾巴加在一起的长度是 13.5 米。问这条鳄鱼的头有多长？鳄鱼总长有多少啊？"

铁蛋想了一下说："可以想象着把鳄鱼分成几等份，头部算一份。由于尾巴是头部的三倍，尾巴就该占三份。"

瘦皇帝追问："那么，鳄鱼的身体该占几份呢？你说。"

"身体是尾巴长度的一半，因此身体应该占 $\frac{3}{2}$ 份。这样鳄鱼的总长是 $1+\frac{3}{2}+3=5\frac{1}{2}$（份），其中头部恰好占一份。所以

$$头长=13.5\div(1+\frac{3}{2}+3)$$
$$=13.5\div\frac{11}{2}$$
$$=\frac{27}{11}$$
$$=2\frac{5}{11}\ （米）。"$$

瘦皇帝突然转身逼近铁蛋，恶狠狠地问："照你这么说，鳄鱼的头长是二又十一分之五米了？"

铁蛋刚想点头说"对"，只见昨天就躲在瘦皇帝宝座后面的小机灵，从瘦皇帝身后闪了出来，冲着铁蛋一个劲儿地摆手。

铁蛋灵机一动，反问瘦皇帝道："你说对不对呢？"

瘦皇帝面带杀机，加重了语气，说："铁蛋，我要是宣布说它不对，那就要判你的死刑了，你是不是死而无怨呢？"

铁蛋环顾四周，感到空气十分紧张，又想起瘦太子对自己的忠告，知道瘦皇帝的追问不怀好意。再加上小机灵直对自己摆手，显然自己刚才答得不对。他赶紧冷静地回顾了一下瘦皇帝给自己出的那道题，猛地醒悟过来，明白自己的差错出在哪里了。

他并不慌张，反倒微微一笑说："瘦皇帝，刚才我只不过是想试试你这个出题的人会不会算，和你开了个小小的玩笑。因为 13.5 米只是它身体和尾巴的长度，不包括头的长度，所以在求头长时，不能用 $1+\frac{3}{2}+3$ 去除，应该用 $\frac{3}{2}+3$ 去除才对。

$$头长 = 13.5 \div (\frac{3}{2} + 3)$$

$$= 13.5 \div \frac{9}{2}$$

$$= 13.5 \times \frac{9}{2}$$

$$= 3 （米）。$$

鳄鱼头长为 3 米，总长是 13.5+3=16.5（米）。你说对不对呢？瘦皇帝。"铁蛋一口气说到这里，感到轻松多了。

瘦皇帝狠狠地说："你死到临头了，还开什么玩笑！我再问你……"

铁蛋打断了他的话："瘦皇帝，你还有完没完？怎么一问接着一问。"

瘦皇帝大声喊道："铁蛋，告诉你，这是最后一问了。我花了 2500 金币，买了这条鳄鱼和修了这个水池。如果鳄鱼的价格贵 500 金币，那么，修水池的费用就是总钱数的 $\frac{1}{3}$；如果修水池费用少花 500 金币，那么，鳄鱼的价格就是总钱数的 $\frac{3}{4}$。问买鳄鱼和修水池各花了多少钱？"

铁蛋这回不敢粗心大意，先用心算了一遍，然后说："把总钱数加上鳄鱼贵出来的 500 金币，应该等于修水池费用的三倍，因此：

$$修水池费用 = (2500 + 500) \div 3 = 1000 （金币）。$$

把总钱数减去 500 金币，剩下的钱数的四分之三就是鳄鱼价格。

$$鳄鱼价格 = (2500 - 500) \times \frac{3}{4} = 1500 （金币）。"$$

瘦皇帝像个泄了气的皮球，无话可说。

铁蛋又说："瘦皇帝，这道题你多给了一个条件，题目的后一部分条件完全用不着。只要知道修水池的费用为 1000 金币，从总钱数 2500 金币中减去 1000 金币，剩下的 1500 金币就是鳄鱼的价格。你是否知道，出数学题时，条件既不能多，也不能少。看来你对出数学题的基本常识了解得还不够！"

瘦皇帝本想多用一个条件去扰乱铁蛋的思路，没想到反被铁蛋奚落了一顿，他又羞又恼。只听得铁蛋理直气壮地问："瘦皇帝，我已经解答了你出的全部题目，该放我回矮人国去了吧？"

瘦皇帝一阵狞笑："我可爱的数学博士，你还想回矮人国？哈哈……实话告诉你吧，我从把你抓来的时候起，就没打算叫你活着回去。"

铁蛋问："你身为一国之主，怎么能说话不算数呢？"

瘦皇帝狡黠地说："铁蛋，我只是答应说，你如果能算出三道题，我就不枪毙你。我可没说过不把你拿去喂鳄鱼呀。来人！把铁蛋推进鳄鱼池里。"

两个长人国士兵马上跑过来，抓住铁蛋就要往池子里面推。铁蛋一面反抗，一面大骂："瘦皇帝，你这个大坏蛋，你绝不会有好下场！"

正在这万分危急的时刻，忽然听得一声尖叫："住手，不许动！"

大家一愣，只见小机灵拿着手枪站在瘦皇帝的身后，枪口正顶在瘦皇帝的腰眼上。

小机灵一面摇晃着小脑袋，一面笑嘻嘻地说："我说瘦皇帝，你可真够坏的！人家铁蛋把三道题都答出来了，你还要害死他。对不起，我们是主持正义的，请你把我们俩送出边界。你胆敢说个不字，我食指一动，你就完蛋啦！"

瘦皇帝大吃一惊，颤着声音问："小机灵，你从哪儿来的？"

"我吗？"小机灵继续笑嘻嘻地说："知道你对铁蛋不怀好意，昨天就躲在你的宝座后面了。铁蛋是我推荐他到矮人国去当数学博士的，我怎么能让你将他害死呢！"

瘦皇帝吓得全身发抖，无可奈何，连连点头说："我送你们出境，我送你们出境。"

瘦皇帝在前，铁蛋在后，小机灵用手枪顶着瘦皇帝。虽然旁边有大批的长人国士兵，但是他们谁也不敢动弹，眼睁睁地看着三人直奔边界走去，只有瘦太子躲在一个角落里，心中暗暗为铁蛋庆幸……

在回敦实城的路上

瘦皇帝把铁蛋和小机灵送到边界，眼睁睁地看着他俩回到了矮人国，气得咬牙切齿。小机灵又笑嘻嘻地向瘦皇帝一招手说："不用远送了，再见。"

小机灵对铁蛋说："瘦皇帝可能要派兵来追咱俩。"

铁蛋紧张地问："那怎么办？咱俩和他们拼吧！"

"不能蛮干！"小机灵一摆手说，"你先走，我有手枪，在后面保护你。你一听到枪声，就赶紧藏起来，别让他们发现。"

"不成，不成。我走得快，还是你先走。"铁蛋和小机灵商量着，"这儿离矮人国的首都敦实城有多远呀？咱俩最好能同时到达敦实城，一起去见胖总统。"

小机灵想了一下说："到敦实城的距离嘛，你算算吧，你每小时走5千米，我每小时走3千米，如果我比你早走$1\frac{1}{2}$小时，咱俩就能同时到达敦实城，你说从这儿到敦实城有多远呢？"

铁蛋笑着说："我问你敦实城离这儿有多远，你也让我算题。算就算，我每小时走5千米，只要再知道能用多少时间到达敦实城，就能算出它们之间的距离。"

"不错，你接着算。"

"你比我早走$1\frac{1}{2}$小时，在$1\frac{1}{2}$小时里你走了$3\times1\frac{1}{2}=\frac{9}{2}$（千米）。可以想象为从一开始，你就在我前面$\frac{9}{2}$千米，到达敦实城我正好多走了$\frac{9}{2}$千米，因此，咱俩才能同时到达。"

"不错，你接着算。"小机灵还是这句话。

"我为什么能追上你呢？是因为我走的速度比你快。每小时快$5-3=2$（千米），我是用每小时快出来的2千米来追补所差的$\frac{9}{2}$千米。这就求出了所用的时间：

$$\frac{9}{2} \div 2 = 2\frac{1}{4} \text{ （小时）}。$$

从这儿到敦实城的距离：

$$5 \times 2\frac{1}{4} = 11.25 \text{ （千米）}。"$$

小机灵说："对！就是 11.25 千米。"

铁蛋紧接着问："你同意先走啦？"

"我先走？"小机灵一摇脑袋说："没门儿。一个人单独走路多没意思。"

"对，我也不先走。我们俩一起走。万一瘦皇帝来追，我们就一同对付他们，好不好。"

"好。就这样。"小机灵痛快地答应。

走了不多时间，铁蛋突然"啊呀"一声，把小机灵吓了一跳。

小机灵问："你怎么啦？"

铁蛋说："我的万能通话机不见了！"

"啊！你丢在哪儿啦？"

"可能丢在边界上啦！"

小机灵说："我陪你回去取一趟。"

铁蛋摇头说："你别去啦！我走得快些，耽误不了到敦实城的时间。"

小机灵没办法，只好说："你什么时候能追上我呀？"

铁蛋想了想说："你每小时走 3 千米，我每小时走 5 千米。我去边界，一去一返只需要 $\frac{1}{2}$ 小时，在这 $\frac{1}{2}$ 小时内你往前走了 $3 \times \frac{1}{2} = \frac{3}{2}$（千米）……"

小机灵打断铁蛋的话说："这相当于从这个地方算起，我在你前面 $\frac{3}{2}$ 千米，你追我。我与你的速度差是 5−3＝2（千米/ 小时），你追上我所用的时间是：

$$\frac{3}{2} \div (5-3) = \frac{3}{2} \div 2 = \frac{3}{4} \text{（小时）。}$$

再加上你去边界所用的 $\frac{1}{2}$ 小时呢，一共用 $1\frac{1}{4}$ 小时你就能把我追上了。"

铁蛋又问："要是列个综合式来计算，你也会吗？"

"会呀！"小机灵回答，"时间 $= \frac{1}{2} + 3 \times \frac{1}{2} \div (5-3) = \frac{1}{2} + \frac{3}{4} = 1\frac{1}{4}$（小时），对不对？"

"对——呀！"铁蛋一面拖长着声音，一面用眼睛注视着小机灵，仿佛刚和小机灵认识似的，用夸张的口气说，"小机灵，没想到你的数学进步真快，又能出题考我，又能自己算题，不简单。"

"跟数学博士在一起，我能不长进吗？张老师也教我学数学哩！"小机灵说着，把手枪递给铁蛋，"你把它带在身上，别看枪小，威力可大啦。"

铁蛋赶回边境，顺利地找到了万能通话机，一点儿也没敢耽搁，原路赶回，又走了三刻钟，果然追到了小机灵。

小机灵问："铁蛋，路上没碰到瘦皇帝派来的追兵吗？"

铁蛋神气地回答："没有。我想他也没理由再来追我们。"

一路说着，他俩爬上了一座山。铁蛋突然弯下腰，双手捂着肚子，再也走不了啦。

小机灵着急地问："铁蛋，你怎么啦？"

"肚子痛。"铁蛋皱紧了眉头。

小机灵说："可能你刚才走得急了些。坐在这儿休息一下，我跑回敦实城请个医生来给你看看。"

铁蛋问："从这儿到敦实城还有多远？"

小机灵回答："多远我可说不清。只记得上次到矮人国来玩，我从这座山上以每小时 6 千米的速度下山，再以每小时 4.5 千米的速度走平路，到达敦实城共用了 55 分钟；回来的时候，以每小时 4 千米的速度通过平路，再以每小时 2 千米的速度上山，回到山上用了 1.5 小时，你算算从山上到敦实城有多少千米?"

铁蛋苦笑着说:"小机灵,真有你的!我的肚子痛得这么厉害,你还让我算这么绕人的问题。"

小机灵辩解说:"可是……可是这是当时的实际情况,那时我没去算它的距离呀!"

铁蛋坐在一块大石头上,有气无力地对小机灵说:"这样吧,我说你写,咱俩一起做。"

"行,行。你说我写。"小机灵连忙答应。

"咱们列方程做,可以快一点。"铁蛋说,"前几天张老师教给我解方程的方法。设你下山用的时间为 x 小时,走平路用的时间就是 $(\frac{55}{60}-x)$ 小时。从山上到敦实城的路程为:

$$6x+4.5(\frac{55}{60}-x)。$$

再考虑往回走,设上山用的时间为 y 小时,走平路用的时为 $(1.5-y)$ 小时。由于从敦实城到山上和从山上到敦实城的路程相同,因此,可以列出一个方程:

$$6x+4.5(\frac{55}{60}-x)=2y+4(1.5-y)。"$$

小机灵问:"往下怎么做呀?"

铁蛋挠挠头说:"有两个未知数,需要两个方程才能解。现在只列出一个,另一个我列不出来了。"铁蛋翻来覆去地想,急出了一头汗。

小机灵也跟着一起着急。他对铁蛋说:"铁蛋,刚才你列出的那个方程,是从敦实城到山上和从山上到敦实城的路程相等。再想想,上山和下山,它们的路程也相等呀!"

"对!你提醒得好。"铁蛋一拍脑门儿说,"上山的时间和下山的时间虽然不一样,但路程是相等的。我可以列出另一个方程:

$$6x=2y$$

由这个方程解出 $y=3x$ 代入前一个方程就能解出来了。"

小机灵按铁蛋说的在地上算起来：

将 $y=3x$ 代入第一个方程，得

$$6x+4.5\left(\frac{55}{60}-x\right)=2(3x)+4(1.5-3x)。$$

解出 $\qquad\qquad\qquad x=\frac{1}{4}$（小时）。

$$\frac{55}{60}-\frac{1}{4}=\frac{2}{3}\text{（小时）。}$$

小机灵说："下山用了 $\frac{1}{4}$ 小时，走平路用了 $\frac{2}{3}$ 小时，这样就能算出从山上到敦实城的距离是：

$$6\times\frac{1}{4}+4.5\times\frac{2}{3}=1.5+3=4.5\text{（千米）。}"$$

铁蛋一听才 4.5 千米路，再加上已经休息了一会儿，肚子也不那么痛了，就站起身来说："剩下的路不多了，别再去麻烦人家，咱们还是走回去吧！"

"好，我搀着你一点。"小机灵关心地说。

铁蛋和小机灵两个人手拉手往敦实城方向走去。忽然听得前面锣鼓喧天，敦实城到了！只见胖总统带着官员正在城门口等候迎接。

胖总统握着铁蛋和小机灵的手说："你们辛苦了！"

重建总统府

胖总统在总统府举行盛大的欢迎会。胖总统首先致欢迎辞："今天，我们在总统府隆重欢迎铁蛋博士和小机灵从长人国凯旋……"

话还没讲完，忽听得地下发出一阵轰轰的响声，总统府的房子开始抖动，桌子、椅子东倒西歪，盘子、茶碗摔得一地，人们吓得手忙脚乱。铁蛋大声喊道："地震！快跑！"

人们刚跑出去，"哗啦"一声，总统府倒塌了。敦实城在刹那间变成了一片废墟。胖总统坐在地上，抱头痛哭。

铁蛋安慰说："胖总统，您不要难过，只要大家齐心协力，一定能建设起一座更加美丽的敦实城。"

一位秃头驼背的老人走到胖总统跟前，咳嗽了一声，对胖总统说："咱们要尽快地把总统府建起来，还得有个救灾指挥部。"他是矮人国连任40多年的建筑部长。

胖总统听铁蛋和老建筑部长这么一说，精神振奋起来，立刻召开紧急会议，成立了救灾指挥部，研究建设总统府的方案。

建筑部长说："依我看，原来的总统府设计就挺好，外形是正方形，坐北朝南，方方正正。占地面积也好算，等于它一条边的自乘，真是又好看，又好算。"

警察部长说："过去的总统府，就那么一间正方形的大屋子。胖总统开会、办公、接待外宾都在那一间大屋子里，很不方便。这次重建，如果还要建成老样子，我可不赞成。"

"你不赞成？"胖总统说，"那你看我们应该设计一个什么样的总统府才好呢？"

"嗯……"警察部长略微想了一下，"我设计了三间圆形的房子，一间是总统办公室，一间是外宾接待厅，另一间是会议厅。"

胖总统说："好，总统府建成三间，就方便多了。"

建筑部长反问："三间圆房子连在一起，中间再加上一条通道，像个什么样子？"

小机灵插话说："像一串糖葫芦。"

"哈哈，一串糖葫芦！"建筑部长带着嘲讽的口吻说，"再说，糖葫芦的面积好算吗？"

警察部长瞪着眼，一时答不上来。

小机灵给警察部长解了围，他说："这个面积倒也好算，圆面积公式是 3.14×半径×半径。只要知道圆的半径，三间圆房子的面积就求出来了。"

可是胖总统却连连摇头说："像个葫芦一样的房子，我可不想去住。"

外交部长又建议说："总统府设计成梯形的也挺好，前面宽大，后面紧凑。"

胖总统也不同意说："上哪儿去开会呢？"

几个方案讨论来讨论去，谁也拿不定主意。胖总统着急了，他对铁蛋说："你倒是说说，建个什么样的总统府，才又好看又实用呢？"

铁蛋跟小机灵商量了一会儿，画了一张图给胖总统说："您看这个样子好不好？前面是梯形，做外宾接待室；中间是正方形，做总统办公室；后面是圆形，做会议厅和宴会厅。"

胖总统连连拍手说："这个设计结构新颖，我就要这样的总统府。"说着他又用手指了指圆形和方形相接的地方间："这办公室跟会议厅怎么连接才好呢？"

小机灵又插进来说："接在四分之一圆弧长的地方正好，这样就不会像串糖葫芦了。"

建筑部长皱起眉头对胖总统说："总统，您得好好想想再做出决定，盖房子可不是件容易的事儿，这么复杂的图形，怎么计算它的占地面积呀！"

胖总统一听，也对，他马上问铁蛋："铁蛋，你能把它的面积算出来吗？"

铁蛋毫不迟疑地回答："这还不好算，它是由三个部分组成的，我只要把三个部分的面积都求出来，然后加在一起就算出来了。后面这个圆形会议厅的半径是 8 米，这样，它占地的面积就是……"说着，他在地上写了一个公式：

圆面积＝3.14×半径×半径＝$3.14×8^2$＝200.96（平方米）。

铁蛋正准备继续算下去，建筑部长戴起老花镜看了又看，打断铁蛋的计算，指着图纸，问："铁蛋博士，这个建筑的面积是一个圆吗？它比圆还差一块呢！"

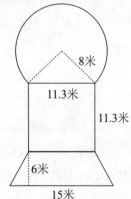

铁蛋一看，傻眼了，可不，刚才为了好看，把总统府的方形办公室接在圆形会议厅上了，所以这圆形会议厅的面积就不是个整圆，也就不能按求圆面积的公式去计算了。这块面积怎么算才好呢？铁蛋正着急，只见小机灵在地上悄悄写了一个"分"字。

铁蛋猛地醒悟过来，对建筑部长说："别急，我把它分开来计算。"说着，他将这个少了一块的圆分成一个三角形和一个扇形，"我先求三角形的面积，再求扇形的面积……"

"这个三角形面积怎么求哇？"建筑部长问。

"它是一个直角三角形。"铁蛋指着三角形的顶角，"它的面积等于：8×8÷2＝32（平方米）。"

建筑部长一点也不放松，紧追着问："铁蛋，你能肯定它是一个直角三角形吗？"

小机灵忍不住了，说："这条斜边，本来就是取的圆周长的四分之一所对的弦嘛，一个圆周角是360°，取它的四分之一，它的圆心角不正好是90°吗？"

建筑部长无话可说，只得说："那，剩下的这一块大扇形，你也不好算哪！"

铁蛋说："求扇形面积有公式……"话还没说完，铁蛋发现小机灵冲他直挤眼睛，马上改口说："其实也不必查公式，剩下的那块大扇形，

小诸葛智斗记　李毓佩 数学科普文集

就是圆面积的四分之三。"

铁蛋将已经求出的圆面积 200.96（平方米）乘以 $\frac{3}{4}$，得出答数是 150.72（平方米）。

建筑部长见几个问题都没有难倒铁蛋，有些气馁。铁蛋却信心越来越足，边说边算："现在我量出来这个直角三角形斜边的长是 11.3 米，因此，正方形办公室的面积就是：

$$11.3 \times 11.3 = 127.69（平方米）。$$

前面梯形的建筑面积是：

$$（上底＋下底）\times 高 \div 2 = (11.3 + 15) \times 6 \div 2 = 78.9（平方米）。$$

新总统府的占地面积是：

$$32 + 150.72 + 127.69 + 78.9 = 389.31（平方米）。"$$

胖总统一看，对建筑部长说："新总统府的占地面积和原来差不多大，我看就定下来吧。"

只见建筑部长勉强地点了点头，重建总统府的方案总算突破了老一套的建筑模式，铁蛋和小机灵正为此感到高兴的时候，突然看见建筑部长"咕咚"一声倒在地上。

胖总统以为建筑部长不同意这个方案，气得晕过去了，急忙说："建筑部长，你要是不同意，咱们再商量。"奇怪的是，忽然又有几位部长倒在地上不省人事，这是怎么啦？

别让狮子追上了

建筑部长等几位官员倒在地上不省人事，急坏了铁蛋、小机灵和胖总统。小机灵急忙从口袋里掏出万能通话机，和医学科学院的刘教授取得了联系。刘教授说："请你们尽快地送一个病人来诊断一下。"

胖总统准备让铁蛋、小机灵和警察部长护送建筑部长去医学科学院。

胖总统说："我们有大、小两辆救护车。大救护车的车轱辘直径是1米，每秒钟最多转6圈；小救护车的车轱辘直径是0.5米，每秒钟最多转12圈。铁蛋，你看乘哪辆车去更快一些呢？"

铁蛋说："乘小救护车吧，它的轱辘转得快，跑得一定快。"

小机灵摇摇头说："我看车轱辘大的跑得才快呢，转一圈跑的距离远，应该乘大救护车去。"

胖总统说："还是算算吧，看看到底是哪辆车跑得快。"

铁蛋说："我来算小救护车的速度。小救护车的轱辘每秒钟最多转12圈，每转一圈所走的路程等于车轱辘的周长。

小救护车每秒钟所跑的路程是：

$$12×小车轱辘的周长$$
$$=12×3.14×小车轱辘的直径$$
$$=12×3.14×0.5=18.84（米）。"$$

小机灵说："那大救护车的车轱辘每秒钟转6圈，大救护车每秒钟所跑的路程是：

$$6×3.14×大车轱辘的直径$$
$$=6×3.14×1=18.84（米）。"$$

胖总统说："算了半天，两辆救护车的速度原来是一样的。那就随便开一辆，马上走吧。"

大家七手八脚地把建筑部长抬上了救护车，警察部长把车子开走了。当把车子开到离山脚下还有600米远的地方，警察部长突然把车子刹住了。

铁蛋奇怪地问道："发生什么事了？"

警察部长指着山顶上的一块巨大的石头说："你看，这块巨石受地震影响，底部已经松动了，我们的车路过山脚下，万一巨石滚落下来，后果不堪设想。"

铁蛋看着躺在车里的建筑部长，病情严重，着急地说："我们不能总停在这儿不走呀，怎么办呢？"

警察部长说："如果勉强开过去，万一开到半路，山上的巨石滚了下来，把救护车砸坏了，又怎么好呢？"

铁蛋想，走也不好，停也不好。现在只有一个办法，就是假设遇到最危急的情况，车子刚刚开动，而石头也正好在这个时候往下滚动，如果能够知道当汽车通过这 600 米距离的时间，和石头滚到公路上的时间各是多少，就可以决定是不是有把握安全通过了。

警察部长说："解决这个问题比较容易。为了防止山石滚下来有可能砸车伤人，我们曾经对山石滚下来的时间进行过调查。"

铁蛋惊喜地说："这个调查太重要了，山石滚到公路上来的时间是多少呢？"

警察部长说："根据调查，一块大石头从山上滚到山脚下的时间大约需要 1 分钟。"

铁蛋点头说："好。刚才我们已经算出来了，救护车的速度是每秒钟 18.84 米，跑过 600 米的距离需要 $600 \div 18.84 = 31.85$（秒）。而石头滚下来需要 1 分钟，这就是说石头滚下来，是不可能砸着救护车的。警察都长，你就放心开吧，没问题。"警察部长答应了一声，救护车继续前进。

不好！由于救护车发动机的震动，山上的巨石开始往下滚落。巨石带着碎石和震耳欲聋的响声，从山顶上往下越滚越快。警察部长全神贯注，紧紧握住方向盘，沉住气一个劲儿地往前开，30 多秒钟以后，救护车终于冲过了危险区。当救护车又往前开出大约 500 米远的时候，只听得背后"轰隆"一声响，巨石砸在公路上，一块飞起的碎石落到救护车后面的玻璃上，玻璃被砸碎了。好险哪！救护车总算绕过了高山，开进了草原。

铁蛋看着美丽的草原，高兴地说："总算脱离危险了。"

警察部长说："你可别高兴得太早了，草原上的野兽多极了，有些野兽专追汽车……"警察部长的话还没讲完，只听见一阵可怕的吼声，原来有一群狮子向救护车追来。

铁蛋吓得忙问："警察部长，狮子追来了，这可怎么办？"

警察部长说："怕什么，咱们坐在车子里面，狮子伤不着咱们！"

铁蛋说："你忘了，刚才不是把救护车的后窗玻璃给砸破了吗？"

警察部长说："不要怕，只要救护车开出草原，狮子就追不上了。这儿离草原的边界大约还有 20 千米，狮子每秒钟能跑 20 米。你快来算算，在我们离开草原之前，狮子能不能追上咱们？"

铁蛋开始了紧张的运算：

$$20千米＝20000米，$$

救护车每秒跑 18.84 米，它跑 20000 米的距离所需要的时间是：

$$20000÷18.84＝1062（秒）＝17分42秒。$$

狮子每秒跑 20 米，它跑完 20000 米的距离所需要的时间是：

$$20000÷20＝1000（秒）＝16分40秒。$$

算到这里，铁蛋神情有点紧张，对警察部长说："狮子跑完这段距离需要的时间比救护车少 1 分零 2 秒，这就是说，在我们开出草原之前，狮子有可能追上咱们。"

小机灵是个木偶演员，他并不怕狮子，比较冷静，他提醒说："铁蛋，狮子离咱们还有 1000 米，你算上了吗？"

"唉哟！我忘了加上这 1000 米了。"铁蛋感到有了希望，急忙又开始了一系列紧张的运算：

$$狮子跑完1000米需要1000÷20＝50（秒）。$$

铁蛋比较了一下时间，又说："50 秒比 1 分零 2 秒要少 12 秒，还是狮子比救护车先跑完这段距离，它肯定能追上咱们。"

警察部长也有点沉不住气了，他急忙问："铁蛋，你倒是赶紧再算算，狮子将在多少时间以后追上咱们，也好有个准备。"

铁蛋算："现在狮子比救护车落后 1000 米，狮子每秒钟的速度比救护车快 $20-18.84=1.16$（米），它需要多少时间能追上咱们呢？$1000\div1.16=862$（秒）$=14$ 分 22 秒。哟！只要再过 14 分 22 秒，狮子就追上咱们了。"

还是警察部长有经验，他吩咐小机灵说："小机灵，拿出你的小手枪，盯住追来的狮子。"又递给铁蛋一根铁棒说，"铁蛋，你拿着这个武器，以防万一。我集中全部注意力来开好救护车。"

救护车飞快地在草原上奔驰，狮子也紧追不舍。只见狮子离汽车越来越近，铁蛋连狮子瞪圆的眼睛都看清楚了。突然，一头雄狮扑了上来……就在这千钧一发的危急时刻，一阵猛烈的机枪子弹射了过来，狮子狼狈地逃跑了。

原来是医学科学院的几名医生，怕铁蛋他们路上遇到危险，用直升机来接他们。

经过刘教授的治疗，建筑部长的病很快就好了，刘教授又给矮人国的其他患者带了一批药品。胖总统一行回到矮人国，继续商量重建敦实城的工作。

铁蛋问胖总统："重建敦实城需要一大笔钱，上哪里筹备呢？"

"钱倒是有，可是我说不准它到底在哪儿？"胖总统并没把铁蛋当外人。

"这是怎么回事？自己的钱在哪儿能不知道？"铁蛋感到十分奇怪。

胖总统从内衣口袋里掏出一个包得严严实实的纸包，打开一层又一层的包装纸，最后拿出来一张已经发了黄的破旧纸片，十分小心地递给铁蛋，嘴里说："铁蛋，你看看这个，就能明白我说的意思了。"

铁蛋接过来一看，不但不明白，反而愣住了。

千洞山上寻宝

铁蛋拿起胖总统给他的破纸条一看，只见那上面写着：

宝物藏□一棵□榆□下。出总□府南门，往南走3□6米，看到一个土堆，再□南走□8□米，总共往南走9□□米远，就到了大□树下了。9个数字，是九大将之名。

铁蛋用疑问的目光望着胖总统，那意思是问："总统，你给我的这张纸条是什么意思呢？"

总统明白铁蛋的意思，指着这张纸条说："前任总统生前为了防备长人国的进犯，把矮人国的全部财宝都藏在一个非常隐蔽的地方。这张纸条是他在临终前交给我的，告诉我这张纸条上面标有藏宝的位置，叫我不到急需的时候，不许动用。"

铁蛋问："这么宝贵的纸条，怎么破成这样子啦？"

"唉！"胖总统叹了口气说，"我怕把这张纸条丢了，整年放在贴身的内衣口袋里，谁料想被汗水浸成这个样子，现在连字都看不齐全了，可怎么办呢？"

小机灵忙安慰胖总统说："你别着急，咱们一起研究研究，也许能看出点门道。"

铁蛋也说："对！咱们研究一下。这条子上有些是文字，可以根据上下文琢磨出来，里面还缺了些数字，那也可以算一算，就是最后一句话不好懂。"

胖总统说："这句话我倒懂。从前总统府里有九员大将，他们作战勇敢，立过大功，前任总统尊敬他们，特地用1到9这九个数字为他们命名。这说明，算式里的九个数字，就是 1 到 9。"

小机灵说："那就好办了。纸条上写得明白，出总统府南门，向南走 900 多米，就找到埋宝藏的大榆树了。铁蛋，你列个算式，咱们算算要走九百几十几米。"

铁蛋立刻在地上写了一个算式：

$$
\begin{array}{r}
3\ \square\ 6 \\
+\ \square\ 8\ \square \\
\hline
9\ \square\ \square
\end{array}
$$

建筑部长挤上来一看，立刻说："这好算，百位数上肯定是 3 加 6⋯⋯"

警察部长没等他说完，就打断了他的话说："刚才胖总统已经解释说九大将的名字就是算式里的九个数字，九个大将有九个不同的名字，也就是说，每个数字只能出现一次，这个算式已经有一个 6 了，怎么会是 3 加 6 呢！"

铁蛋一拍脑门儿说："百位数上肯定是 3 加 5，再从十位数上进 1，加起来正好等于 9。"

胖总统说："百位数上填 5 是对的，现在还剩下 1、2、4、7 这四个数，该往哪儿填呢？"

老建筑部长又说："要是把 7 填在个位数上，6+7＝13⋯⋯"

话音没落，警察部长抢着说："这也不对！已经有一个 3 了。"

老建筑部长瞪了他一眼说："我还没说完哩！6+7＝13，不行；6+4＝10，九个数字中没有 0，也不行；6+2＝8，8 已经有了，也不行⋯⋯"

还没等他说完，铁蛋这边已经算出了答案：

$$
\begin{array}{r}
3\ \boxed{4}\ 6 \\
+\ \boxed{5}\ 8\ \boxed{1} \\
\hline
9\ \boxed{2}\ \boxed{7}
\end{array}
$$

铁蛋举着自己的答案高声说："我算出来的结果是这样，请大家看看对不对？"

大家一看，纷纷点头，都说，别看铁蛋年龄小，还是他算得对，又算得快。

胖总统这才一块石头落了地，眉开眼笑，对几位部长说："前任总统留下的财宝的地点总算算出来了，就在往南方向的 927 米处。咱们去挖财宝吧！"

说完，胖总统立刻带领大家向正南方向走去。走到 346 米处，果然看到一个土堆，又向南走了 581 米，刚好在一棵大榆树下停住了。大家动手，挖了足有 1 米多深，只挖出来一个小铁盒子。

胖总统看了看这个小铁盒子心里直犯嘀咕，说："这么个小盒子能装多少财宝呀？"打开铁盒一看，大家又都愣住了。原来里面根本没有什么财宝，只装了一把钥匙和一张纸条。纸条上写道：

宝藏在千洞山的一个山洞里。沿着南面山路上山，一边上山一边数洞，数到第 abc 个洞就用这把钥匙开门。a 是最小的质数，b 是最小的合数，c 是最大的个位数。

胖总统摸着脑袋说："千洞山我很熟悉，可什么是质数？最小的质数是几呢？"

铁蛋说："质数也叫素数，它是只能被 1 和本身整除的正整数。最小的质数是 1。"

"那就是说，a 代表的是 2。那什么是合数？最小的合数是几呢？"建筑部长问道。

小机灵说："正整数中去掉质数，剩下的就是合数了呗！"

胖总统说："这么说，合数就应该是这样的正整数了，它能被 1 和本身整除之外，还能被其他正整数整除。"

铁蛋点点头说："对！1、2、3都是质数，最小的合数是4，4能被1、2、4整除。因此我们知道 b 代表4。"

胖总统看见铁蛋和小机灵果真有本事，问题解决得十分顺利，心里说不出的高兴，拍着手说："好，a、b、c 三个数字当中，我们已经知道了 a 和 b 代表的数字，现在就只差 c 了。c 是最大的个位数——哦，这我知道，最大的个位数就是9呀！"

建筑部长这时也不再糊涂了，他抢先说："现在我们可以肯定地说，前任总统的财宝，就藏在千洞山的第149个山洞里面，是不是呀？"

警察部长白了他一眼，心里想：这又不是你算出来的，抢什么头功！胖总统并没有注意到这些，带领大家兴致勃勃地直奔千洞山的第149个山洞。

这时，来了一个士兵，凑在警察部长耳朵旁边悄悄说了几句话，警察部长就先抽身下山了。

好高的千洞山呀！山上布满了大大小小的山洞，大家沿着南面的山路上山，一边走一边数，数到第149个山洞的时候，胖总统赶快掏出钥匙准备开门，谁知大家进了山洞一看，都不禁惊呼起来，山洞空空，哪有什么门呀？

铁蛋忙问："这到底是怎么回事呀？是不是前任总统骗我们？"

"不会的！"胖总统肯定地说，"我们矮人国一向诚实，前任总统更是一个最诚实的人。是不是我们自己把数字算错了？"

大家低头琢磨着："错在哪儿呢？"

突然，铁蛋醒悟说："嗨！都怪我数学基本概念掌握得不好。1不是质数。"

"为什么？"大家不约而同地问。

"老师曾经把质数比喻为组成合数的'砖'和'瓦'。任何一个合数都可以用几个质数的乘积来表示。如果不考虑乘数的先后次序，那么，这个表示方式是唯一的。这是一条算术基本定理。比如 6＝2×3，9＝3×3。如果把 1 算成质数，那么 6 也可以写作 2×3×1 或 2×3×1×1，这样一来 6＝2×3 就不是唯一的表示方式了，重要的算术基本定理就会被破坏。所以，数学上规定 1 不是质数也不是合数，是一个特殊的正整数。"

小机灵也说："铁蛋说得对，最小的质数应该是 2，*abc* 应该是 249，咱们还差 100 个洞哪。"

胖总统又来了精神，像拉拉队长一样鼓动他的部长们说："各位部长，辛苦点，咱们接着爬吧!"

爬到第 249 个洞，大家又停住脚步。胖总统钻进洞内，果然看到一个小门。他用钥匙打开小门。啊! 里面果真有许多装满了金银财宝的箱子。

胖总统信心百倍地说："各位部长，这些财宝用来建筑敦实城是足够的了。不过，咱们还要节约使用。"

部长们都很同意胖总统的想法，正当大家兴高采烈地谈论这批宝物的时候，却见警察部长跌跌撞撞地跑了进来，一头栽倒在地上，胳膊上直往下流血，他说了一句："不好了，长……"就晕过去了。

周密地布置防守线

经过大家紧急抢救，警察部长渐渐地苏醒过来，他喘着粗气向胖总统报告说："不好了，长人国的瘦皇帝，得到了咱们正在寻找宝物的情报，派遣突击队偷袭敦实城来了。由于敦实城的防御工事在地震时都被震塌了，我只得带领一部分士兵跟他们展开巷战。长人国突击队的火力太强，我们边战边退，到了这里。请您火速发兵，击退前来侵犯的敌人。"

胖总统一听长人国又来进犯，勃然大怒："好一个瘦皇帝，你在我们地震受灾的时候，又来抢夺宝物。乘人之危，实在可恶！"胖总统一挥手，果断地说，"准备反击！"便带着大家一溜儿小跑向敦实城奔去。

大家刚刚跑下千洞山，迎面跑来一名士兵向胖总统报告："长人国突击队已经撤走，这是他们留给您的一封信。"

胖总统拆开信一看，只见上面写道：

矮人国胖总统：

　　瘦皇帝派我们到贵国取财宝，扑了一个空。请你把宝物准备好，改日我们再来取。

　　顺致

敬意

长人国取宝突击队

胖总统看完这封信，心里不由得打起鼓来，对部长们说："我们应该怎样对付他们呢？"

警察部长说："依我看，您必须派兵守卫敦实城。"

"对！"胖总统点头同意，"我命令 A、B 两个军团，沿敦实城旧城墙设防，每个军团值勤 12 小时，昼夜守卫，不得有误。"

老建筑部长接上去说："胖总统，宝物先别运回敦实城，暂时存放在千洞山上，关于宝物的贮藏地点，要注意保密。还要派兵守卫千洞山。"

"对！"胖总统又点头同意，"千洞山南面是大海，山势陡峭无路可上，用不着防守。我看，这守卫千洞山的任务，可交给警察部队。"

警察部长赶紧请示说："总统，您认为我应该怎样设防才好呢？"

"你们就在北面沿着千洞山的山脚，设一道半圆形的防线。防守要严密，每隔 10 米就派一个士兵守卫。"

警察部长又请示："您看要带多少名士兵呢？"

胖总统打开军事地图说："地图上标明千洞山的直径是 280 米，你只要算出这个半圆的弧长有多少米就行了。"

警察部长还在请示:"这个半圆的弧长又是多长呀?"

胖总统一向脾气较好,他也受不了啦!眼睛一瞪说:"这也问我,自己去算!"

警察部长申辩说:"我是警察部长,只会派兵,不会数学,不给我算好了,我怎么派兵呀?"

胖总统没法,只得说:"找铁蛋博士去,数学上的事全归他管!"

铁蛋接上来说:"你们别争啦!现在哪有时间抬杠。咱们快算。这千洞山的直径是 280 米,半径就是 140 米了。半圆的弧长=π×半径=3.1416×140。"

铁蛋正要算,小机灵出主意说:"铁蛋,这个算式里的圆周率是小数,计算起来太麻烦了,还不如用分数计算哩!"

胖总统听了,好奇地问:"什么?圆周率还有分数?我怎么没听说过?"

铁蛋自豪地说:"这个分数是我们中国古代著名数学家祖冲之最先算出来的呀。当时,他算出圆周率可以用 $\frac{22}{7}$ 或 $\frac{355}{113}$ 来进行计算,后面的这个数值在3.1415926与3.1415927之间。咱们就用分数 $\frac{22}{7}$ 来计算吧!"说着,铁蛋在地上算了起来:

$$\frac{22}{7} \times 140 = 440 \text{(米)}。$$

胖总统点点头说:"用 $\frac{22}{7}$ 来代替了 3.1416 确实是省劲多了。"

小机灵紧接着往下算:

"半圆弧长是 440 米。每隔 10 米站一名士兵,那么 440÷10=44(名),一共需要 44 名士兵。"警察部长知道了数字,答应了一声,急忙赶下山去派兵了。

过了一会儿,警察部长又满头大汗地跑了回来,向胖总统报告说:"算错了!我按照您的指示每隔 10 米站一名士兵,44 名士兵怎么也不够呀!"

"缺几个人?"胖总统问。

"缺一个。"警察部长回答。

铁蛋听说,心想,这毛病出在哪儿呢?他又检查了小机灵的算法,恍然大悟,说:"小机灵,你忘了。440 除以 10 得 44,就是说一共有 44 个空当。因为半圆弧的两个端点是一边要有一个把头的。这样 44 个空当需要 44+1=45(名)士兵,才能把这条防线站满。"

小机灵听说,直不好意思,连连抱歉说:"原来这和植树问题一样,将距离除以间隔以后,得数要加 1 才对。警察部长,算得不准确,耽误你的军机大事了。"

警察部长尴尬地说:"还好,还好,别的地方都守卫好了,只差一个人,补齐就行了。"

警察部长刚走,A 军团司令又走上前来说:"请胖总统指示,我们 A 军团去守卫敦实城,相邻两个士兵的距离要多远才合适?"

胖总统心里盘算着:"敦实城是一座每边长 900 米的正方形城市,周长是 4×900=3600(米)。哈,真巧! A 军团有 91 名士兵,3600 米的城墙,隔 40 米站一个士兵,恰好是 90 个空当,90 名士兵再加 1,正好 91 名!"

胖总统算定,马上对 A 军团司令说:"你快去,相隔 40 米有一名士兵布防,你那儿是 91 名士兵,不多不少,正好!"

A 军团司令刚要走,铁蛋叫住他说:"慢走!"又转过来对胖总统说:"胖总统,您算错了。90 个空当只要 90 名士兵。"

胖总统惊讶地说:"铁蛋,这里你怎么犯糊涂了。你忘了,刚才给千洞山山脚布防,你还说,算出空当以后要给这个数字加 1,派出去的士兵才能正好站满。我可给加上 1 啦!"

小机灵听了直乐,铁蛋忍住笑对胖总统说:"胖总统,这次您可缺少一点分析了。守卫敦实城和守卫千洞山是两个问题。守卫千洞山,是沿着一条不闭合的线设防，一条不闭合的线有两个头，一头要有一个把头的士兵。因此，知道了总长度和空当的长度，要求士兵人数时，应该是：士兵数＝总长度÷空当长＋1；当知道总长度和士兵数求空当长度时，应该是：空当长＝总长度÷（士兵数－1）。"

"防守敦实城又有什么不同呢？"胖总统问。

铁蛋接着说："敦实城是个正方形，它是一条闭合的线，两头接起来了。当沿着闭合线布岗时，士兵数＝总长度÷空当长，空当长＝总长度÷士兵数。"

胖总统摇了摇头不吱声，铁蛋知道总统其实还不怎么明白。

铁蛋边画边说："举个例子就明白了。比如，8个人沿7米长的直线站岗，每隔1米站1人，只有7个空当；而8个人沿周长8米的方形站岗，却有8个空当。"

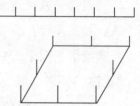

胖总统恍然大悟，说："我明白了。闭合线等于把不闭合线的两头接了起来，这一接可就省出一个把头的士兵了。好，多出来的那个士兵，就给A军团司令当通讯员吧！"

刚把A军团司令打发走，又走来B军团的一名大胡子司令，他报告说："胖总统，我们B军团人多，共有140名士兵，就是按每隔36米站一名，守卫整个敦实城才要3600÷36＝100（名）士兵，剩下40名士兵干什么呢？"

胖总统思索了一会儿说："这样吧，地震时把敦实城内的通信设备都震坏了，长人国偷袭时最可能从北门进来。我在敦实城中心坐镇指挥，城宽900米，从城中心到北门的距离是450米，B军团余下的40名士兵，从城中心到北门每隔11米站一名士兵，万一有什么紧急情况，我好通过这40名士兵，口头传达命令给守城的官兵。"

小机灵问："40名士兵沿直线每隔11米站一个，只能站11×（40－1）＝

小诸葛智斗记　李毓佩
数学科普文集

429 米，余下的 21 米谁来站？”

胖总统说：“我是这样算的，有一名士兵既算守北门的，又算传达口令的最后一名士兵。一兵两用，这就相当有 41 名士兵了吧。”

铁蛋又说：“那也不够！还差 10 米呢。”

胖总统说：“这也不要紧，我是总统，也是士兵，我把着这一头站岗不就成了吗！”

大家听了，连连为聪明的胖总统鼓掌。

掌声未落，C 军团大鼻子司令匆匆上来，报告说：“胖总统，我们 C 军团怎么安排呀？”

胖总统说：“C 军团我早有安排。你们回去待命吧！”

突然，从敦实城方向传来阵阵枪炮声，胖总统喊了一声：“快！做好战斗准备！”

切实地加强兵力

打了一阵炮之后，长人国军队分三路开始进攻敦实城。胖总统用望远镜朝四周一看，只见一队穿着红色军服的士兵正进攻北门，一队穿着黄色军服的士兵对东门发起了进攻，另一队穿绿色军服的士兵已接近了西门，唯独南门没有动静。

一场激烈的战斗打响了，守城的矮人国士兵作战非常勇敢。在城里居民的配合下，将东、西、北三面的敌人全部击退了。

胖总统对司令们说：“为什么南门一直没有动静呢？我分析这里面必定有诈，因此我们必须摸清长人国军队的动向。C 军团司令听令：由你从军团中挑选 20 名精明强干的士兵，组成四支侦察小分队，去弄清长人国的兵力部署，不得有误。”C 军团司令答应一声“是”，赶忙挑选士兵去了。

不一会儿，第一侦察小分队跑回来报告说，已经初步调查清楚，这次长人国向矮人国发起进攻的军队是由瘦皇帝亲自率领、统一指挥的。全军共分红、黄、绿、黑四个分队。

胖总统忙问："总兵力共有多少？"

队长回答说："正在侦察之中。"

胖总统下令："继续侦察。"

第一侦察小队刚走，第二侦察小队押着俘虏前来报告，这个家伙不仅个儿长得高，还十分的胖。

胖总统问："这个家伙是谁？"

"他是瘦皇帝的厨师。"

胖总统又问："他知道瘦皇帝的兵力部署吗？"

士兵报告说："已经审问过了，他说他是专管做饭的，不知道瘦皇帝的兵力部署。但是他从口粮分配上知道：红衣分队的士兵数占总士兵数的18%，黄衣分队的士兵数是红衣分队的 $\frac{2}{3}$，绿衣分队的士兵数是红衣分队的 $\frac{3}{2}$，而黑衣分队是特种部队，它的一切都保密。"

胖总统问铁蛋："博士，你能算出长人国这四个分队各有多少人吗？"

铁蛋摇摇头说："不成。要想算出四个分队各有多少人，或者知道总人数，或者知道某个分队的人数。现在什么都不知道，怎么求呀！"

胖总统搓着双手，着急地说："这可怎么办？"正说着，第三侦察小分队押着一个穿红色军服的士兵走了过来。胖总统高兴极了，决定亲自审问。

胖总统一拍桌子问："你快说！你们红衣分队有多少人？如果不说实话，我枪毙了你！"

这名红衣士兵战战兢兢地回答："我……我们红衣分队有162名士兵。这……是真话。"由于过度紧张，这名红衣士兵竟晕过去了。胖总统一面命令派人把他送进医院抢救，一面催促铁蛋快算各分队人数。

李毓佩
数学科普文集

有了红衣分队士兵的数字，铁蛋马上在地上列出式子进行计算：

红衣分队有 162 人，

黄衣分队有 $162 \times \frac{2}{3} = 108$（人），

绿衣分队有 $162 \times \frac{3}{2} = 243$（人），

总人数 $162 \div 18\% = 162 \times \frac{100}{18} = 900$（人），

黑衣分队有 $900 - 162 - 108 - 243 = 387$（人）。

胖总统一看这些数字，大吃一惊："黑衣分队有这么多人？博士，你没算错？"

铁蛋很有信心地回答："没错！"

小机灵看出胖总统不太相信，接过来说："胖总统，让我用别的方法再算一遍，检查一下答案是不是一致。"

胖总统说："那好。你用什么办法来计算呢？"

小机灵说："我可以先把各分队所占的百分比算出来，再将铁蛋求出来的总人数放进去核算。"

胖总统还不太明白小机灵的意思，小机灵已经开始计算起来：

"红衣分队占总数的 18%，

黄衣分队占 $18\% \times \frac{2}{3} = 12\%$，

绿衣分队占 $18\% \times \frac{3}{2} = 27\%$，

黑衣分队占 $100\% - 18\% - 12\% - 27\% = 43\%$。

如果铁蛋求出来的总人数 900 人不错，则：

红衣分队有 $900 \times 18\% = 162$（人），

黄衣分队有 $900 \times 12\% = 108$（人），

绿衣分队有 $900 \times 27\% = 243$（人），

黑衣分队有 $900 \times 43\% = 387$（人）。

胖总统，你看，我用百分比求出来的人数和铁蛋算出来的一样，可见铁蛋博士算的没错。"

胖总统自言自语地说："占总兵力43%的黑衣分队力量可不小哇！瘦皇帝把他们藏到什么地方去了呢？他想干什么呢？"还没有想出什么头绪，只听得枪炮声又起，长人国军队从东、西、北三面又开始进攻了。

第四侦察小分队从南面跑来："报告！城南芦苇塘中发现芦苇有不正常的晃动，可能有长人国的部队埋伏在里面。"

胖总统立刻判断说："对！一定是黑衣分队。瘦皇帝把57%的兵力分成三路攻击我们，是想把我们的注意力和部队都集中到东、西、北三面，然后用重兵从南边攻打我们，趁我们不备，要一举攻占敦实城。"

铁蛋和小机灵着急地问："那可怎么办？"

胖总统说："长人国兵多，咱们兵少，硬碰硬是不成的。我们必须组织一支精干的突击纵队，先消灭他的黑衣分队。"

胖总统在心里盘算了一下各军团的实力，然后通过步话机对C军团司令下令说："C军团大鼻子司令听着，我决定将你军团改组成一个突击纵队，火速去消灭长人国的黑衣分队。"

C军团司令回答说："胖总统，恐怕不行吧，我军团有$\frac{1}{8}$的士兵是老弱士兵，他们怎么能参加突击战呢？"

胖总统说："把这$\frac{1}{8}$的老弱士兵抽调出去！"

C军团司令更着急了："胖总统，那更不行，少了$\frac{1}{8}$的士兵，战斗力更弱了。"

胖总统又果断地下命令说："在剩下的士兵数上，我再给你军团补充50%强壮的士兵，加强你们的力量。"

C军团司令在步话机中又问："那么，这样调整以后的我军团，兵力实际增加了多少呢？"

胖总统生气地想：真笨！又转念一想，这也不能怪C军团司令，他打仗勇敢，对矮人国忠心，就是算术差一点，有什么办法呢！只得放下步话机对铁蛋说："你赶快给我计算一下，调整以后的 C 军团的兵力实际增加了多少？"

铁蛋摸着脑袋说："先减少 $\frac{1}{8}$ 的老兵，在调走老兵的基础上，再补充 50% 的新兵，问实际兵力增加了多少。这个问题真绕人，该怎么算呢？"

小机灵在一旁说："铁蛋，我看这个问题不难算。减去 $\frac{1}{8}$，等于减去 12.5%；又增加 50%，问增加多少，你从增加的 50% 中减去减少的 12.5% 得 50%－12.5%＝37.5%。这 37.5% 不就是 C 军团实际增加的兵力吗？"

小机灵虽然说得头头是道，铁蛋却紧皱着双眉，一言不发，这情景可是少见。

小机灵催促着说："铁蛋，你说说我算的对不对呀？"

铁蛋摇摇头说："我觉得这样算不对。"

"不对！为什么不对？"

"张老师曾经叮嘱过我们，比较两个数的大小时，单看百分数的大小是不成的，还要看基数的大小。比如从 1000 人中抽出 20% 的人比从 100 人中抽出 80% 的人还要多。前一个 20% 有 200 人，后一个 80% 只有 80 人，这是因为前一个基数是 1000，后一个基数是 100。基数不同，它的百分数所表示的实际数字，也就不一样了呀！"

小机灵不明白，他问："你说的这个道理我懂，这和我的算法有什么关系？"

铁蛋说："当然有关系了。我记得 C 军团原来的人数是 112 人。胖总统先从 C 军团中调出 $\frac{1}{8}$＝12.5% 的老兵，这里的 12.5%，它的基数是 112 人，我们可以算出调出的具体人数是 $112 \times \frac{1}{8}＝14$（人）。调走之后，C 军团还剩下多少人呢？"

"还剩下 112−14＝98（人）。"

"对。胖总统再给此时的 C 军团增加 50% 的新兵，这里的 50%，它的基数应该是 98 人，而不是 112 人了。12.5% 的基数是 112，50% 的基数是 98，它们的基数不同，你就用 50% 减去 12.5%，把得到的 37.5% 作为增加的百分比，当然不对了。"

"那你说应该怎样算才对呢？"小机灵认识到自己确实是算错了。

铁蛋说："要把调走和增加的具体人数先求出来。刚才已算出调走了 14 名老兵，C 军团还剩 98 人，增加的新兵数是 98×50%＝49（人）。这增加的 49 名士兵中，应该减去 14 名士兵，补偿调走的人数，所以 C 军团净增的士兵是 49−14＝35（名）士兵，这 35 名士兵占 C 军团原人数的 $\frac{35}{112}$＝0.3125＝31.25%，也就是说，实际增加了 31.25% 的兵力，而不是 37.5% 的兵力。"

胖总统点头说："嗯，还是铁蛋博士说得对。"于是拿起步话机把结果告诉 C 军团大鼻子司令。刚放下步话机，又想起一件事，就对铁蛋说："我还计划充实一下 B 军团的兵力。我打算先从 B 军团调出 15% 的老兵，再给 B 军团补充多少名新兵，才能使 B 军团的兵力增加 30% 呢？"

小机灵说："我来算一遍，看看我究竟懂了没有。我也先把具体的人数求出来：已经知道 B 军团有 140 人，兵力要增加 30%，就是增加 140×30%＝42（人）。但是还要从 B 军团调走 15% 的老兵，调走的老兵数是 140×15%＝21（人），因此，需要补充 42＋21＝63（名）士兵才行。"

铁蛋说："这次小机灵算对了。"

小机灵听见铁蛋夸他，咧开嘴正想笑，却又听见铁蛋说："我有一个方法，可以算得简单些。"

小机灵很感兴趣地问："你又有什么好办法呢？"

铁蛋说："你想，胖总统决定从 B 军团调走 15% 的老兵，又要求 B 军

李毓佩
数学科普文集

团的兵力增加30%，因此，实际上需要补充的兵力的百分比是(15＋30)%＝45%，具体人数是140×45%＝63（人），结果一样。"

小机灵看见铁蛋用这样的算法，不由得用疑惑的口气问："铁蛋，你这次把两个百分数直接相加，不是和我刚才的计算方法一样吗？"

铁蛋说："对呀！因为在这里，15%和30%都是对B军团原有的140人来说的，他们都是以140为基数的百分数，也就是说，它们的基数是一样的。基数一样，当然可以直接用百分数来相加或相减了。"

小机灵一拍脑袋说："铁蛋，还是你的脑子灵，我的脑袋里面，就是缺一根弦，一下子没绕过弯来。"

铁蛋忙安慰他说："小机灵，其实你是很聪明的，只要加强一下审题的能力，就不会出错了。"

小机灵愉快地点点头。

胖总统得到铁蛋算出的数字，拿起步话机，命令B军团大胡子司令按照铁蛋计算出来的数字，调整和补充他那个军团的兵力。

一切准备就绪，胖总统召开紧急军事电话会议，A、B、C三个军团的司令官全都参加。胖总统通过电话下达命令说："我决定集中优势兵力先消灭黑衣分队，这是一支最有威胁的分队。我命令：A军团负责守卫东、西、北三面，一定要坚守阵地。B军团和C军团组成突击纵队，分东西两路夹击埋伏在芦苇塘的黑衣分队，天一黑就出发。"说到这里，胖总统突然压低声音说，"要出奇制胜，我们必须……"

火烧埋伏的敌人

天黑之后，B军团和C军团的士兵背着枪、扛着炮、手里提着汽油桶，在胖总统的带领下，分东、西两路，悄悄地向芦苇塘靠拢。

突然，胖总统命令队伍停止前进。胖总统问警察部长："前几年芦苇塘曾经着过一次大火,你知道详细情况吗?"

警察部长从皮包里掏出一个笔记本查了一下说:"那次大火烧了三天,第一天烧了整个芦苇塘的 40%,第二天又烧掉第一天烧剩下的 50%,第三天又烧掉第二天烧剩下的 60%。"

胖总统着急地问:"三天把芦苇都烧光了吗?"

警察部长说:"没有,最后还剩下 24 公顷芦苇。"

B 军团大胡子司令凑过来说:"警察部长,你记错了吧? 40%＋50%＋60%＝150%,已经大大地超过了 100% 了,怎么还会剩下 24 公顷呢?"

警察部长听说自己记错了,瞪圆了眼睛,就要和 B 军团司令吵架。铁蛋赶紧过来解释说:"这三个百分数的基数不同,是不能加在一起的。"

B 军团司令还想争一争,胖总统连忙把话接过来说:"铁蛋博士,请你算算,这个芦苇塘的面积总共有多大?"

小机灵说:"由于烧剩下的亩数是知道的,这个芦苇塘的总面积应该是能算出来的。可是,怎样才能用它把总面积算出来呢?"

铁蛋想了一下说:"关键是需要求出那剩下的 24 公顷芦苇,占整个芦苇塘的百分比是多少?"

胖总统赞同地说:"对,有了这个百分比,用 24 除以这个百分比就能得到芦苇塘的面积了。可是,这个百分比又怎么求呢?"

铁蛋说:"我想应该从最初的 40% 入手,一层一层地往下推。你看:

第一天烧掉了芦苇塘的 40%,还剩下 60%;

第二天烧掉第一天剩下的 50%,相当于烧掉整个芦苇塘的

$$60\% \times 50\% = 0.6 \times 0.5 = 0.3 = 30\%。$$

这样两天里面共烧掉了芦苇塘的面积的 40%＋30%＝70%;还剩下 30%……"

小机灵看见铁蛋算到这里，心中豁然开朗，接上去说："下面怎么算，我全明白啦！胖总统你看：

第三天又烧掉剩下的 60%，相当于芦苇塘的

$$30\% \times 60\% = 0.3 \times 0.6 = 0.18 = 18\%。$$

这样，三天里面共烧掉芦苇塘的 40%＋30%＋18%＝88%，最后剩下的是：100%－88%＝12%。"

胖总统也豁然开朗，兴致勃勃地插上一句说："好了！有了这个12%，就可以求出芦苇塘的总面积了：

$$24 \div 12\% = 200 \text{（公顷）。}$$"

B 军团司令看到这里，不由得暗暗惭愧，轻轻地嘘了一口气。警察部长也把这一切看在眼里，此时不便吵架，就没再顶他几句。胖总统更是因为军事情况紧急，顾不得去调解他们的小心眼儿，放低了声音说："咱们从芦苇塘的南北两面点火。芦苇塘南北一起着火，黑衣分队必然朝东西两个方向往外逃。我命令：警察部长负责点火，B 军团把住东头，C 军团把住西头，要尽量捉活的。"

好在警察部长与 B 军团司令都能服从大局，当前打退长人国的进攻第一要紧，大家答应了一声，就分头行动去了。

过了不一会儿，芦苇塘的南北两面着起了大火，火苗蹿起有三四米高，芦苇烧得"啪啪"乱响。矮人国的士兵一面往芦苇上倒汽油，一面高喊："冲呀！杀呀！捉活敌人呀！"

埋伏在芦苇塘里的黑衣分队，原来以为自己隐藏在这儿神不知鬼不觉的，谁知芦苇塘突然起火，又来了许多矮人国的士兵，一下子就乱了套了。$\frac{2}{3}$ 的士兵朝东面跑，$\frac{1}{3}$ 的士兵朝西面跑，结果全中了胖总统的埋伏，不少人在突围中被活捉，只有一部分侥幸逃出了芦苇塘。

B 军团大胡子司令押着 129 名俘虏来向胖总统请头功，C 军团大鼻子司令押着 86 名俘虏也来向胖总统请头功。

B 军团司令得意扬扬地说："我们活捉了 129 名俘虏，他们才捉了 86 名俘虏，头功当然应该是我们的。"

胖总统点点头说："对！"

C 军团司令脸涨得通红，他说："不对！黑衣分队的士兵有 $\frac{2}{3}$ 朝他们那头跑，只有 $\frac{1}{3}$ 朝我们这头跑，当然他们捉俘虏的机会多了。我认为谁捉的俘虏所占的百分比高，就应该评谁的头功。"

胖总统点点头说："也对！"

B 军团司令冲着 C 军团司令傲慢地说："你准知道你们捉到俘虏的百分比，肯定比我们的高吗？"

"不信，咱们请铁蛋博士给算算呀！"

铁蛋推辞不掉，只好算了。

已知黑衣分队有 387 人，往东面逃的士兵有 $387 \times \frac{2}{3} = 258$（人），活捉了 129 人，占 $129 \div 258 = 0.5 = 50\%$；往西面逃的士兵有 $387 \times \frac{1}{3} = 129$（人），活捉了 86 人，占 $86 \div 129 = 0.67 = 67\%$。

C 军团司令高兴地说："怎么样？还是我们捉的百分比高吧，头功是我们的！"

B 军团司令还要分辩，胖总统一摆手说："刚刚打完第一仗，还没把长人国军队击退，现在不是评功摆好的时候。我命令：B 军团向城东出击，C 军团向城西出击，与守城的 A 军团里应外合，消灭黄衣分队和绿衣分队。最后 A、B、C 三个军团共同进军城北，一举歼灭红衣分队，活捉瘦皇帝，立刻出发！"

B 军团司令和 C 军团司令立刻停止争论，各自整理好自己的队伍。在朦胧的夜色中，B 军团和 C 军团兵分两路，像两支离弦的箭，向东、西两个方向奔去。

突然，敦实城的东、西两面，杀声、喊声、枪炮声响成一片，一场激烈的战斗开始了。

胖总统带着铁蛋和小机灵，先来到城东督战。只见黄衣分队排成一个三角形队列，士兵们平端着枪，上好了刺刀，在有节奏的战鼓声中，迈着整齐的步伐，向 B 军团冲来。

B 军团大胡子司令跑过来，请示胖总统如何打法。胖总统问："这个三角形队列有多少人？"

B 军团司令说："这个……我去一个一个数数去。"

胖总统一拍大腿，说："给我回来！一个一个数，那还来得及？等你数完了，敌人也攻上来了。"

B 军团司令无可奈何地说："那怎么办？"

铁蛋说："这样吧，你数一数这个三角形队列有多少行，我能很快地算出一共有多少人。"

"真的？"B 军团司令拿起望远镜一边看，一边报数："1，2，3，4，…，13。一共 13 行。"

铁蛋立刻说："这个三角形队列一共有 91 人。"

胖总统和 B 军团司令惊讶地问："你怎么算得这么快？"

铁蛋说："你们注意到了吗？黄衣分队的三角形队列有个特点：第一排有 1 个人，第二排有 2 个人，第三排有 3 个人，依此类推，第十三排有 13 个人。"

胖总统点头说："不错，是这么回事。往下怎么算呢？"

铁蛋继续说："第一行与第十三行相加得 14 人，第二行与第十二行相加也得 14 人……这样一头一尾两两相加，共得出 6 个 14 再加 7，也就是 $6 \times 14 + 7 = 91$（人）。"

骄傲的 B 军团司令不得不表示佩服地说："铁蛋，你这个方法比我一个一个地去数快多了。胖总统，我准备把 B 军团的 140 人分作两队，每队 70 人，猛攻三角形队列的两腰，打散他们的队形。只要队形一散，就不堪一击了。你看怎么样？"

"好！"胖总统说，"好主意，就这样干！不过，根据刚才收到的情报，这支由 91 人组成的三角形队列，只占黄衣分队的 84%，还有 16% 的人，作为他们的预备队，没有上阵，你要留神，防备他们抄你们的后路。"

"胖总统，你就放心吧！"B 军团司令拔出手枪，一溜儿烟地跑走了。

城东的艰苦战斗

B 军团司令亲自带领着他的军团，猛攻黄衣分队三角形队列的两翼。他原以为以自己那压倒性的兵力优势，三下两下就能将黄衣分队的三角形队列打垮。没想到情况并不顺利，B 军团士兵将队列冲开一次，黄衣分队很快又合拢为三角形队列；再冲开一次，队列又合拢一次，冲来冲去，三角形队列始终没被冲散。

B 军团司令拎着手枪，气急败坏地跑了回来，气喘吁吁地对胖总统说："今天也不知怎么了，这个三角形队列真怪，冲来冲去就是冲不散。怎么办？"

胖总统想了一下说："根据我的经验，这三角形队列的 91 名士兵中，一定有一名指挥官。在他的指挥下，队形能始终保持完整。"

B 军团司令着急地问："这名指挥官在哪个位置上，擒贼先擒王，我得先把他抓到手里，这个仗才能打下去。"

胖总统说："我也说不准在哪个位置上，但是有一点我可以肯定，这名指挥官一定在三角形某个重要点上。数学博士，你说，三角形内哪个点最重要？"

铁蛋说："应该是三角形的重心。"

B 军团司令不明白，他问："重心！它在三角形的什么地方？为什么重心最重要？"

铁蛋找来一块薄厚均匀的硬纸板，剪出一个与三角形队列形状相同的△ABC。再找到BC边的中点D，AC边的中点E。他又画直线连接A、D和B、E，AD、BE相交于O点。

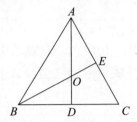

"你们看，AD是BC边上的中线，BE是AC边上的中线。这两条中线的交点O，就是三角形ABC的重心。"说着铁蛋用食指顶着重心O点，把三角形放平。说也奇怪，这块三角形的硬纸板，竟很平稳地在铁蛋的手指上停住了。大家一起鼓掌说："妙！妙！"

铁蛋问："为什么支住三角形纸板的这个O点，三角形纸板就能水平地停在空中呢？"

小机灵最爱回答问题，以便随时检查自己的智力。他回答说："这是因为，这块三角形纸板的重量，都集中到了O点这个位置上了。"

铁蛋点点头说："小机灵回答得很对。任何一个三角形，都可以找到这样一个点，能把它的重量，都集中在这个点上，它叫作三角形的重心。对一块质量分布均匀的三角形纸板来说，它的重心就在这个三角形边的中线的交点上，也就是我刚才画的O点上。"

B军团司令明白了三角形重心对三角形的重要意义，似乎找到了继续作战的关键，站起来边往外走边说："嗯，这名指挥官一定在三角形队列重心的位置上，我这次先去抓他。"

"慢！"胖总统又一摆手，说："这个三角形队列共有91人，你知道站在重心位置的那个人在哪里？"

"这个……"B军团司令犹豫地停住了自己的脚步。

胖总统又对铁蛋说："你能帮助 B 军团司令把这个三角形队列的重心位置找出来吗？这样，B 军团司令就可以制订他的作战方案了。"

铁蛋说："好的，我们一起来找。"于是他画了一个三角形。

铁蛋指着△ABC 说："黄衣分队的三角形队列每边都是 13 人，这是一个正三角形，在这个三角形中，AD 这条中线，必然将三角形的队列平分为 2，因此我们可以知道，这个家伙肯定是站在某一排队列正中的一个人。"

"可这个家伙究竟站在哪一排呢？"B 军团司令关心的是这个问题。

"我们现在就来找。"铁蛋说，"AD 是平分三角形底边 BC 的中线，重心 O 就在 AD 这条中线上。重心 O 和中线 AD 的关系是什么呢？它将中线分成两部分，从顶点 A 到重心 O 的距离 AO，恰好等于从重心到中点 D 的距离 OD 的 2 倍。"

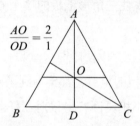

在场的人当中，只有小机灵对铁蛋的解释理解得最快，他立即补充说："明白，这意思就是说 $AO : OD = 2 : 1$。"

铁蛋接着说："是的，这就是说三角形的重心必定在中线上从顶点往下的 $\frac{2}{3}$ 的位置。"

胖总统看着铁蛋画的图形，虽说不出道理，却也能明白其中的意思，说："黄衣分队的三角形队列共有 13 排，它的 $\frac{2}{3}$ 的位置，正好是 $13 \times \frac{2}{3} = \cdots$ 哎呀，得不出个整数，这个家伙站在第几排呢？"

胖总统一时傻了眼，铁蛋却不慌不忙地指点着说："胖总统，您忘了，

　　　　　　　　　　　　　小诸葛智斗记　　李毓佩
数学科普文集

三角形的队伍虽然共有 13 排，但是它实际的距离只有 12 个间隔。"

胖总统点点头说："我明白，和上次固守敦实城的战役中，布置防卫的士兵要加 1 的道理一样，这回是知道了排数，算距离就应该减去 1 才对。"

小机灵说："这个家伙实际是站在第九排正中间呀！"

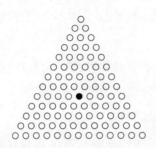

"对！第九排的中间那个人好找。我这次认准了，非把他逮住不可！" B 军团司令这回心中有数，信心百倍地拎着枪跑了出去。B 军团又一次向三角形队列发起进攻，枪声响成了一片……

过了一会儿，只见 B 军团司令押着一个高个子军官模样的人走来了。B 军团司令用枪一指说："胖总统，这就是三角形队列的指挥官。"

胖总统立即下令："既然把指挥官抓出来了，赶紧对三角形队列发起全面攻击。"

这一招儿果然奏效，黄衣分队失去了指挥官，B 军团一下子就把三角形队列冲散了，再也合拢不起来了。黄衣分队大败而逃，城东的战斗胜利了。

城西打得更加激烈

胖总统与铁蛋、小机灵又火速赶往城西。城西打得更激烈，C 军团和绿衣分队一攻一守，胜败难分。

胖总统生气地问 C 军团大鼻子司令："你们怎么还没有把绿衣分队打败？"

C 军团司令分辩说："绿衣分队十分狡猾，他们的士兵一会儿排出正方形队列，一会儿排出长方形队列。人数也是一会儿多，一会儿少。他们真真假假、虚虚实实，总叫我们上当。"

胖总统教训 C 军团司令说："你不会先把他们的情况弄清楚了再打吗？"

C 军团司令指着绿衣分队的队伍，为难地说："胖总统，你看，他们又排出三个长方形队列。谁知道这三个队列有多少人啊？谁知道我们要用多大的兵力去攻击他们啊？"

胖总统神气地说："可以算嘛！我这儿有数学博士，还怕算不出他们有多少士兵。铁蛋，你给 C 军团司令算一算。"

铁蛋也为难地说："什么数据也没有，我根据什么算呀？"

胖总统说："这好办！C 军团司令，你快去捉一名俘虏来，把情况问清楚。"

"是！"C 军团司令答应一声就快步跑了出去。

没过多久，C 军团司令押来一个高个子俘虏。通过审问，知道他是绿衣分队的文书。这个文书供认，绿衣分队所站的各种队列中，都是每 10 平方米站有一名士兵。现在排出的这三个长方形队列，它们的宽都是 6 米。第一个长方形的长，比第二个长方形的长多 $\frac{1}{3}$；第二个长方形的长，相当于第三个长方形的长的 $\frac{9}{10}$；第三个长方形的长，比第二个长方形的长，多出 5 米。

C 军团司令听得不耐烦，一跺脚说："真乱！"

铁蛋说："乱不要紧，只要有关的数字不缺少，总可以从乱中整理出一个头绪来。俘虏说它们的宽都是 6 米，这不用算了，关键是把各个长方形的长求出来。"

"你怎么去求它们的长呢？又没有多少具体的数字。"C 军团司令着急地问。

"一层一层地去推算呀！"铁蛋已经变得越来越有耐心，思维也越有条理了。"俘虏说第二个长方形的长，相当于第三个长方形的 $\frac{9}{10}$，由此我们可以知道，第三个长方形的长，比第二个长方形的长要多出来它自己的 $\frac{1}{10}$。"

"这 $\frac{1}{10}$ 是几米呢？"胖总统关心地问。

小机灵已经明白铁蛋解题的思路了，他说："俘虏还说，第三个长方形的长，比第二个长方形的长多出来 5 米，这 $\frac{1}{10}$ 就是 5 米呀！"

"知道 $\frac{1}{10}$ 是 5 米，下面不就好算了吗？"铁蛋说，"第三个长方形的长的 $\frac{1}{10}$ 是 5 米，第三个长方形的长就是 $5 \div \frac{1}{10} = 5 \times \frac{10}{1} = 50$（米）；第二个长方形的长，相当于第三个长方形长的 $\frac{9}{10}$，它的长就是 $50 \times \frac{9}{10} = 45$（米）。"

"还有第一个长方形的长哪！"C 军团司令又提醒说。

"这也好算，"小机灵回答，"第一个长方形的长，比第二个长方形的长多 $\frac{1}{3}$，应该是：

$$45 + 45 \times \frac{1}{3} = 45 + 15 = 60 \text{（米）。}$$

C 军团司令高兴地说："嗯，接下去我也会算了：

第一个长方形面积为 $60 \times 6 = 360$（平方米），有 36 人；

第二个长方形面积为 $45 \times 6 = 270$（平方米），有 27 人；

第三个长方形面积为 $50 \times 6 = 300$（平方米），有 30 人。"

胖总统对 C 军团司令说："应该集中力量攻击它最弱的地方，你带 100 名士兵火速攻击第二个长方形。"

C 军团司令向胖总统敬了礼，刚要走，只见绿衣分队中绿旗一摇，队形立刻变了。又增加一些士兵后重新组成了一个正方形和一个长方形队列。

C 军团司令马上又蒙了，忙问该怎么办。胖总统命令把绿衣分队的文书押来，让他认认这个队形。文书看着两个队形说："长方形的周长和正方形的周长相等，都等于 120 米，而长方形的宽是长的 20%。"

"这次我来算。"小机灵跃跃欲试，"正方形的边长等于周长的 $\frac{1}{4}$，等于 $\frac{120}{4}=30$（米）。正方形的面积是 $30\times30=900$（平方米），因此，这个正方形队列中有 90 名士兵。"

铁蛋在一旁说："算得对！那长方形面积呢？"

小机灵摸摸脑袋说："长方形的面积嘛……长方形的长和宽都不知道，只知道宽是长的 20%，这可怎么算呀？"

铁蛋说："可以把长看作 100%，已知宽是长的 20%，长和宽加在一起就是 120%。长加宽正好等于长方形周长的一半，因此，长和宽的和等于 $120\times\frac{1}{2}=60$（米）。"

小机灵接着算下去，他说："这就变成了已知整体求部分的问题，我知道怎么算了。长等于 $60\div120\%=60\times\frac{100}{120}=50$（米），宽等于 $50\times20\%=10$（米）。因此，长方形面积是 $50\times10=500$（平方米）。"

C 军团司令抢着说："这个长方形队列有 50 名士兵。"

胖总统宽厚地笑了，他对 C 军团司令下令，集中兵力攻击对方兵力比较薄弱的长方形队列。经过一场激烈的战斗，打垮了长方形队列；接着又打败了正方形队列。

绿衣分队的士兵一看大势已去，纷纷向城北逃跑了。

全力捉拿瘦皇帝

打败了绿衣分队，胖总统挥师北上，以 A、B、C 三个军团的兵力，团团围住了红衣分队。

胖总统召开三个军团司令会议，制订作战方案。胖总统说："这最后一仗，和前几仗可不一样。第一，红衣分队是由瘦皇帝亲自指挥的；第二，其他三个分队的残兵败将，全都聚集到这个分队，增强了红衣分队的力量；第三，这里离长人国近，不论是增援，还是突围都很方便。"

B军团司令着急地说："咱们赶紧打吧！别让瘦皇帝溜了。"

"不摸清情况，不能乱动。"胖总统问A军团司令，"你知道现在红衣分队有多少人吗？"

A军团司令从怀里掏出一份军事情报，大声念道："红衣分队原有162人；黑衣分队逃来的士兵数是红衣分队人数的 $\frac{2}{3}$ 还少一个；把红衣分队的人数减去2再除以5，恰好等于黄衣分队逃来士兵数的 $\frac{2}{3}$；把红衣分队的人数乘以3再除以2，比绿衣分队逃来人数的3倍少三个。"

B军团司令嚷着对A军团司令说："你可真啰唆！你痛痛快快地说有多少人有多好。"

A军团司令不慌不忙地说："我就只掌握了这些情报，究竟多少人，我也不知道呀！"

胖总统回头找铁蛋："数学博士呢？"

小机灵说："铁蛋收拾书包去了。他说等打败长人国军队，就要回去上学。"

胖总统说："博士不在，咱们自己算吧。除了红衣分队人数已经知道是162人外，剩下三个分队逃来的士兵数，你们三个司令每人算一个，算不出来以军法处置。"

三个司令你看看我，我看看你，都算不出来。

B军团大胡子司令捅了一下小机灵，小声打听："小机灵，你说哪个分队的人数好算呀？"

"当然是黑衣分队的人数好算了。"

B军团司令抢先一步说："我来算黑衣分队逃来的士兵数。它既然

是红衣分队人数的 $\frac{2}{3}$ 还少 1 个，那就用 162 乘以 $\frac{2}{3}$，再加上一个，不就算出来了嘛！"说着就列了个算式：$162\times\frac{2}{3}+1$。

小机灵拉了一下他的衣角，悄悄地说："你怎么能加 1 呢？应该减 1。"

B 军团司令不服气，大声说："他说黑衣分队的人数比红衣分队的 $\frac{2}{3}$ 还少一个嘛！既然少一个，咱们给它补上一个，不就得了嘛！"

"嗨！这句话不是这个意思。人家说少一个，指的是得从红衣分队的 $\frac{2}{3}$ 中再减少一个。"小机灵说。

B 军团司令摸摸脑袋，仔细琢磨了一下，才勉强地说："噢！是这个意思。那减一个就减一个吧。反正多一个少一个，咱们照样能打败他们。这么说黑衣分队逃来的士兵数是：

$$162\times\frac{2}{3}-1=107\text{（人）。"}$$

小机灵就是认真，这才认可说："这样算才对嘛。根本不是什么能不能打败的问题。"

C 军团大鼻子司令不敢怠慢，赶紧说："我来算黄衣分队的人数。从红衣分队中减去 2，再除以 5，恰好等于黄衣分队逃来士兵数的 $\frac{2}{3}$。列个式子是：

$$(162-2)\div5\times\frac{2}{3}=21.333\cdots\cdots$$

哟！怎么回事？人数怎么出现了循环小数了呢，那到底算几个人呀？"大家面面相觑，也都觉得奇怪。

"你算错了。不应该乘以 $\frac{2}{3}$，而应该除以 $\frac{2}{3}$ 才对。"大家回头一看，是铁蛋背着书包来了。

"为什么要除？"C 军团司令也不服气。

铁蛋解释说："如果给你的情报是从红衣分队的人数中减去 2，再除以 5 的 $\frac{2}{3}$，等于黄衣分队的人数，你就可以用刚才的这个方法。"

"这里面有什么区别呢？"连小机灵也有点给绕糊涂了。

"请大家注意听着。"铁蛋因为想回去上学，觉得留在矮人国的时间不多了，应该让矮人国的总统和司令官们自己多解决一些数学题，便一字一顿地说，"可现在实际的情况是，从红衣分队的人数中减去2，再除以5，恰好等于黄衣分队人数的 $\frac{2}{3}$。"铁蛋在最后这一句上加强了语气。

他接着说，"为了表达清楚这 $\frac{2}{3}$ 指的是哪个数的 $\frac{2}{3}$，我们可以把这段话写成下面的式子：

$$(162-2)\div5=\frac{2}{3}\times 黄衣分队的人数。$$

由此得出：黄衣分队的人数为

$$(162-2)\div5\div\frac{2}{3}=48（人）。"$$

C军团司令有点尴尬地笑道："其实我没算错，都因为对题意没搞清楚。"

胖总统有点不高兴地顶了他一句说："你不但要努力学好数学，还得提高点语文水平才能称职。"

C军团司令臊了个大红脸。

A军团司令眼看不能再拖了，壮着胆子说："最后该我来算了。好在数学博士已经来了，我就不怕了，错了请他帮助改正。刚才两位司令已经把黑衣分队、黄衣分队逃到红衣分队的人数求了出来，我来求绿衣分队的人数。关于绿衣分队，已经掌握的情报是……"

"把红衣分队的人数乘以3再除以2，是绿衣分队逃来人数的3倍少三个。"胖总统把情报又复述了一遍。

"嗯，咱们一步一步地算吧。"A军团司令边说边想，"把红衣分队的人数乘以3再除以2，就是：$162\times3\div2=243$（人）。

这243人是绿衣分队逃来人数的3倍少3个。嗯！3倍还少3个，这儿应该是乘以3呢？还是除以3呢？"

铁蛋看出来A军团司令这次确实是开动了脑筋，在一旁略略提示说：

"如果是所求人数的3倍，应该是除以3；如果它的3倍等于所求的人数，就应该乘以3。"

A军团司令说："好，我会算了。列出综合式是：

$$162 \times 3 \div 2 = 3 \times 绿衣分队数 - 3,$$
$$绿衣分队人数 = (162 \times 3 \div 2 + 3) \div 3$$
$$= 82（人）。$$

我算出来绿衣分队逃来的人数共有82人。铁蛋博士，你看对不对。"

铁蛋用张老师回答学生的口气回答说："很对。A军团司令这道题完成得很好。"

A军团司令不禁感到一阵高兴。

经过一番努力，终于有了正确的答案，胖总统愉快地和三军司令商谈说："三位司令都分别把各分队聚集到红衣分队的人数算出来了，现在我也来算一道题，求聚集在这儿的总人数。他们共有：162＋107＋48＋82＝399（人），再加上瘦皇帝，正好是400人！可咱们三个军团加在一起，也不过才只有420人，势均力敌。长人国的人比我们又高又大，这一仗怕不好打呀！"说到这里，胖总统又不免有点忧虑。

警察部长不以为然地说："长人国连吃败仗，已成惊弓之鸟，不堪一击。胖总统不必过分担心。"

A军团司令也说："只要抓住瘦皇帝，他们不战自乱。"

"万万不可轻敌！"胖总统拿着望远镜登高一望，只见长人国军队排成每排20人，总共20排的一个大方阵，阵容整齐，气势轩昂。突然，站在方阵角上的瘦皇帝将手中的令旗一挥。大方阵立刻分裂成四个梯队，第Ⅰ梯队是8×8的方阵，第Ⅱ、Ⅲ、Ⅳ是一个套一个的拐角形阵。

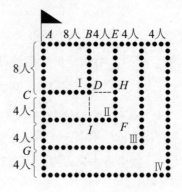

胖总统指着四个梯队说："谁能算出每个梯队有多少人？"

B军团司令抢先说："Ⅰ梯队有 $8×8＝64$（人），其他三个梯队由于两边都是四个人，它们人数必然一样多，都是：

$$(400－64)÷3＝336÷3＝112（人）。"$$

胖总统连连摇头说："不可能，不可能。除第Ⅰ梯队是64人外，其他三个梯队的人数不可能一样多。"

C军团司令上前行了个军礼说："还是由我来算第Ⅱ梯队的人数吧！为了便于计算，我画了一个图形。你们看，第Ⅱ梯队的队形是 *CDBEFG* 这样一个拐角阵形。在这样复杂的队形里，人数是多少呢？我可以把它看成 *BEFI* 和 *CHFG* 两个长方形，这两个长方形的长和宽都是12和4，因此，每个队形的总人数是 $12×4＝48$（人），由两个长方形组成的Ⅱ梯队人数就是 $48×2＝96$（人）。"

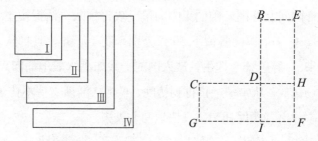

C军团司令感到自己这次有了很大进步，将一个复杂的队形分成两个简单的图形，以便于进行运算，难道这还不够巧吗！

没想到胖总统第一个摇头说："不对，不对！你多算了一个正方形 *DHFI*。"

A军团司令也说："对，他是多算了一个正方形。应该是每个长方形阵的长和宽是8和4，其人数是 $8×4＝32$（人）。Ⅱ梯队人数应该是 $2×32＝64$（人）才对！"

"也不对，也不对！"胖总统把头摇得更厉害了，说："你呀，又少算了一个正方形 *DHFI*。"

小机灵看他们算得那么费劲，忍不住说："应该这样算：一个长方形的长是12，宽是4；另一个长方形的长是8，宽是4，Ⅱ梯队的人数是$4 \times 12 + 4 \times 8 = 48 + 32 = 80$（人）。"

胖总统点点头说："唉，这才对哪！"

直到这时，铁蛋才插得进去话，他说："其实都不需要那么复杂。这四个梯队就是由原来的方形梯队拆开来的，我们可以把第Ⅱ梯队的人数，看作边长为12的正方形，再减去边长是8的正方形，这就简单多了：

$$12^2 - 8^2 = 144 - 64 = 80 \text{（人）}。$$

同样，Ⅲ梯队是　$16^2 - 12^2 = 256 - 144 = 112$（人）；

Ⅳ梯队是　　　　$20^2 - 16^2 = 400 - 256 = 144$（人）。"

三位司令在一旁啧啧称羡，都佩服铁蛋博士的算法确实要高上一筹。

胖总统说："很明显，Ⅰ、Ⅱ、Ⅲ梯队向外进攻，是为了掩护瘦皇帝带着Ⅳ梯队向北突围。咱们集中力量进攻Ⅳ梯队，活捉瘦皇帝。我命令：A、B、C三个军团各留下50人分别牵制Ⅰ、Ⅱ、Ⅲ梯队。其余的人都跟我来。"胖总统一挥手，矮人国的士兵如潮水般地涌向Ⅳ梯队。

好一场恶战，从中午一直打到傍晚，Ⅳ梯队渐渐支持不住了。突然，从Ⅳ梯队中冲出一辆摩托车，飞快地向北驶去。

铁蛋眼尖，大声说："不好！瘦皇帝逃跑了。"铁蛋跳上一辆摩托车，随后紧追。瘦皇帝逃命要紧，慌不择路；铁蛋捉人心切，拼命追赶。眼看两辆摩托车越来越靠近了，突然，瘦皇帝回头打了一枪，只听得铁蛋"哎哟"一声。

在困难的时刻

铁蛋的胳臂中了瘦皇帝一枪，他忍着伤痛，继续开车追赶瘦皇帝。

离长人国越来越近了，铁蛋看见一辆吉普车从长人国方向飞快地开来，在瘦皇帝的摩托车前猛然停住。从车上跳下几个全身湿透的长人国士兵，其中一个士兵向瘦皇帝报告说："瘦皇帝，大事不好了！野马河又发大水了，把咱们的首都给淹了。"

瘦皇帝忙问："瘦太子呢？"

士兵哭丧着脸说："由于大水来得太突然，大家各自逃命，瘦太子下落不明。"

瘦皇帝长叹了一声说："唉！我三番五次地入侵矮人国，给人家造成很大损失。到头来，我自己却落了个家破人亡，我还有什么脸回长人国？"说完拔枪就要自杀。

突然，一只手伸过来抓住了瘦皇帝的手枪。瘦皇帝回头看，原来是铁蛋追上来了，瘦皇帝羞愧地低下了头。

铁蛋说："瘦皇帝，你能认识到自己的错误就好嘛，现在解救长人国的老百姓要紧。"

"对！要马上组织人力抢救长人国的老百姓。"瘦皇帝回头一看，说话的原来是胖总统，他带着三个军团司令和小机灵等也赶来了。

铁蛋对胖总统说："给我一条救生船，我先去长人国查看一下灾情。"

瘦皇帝内疚地说："可是，铁蛋，你的胳臂被我打伤了呀！"

"没什么，现在救人要紧，"铁蛋又问瘦皇帝，"这里离你们首都还有多远？"

"240千米。"

警察部长已经弄来了一条救生船，他说："这条船在静水中航行，每小时速度是27千米，我刚才测出水流是每小时3千米，从这儿到长人国首都，是逆流而上。"

铁蛋说："咱俩马上一起去找瘦太子！"铁蛋和警察部长上了救生船，直向长人国首都开去。胖总统问小机灵："博士什么时候能到达长人国的首都？"

小机灵说："需要算一算。"

B 军团司令说："我会算。数学博士告诉过我,用路程除以速度,就得到所需要的时间,也就是 $\frac{240}{27}=8.9$(小时),大约需要 8.9 小时,才能到达长人国首都。"

胖总统问："不对吧?刚才警察部长说,水流速度每小时 3 千米,你考虑水流的影响了吗?"

"这……"

C 军团司令走过来说："还是我来算吧。去长人国首都是逆水行船,逆水行船时应该从船速中减去水速才行。$\frac{240}{27-3}=\frac{240}{24}=10$(小时),正好等于 10 小时。"

"那么,来回需要多少时间?"

C 军团司令现在心细多了。他在地上边写边说："去时逆水行船,航行速度需要减去水流速度,需要的时间是 $\frac{240}{27-3}$;回时顺水行船,航行速度需要加上水流速度,需要的时间是 $\frac{240}{27+3}$,他们来回共用的时间是:$\frac{240}{27-3}+\frac{240}{27+3}$……"

C 军团司令列出式子,看看小机灵,小机灵点头,表示同意。C 军团司令接着就要计算。可是 C 军团司令没做过这样复杂的分式计算题,该怎么往下做呢?

C 军团司令灵机一动,心想:反正不过是加法,那还不是分子加分子,分母加分母。于是他就做下去:

$$\frac{240}{27-3}+\frac{240}{27+3}=\frac{240+240}{27-3+27+3}=\frac{480}{54}=8.9（小时）。$$

"咦?"C 军团司令对着自己的答案又犯了疑心,"刚才我算得单去一趟的时间就是 10 小时,现在怎么一去一回的时间加在一起,总共才 8.9 小时呢?错在哪儿啦?"

小机灵强忍住笑说："C 军团司令,你分数运算可学得一塌糊涂呀。

李毓佩
数学科普文集

分数加减法最重要的是通分，就是先要化成相同的分母之后，才能相加减呢。"

C 军团司令讷讷地说："好像数学博士说过这事儿。"

小机灵看 C 军团司令还真不明白，就拿这两个分数分析给他看，说："你想，$\frac{240}{27-3}=\frac{240}{24}$ 这个分数的分母是 24，而 $\frac{240}{27+3}=\frac{240}{30}$ 这个分数的分母是 30，这两个数的分母不同，怎么能把分子加在一起呢？"

"这点我算得不对。"

"再有，即使分母相同，两个分数相加减，也只能是分母不动，分子相加或相减啊！你怎么把分母也加起来了呢？"

"把分母加上怎么不行呢？"

"分数相加减，必须化成相同分母的分数相加或者相减，这时分母不动，只加减分子，这样得出来的数，才是分数的值。刚才你把分母的 27＋27，这得的是什么数呀？"小机灵尽量把道理说得明白一点。

"怪不得我刚才算出来回的时间，比单去一趟的时间还少，原来是将分母扩大了。"C 军团司令说到这里，自己也感到好笑，"小机灵，你说该怎么做呀！"

小机灵说："一般遇到分母不同的分数相加减，应该用求最小公倍数的方法通分，使每个分数的分母相同，然后再加减它们的分子。不过，我们现在遇到的情况，分开来求省事些，$\frac{240}{27-3}=\frac{240}{24}=10$（小时），$\frac{240}{27+3}=\frac{240}{30}=8$（小时），铁蛋他们来回，需要 10＋8＝18（小时）。"

胖总统说："A 军团司令，你回敦实城运些救灾物资，等博士一到，咱们立刻给长人国送去。"

A 军团司令面有难色地说："胖总统，咱们也刚刚遭受了一场地震的灾害呀！"

胖总统义正词严地说："当别人有困难的时候，不能光考虑自己。"

"是！"A 军团司令答应一声，立即回去筹备救灾物资。

夜幕降临了，大家望着滔滔的河水，谁也没睡。

天亮了，忽然远处传来"爸爸、爸爸"的喊声。大家循声望去，只见铁蛋、警察部长带着瘦太子坐船来了。瘦皇帝和瘦太子父子相见，抱头痛哭。

A 军团司令也在这时把救灾物资运来了。

胖总统问 A 军团司令："你运来的是什么物资？各有多少？"

A 军团司令报告说："运来了馒头、大饼、面包、饼干共 1200 包。其中馒头 125 包，而馒头的包数相当于大饼包数的 25%，面包的包数比馒头多 64%，其余全是饼干。"

胖总统听到报告，啼笑皆非地说："天哪！我的国家的公民本来数学就差，怎么每碰到一个问题都得算，连几种救灾物资各有多少包，都不能告诉我。铁蛋呢？铁蛋！"

只见铁蛋正靠在甲板的桅杆上打盹哩！警察部长体贴地向胖总统报告说："这阵子铁蛋也够辛苦的，他受了伤，昨天一宿又没睡，到处去寻找瘦太子，他也还是个孩子……"

小机灵机灵地说："铁蛋真够累的了，这题我能算。

馒头的包数相当于大饼包数的 25%，这样，大饼有

$$125 \div 25\% = 125 \div \frac{1}{4} = 125 \times \frac{4}{1} = 500 \text{（包）}；$$

面包的包数比馒头多 64%，面包有

$$125 \times (1 + 64\%) = 125 \times (1 + \frac{16}{25}) = 125 \times \frac{41}{25} = 205 \text{（包）}；$$

其余全是饼干，所以饼干有

$$1200 - 125 - 500 - 205 = 370 \text{（包）}。"$$

胖总统问："这些救灾物资怎么运到长人国去呢？"

只见满头白发的建筑部长走上前来报告说："我们已经派了两条运输船，专门向长人国运送救灾物资……"

胖总统又问："每条船各运多少包，运几趟可以全部送到？"

建筑部长回答说："只知道这两条船载重相同，它们的运送次数之比是 8：7，至于两条船能各运多少包我可不会算。"

C 军团司令凑过来说："数学博士受伤了，我来帮帮忙。两条船运送次数的比是 8：7，也就是说，第一条船运了 8 次，第二条船就运了 7 次。那么，第一条船运了 16 次，第二条船就运了 14 次……"

B 军团司令打断了他的话："这样算下去，什么时候算到 1000 多包呀？"

大家都算不出来，只好还是请铁蛋来算。

铁蛋想了一下说："两条船载重一样多，假设 1200 包食品能够 15 次运完的话，那么，第一条船运走了 1200 包的 $\frac{8}{15}$，第二条船运走了 1200 包的 $\frac{7}{15}$，所以第一条船运 $1200 \times \frac{8}{15} = 640$（包）；第二条船运 $1200 \times \frac{7}{15} = 560$（包）。"

B 军团司令问："这两条船果真得运 15 次吗？"

铁蛋回答："不一定。"

"究竟各运了多少次呢？"

"由于不知道载重是多少，我算不出实际运多少次。"原来条件不够，铁蛋也算不出来。

胖总统体谅地说："这不能怪铁蛋。既不知道救灾物资的总重量，也不知道每一艘的运载量，怎么算呀，没法算。好在已经知道每艘船各运多少包，就把物资按包数分给这两艘船，叫它们不停地运去吧。"

警察部长和建筑部长忙着去分配运到长人国的救灾物资。胖总统感到战事已经结束，双方都需要重建家园，更何况还有救灾的任务，于是他宽宏大量地说："用救生船把瘦皇帝和瘦太子送回长人国，让他俩和大家一起抗灾自救吧。"

瘦皇帝万万没想到，自己身为矮人国的俘虏，胖总统对自己过去的侵犯和骚扰，不但不加追究，反而以德报怨，帮助自己找到了心爱的儿子瘦太子，调运了救灾物资，还送自己回国去救灾，心里既惭愧又感动。他两眼含泪，带着瘦太子向胖总统深深地鞠了一躬，说："胖总统，今天你不把我当作敌人惩办，今后我也决不再向矮人国侵犯。瘦太子，你要记住，今后我们长人国和矮人国，世世代代都要和睦相处。"

瘦太子本来就对铁蛋有极大的好感，又不满意父亲的暴行，连连点头答应。

瘦皇帝又对铁蛋说："铁蛋博士，你真好，又聪明，又勇敢，我邀请你再上我的国家来旅游一次，我一定按贵宾的礼节隆重接待。"

铁蛋也并不记仇，笑着答应说，有机会的时候一定去。

瘦皇帝领着瘦太子上船回国去了。

这时，胖总统满心欢喜，热情地邀请铁蛋博士和他一同回敦实城去，不料已经背着书包的铁蛋却对胖总统说："胖总统，我来矮人国的日子也不少了，我想爸爸、妈妈，想回家了；我还想张老师，我该回学校去读书了。"

胖总统含着眼泪说："铁蛋博士，你帮助我们矮人国普及了数学知识，打退了长人国的进攻，我真舍不得你走啊！"

铁蛋挥了挥手对胖总统说："胖总统，我只有小学文化程度，离数学博士还远着哩！这次我回去一定好好学习，争取当一个真正的数学博士。将来我再来看你们，也要去看看长人国的瘦太子。再见！"

2. 小诸葛和二休

小诸葛被劫持了

小毅被公认是当地最聪明的孩子。他数学成绩特别好，获得过全校数学比赛第一名、全市数学比赛第一名、全省数学比赛第一名。他还特别爱动脑筋，有些大人解决不了的问题，都来请他帮忙。时间一长，人们送他外号"小诸葛"。有时叫外号比叫大名更容易上口，渐渐地大家都叫他"小诸葛"，真实姓名几乎被人们忘记了。

小诸葛长得细高个儿，留着一个学生头，两只眼睛又大又亮，显得格外有神。虽然人人都称他为天才，但是他总觉得自己和其他同学一样，一点天才的架子也没有。

小诸葛也有许多苦恼的事，比如，每天都有许多记者来采访，问这问那，又签名又录像，把读书的时间都给挤没了。白天没时间学习，只好晚上复习功课了。

现在是晚上十点半，小诸葛把明天要学的功课预习了一遍，正准备睡觉。忽然听到"砰、砰"有人敲门。

"谁呀？"小诸葛随口问了一声，心想：这么晚了谁还会来找我？

"我是记者，是专程从外地来采访你的，请你开开门。"门外传来了一个十分粗哑的声音。

小诸葛刚刚把门打开，还没有看清楚叫门人长得什么样子，就被一只大口袋从头套到了脚，尽管他在口袋里拼命挣扎，还是被人家扛上了汽车飞驰而去。

"绑票？"小诸葛最先想到的是被土匪绑票。他知道如果被绑票只有两种结果：一种是家里人要拿一大笔钱把他从土匪手中赎出来，叫"赎票"；另一种是家里人到了指定期限拿不出那么多钱去赎，土匪就把被绑走的人杀了，叫"撕票"。想到这里小诸葛不禁打了一个冷战。可是他又一想，绑票专绑有钱人家，我家生活一般，在当地绝对算不上有钱人家，土匪绑我干什么？

小诸葛在大口袋里一个劲地琢磨着。汽车走了大约一个小时才停下，他被人从车上扛下来走了一大段路，才被轻轻地放到了地上。

口袋被打开了，明亮的灯光照得小诸葛睁不开眼睛。他揉了揉眼睛，看清楚周围有几个彪形大汉，全都穿着黑色上衣、黑色裤子。这几个人满脸横肉，看上去像是几个打手。屋子很大，吊灯、地毯、雕花红木家具，桌子上摆着许多古玩、玉器，布置得十分豪华。一张大写字台后面坐着一个又矮又瘦的干巴老头，头戴皇冠，身着龙袍，面带奸笑，不住地冲小诸葛点头。

小诸葛站起身活动了一下双腿，生气地问："这是什么地方？把我抓来干什么？是不是绑票？"

"嘿嘿，绑票？也可以这么说，不过我们不是为了金钱，是为了你的智力，也可以叫智力绑架吧！哈哈……"瘦老头干笑了两声，从沙发上站了起来说，"你问这里是什么地方？我来告诉你，这里是世界上独一无二的智人国，也就是由最聪明的人组成的国家。我是智人国的智叟国王，明白了吧？"

小诸葛问："你们智人国绑架我干什么？"

智叟国王摇摇头说："不要说绑架嘛，我是特意把你请来的，你是我们的小客人。你，人称小诸葛，很聪明，当然要到我们智人国来喽。我有一个伟大的计划，要把全世界的聪明人，特别是才智出众的青少年，都弄到我的智人国来，让智人国名副其实！"

小诸葛说："我不愿意留在这儿，放我回去！"

"回去？笑话！好不容易把你这个鼎鼎大名的小诸葛请来，怎么能让你回去呢！"智叟国王招了招手说，"小诸葛一路辛苦，送他去休息，要好好招待！"

"是！"两名黑衣大汉答应一声，把小诸葛押送到一间屋子里，从外面把门锁上。屋子里空荡荡的，什么家具也没有，他一回头看见墙上挂着几幅画，每幅画的下面都有一个十分显眼的红色电钮。

小诸葛倒背双手，开始欣赏这几幅画。最左边的是一幅油画，画上画有一个盘子，盘子里有一个大面包和一根香肠。由于一路折腾，小诸葛肚子还真有点饿，看着画上的面包、香肠直往肚子里咽口水。再仔细看，油画的右下角有一行小字，写着：

要吃面包、香肠，请按 x 下电钮。

7	11
6	3

9	40
7	x

小诸葛心里想：按 x 下电钮。x 下是多少呢？看来要从下面的两个长方形框中找答案了。

小诸葛仔细观察下面的两个长方形框，发现第一个长方形框里的四个数有如下规律：

$$(7+11)\div6=3。$$

小诸葛按照这种运算规律，算了一下第二个长方形框里的数：

$$(9+40)\div7=x,$$

$$x=49\div7,$$

$$x=7。$$

小诸葛按了 7 下电钮，画往上慢慢提起，墙上露出一个洞，洞里有一个盘子，里面有面包和香肠。小诸葛也就不客气了，左手抓起香肠，右手拿起面包，大口大口地吃了起来。

小诸葛吃了半个面包就噎得直伸脖，心想：要是有杯水喝就好了。他一抬头，看见第二幅画上画有四个茶杯，茶杯下面还有编号，最下面写着几行小字：

从上往下看　　①　　②　　③　　④

吃了智人国的面包，不喝杯茶水是不成的，那会把你噎死！画上的四个茶杯中，有三杯茶水有毒，只有一杯茶水喝了没事。这杯无毒茶，从上往下看的样子已经画了出来。请按照茶杯下的编号按电钮吧。

小诸葛被面包噎得快喘不上气来了，必须立即找出那杯无毒的茶水。他冷静地一想，从上往下看，中间那个圆一定表示的是茶杯底儿。茶杯底比较小，应该是 2 号杯子。小诸葛按了两下红色电钮，画又往上一提，后面出现四个茶杯。他端起与众不同的 2 号茶杯，一饮而尽。吃饱喝足后，小诸葛来了精神，继续欣赏挂在墙上的画。

第三幅画吸引了小诸葛，画上画了一个身穿袈裟的小和尚，光秃秃的头，两眼微闭，双手合十，坐在一个圆垫子上念经。小诸葛心想：这不是日本有名的小和尚一休吗？智人国为什么挂一休的画像？

小诸葛正纳闷，忽然听到有叹息声。小诸葛觉得十分奇怪，屋子里明明就我一个人，哪儿来的叹息声？他屏住呼吸仔细听，发现叹息声是从一休的画后面传出来的。

"画后面有人！"他迅速把画掀起来，画后面仍旧是墙，不过墙上写着两行字，墙洞里有一个球。

问题：不许往墙上扔，不许往地上扔，也不许在球上捆绳子。怎样让球扔出去又自动回来？

"真有意思。"小诸葛笑着说，"这可难不倒我小诸葛。"

小诸葛把球拿到手里，垂直往空中扔，地球的引力把球吸引回来，刚好落到他手里。小诸葛刚刚接到球，画就自动提上去了，画后面出现了一个小门。小诸葛小心地推开了小门，探头往里面一看，里面也是一间同样大小的屋子，屋子中间有一个圆垫，上面坐着一个小和尚，他不是别人，正是一休！

二休不是和尚

小诸葛小声对小和尚说："喂，一休，你怎么也被抓来啦？"

小和尚听到小诸葛的问话吓了一跳，他赶紧站起来，毕恭毕敬地向小诸葛鞠了一躬，用日语说："您好！"

果然是日本人。小诸葛掏出纸和笔，和这位日本小和尚笔谈。

小诸葛写道："你是一休和尚吗？"

小和尚写道："我不是一休，也不是和尚，我叫小笠原。由于我学习成绩好，脑袋比较灵，大家又说我长得像一休和尚，就给我起了一个外号叫'二休'。"

小诸葛又写道:"对不起,你叫二休。可是你为什么穿起袈裟,装成一休的模样呢?"

二休写道:"昨天我被智叟国王劫持到这儿,他们非叫我打扮成一休的模样。认识你,我很高兴,以后请多关照。请问,你叫什么名字?"

"我叫小毅,大家都叫我小诸葛,是中国人。患难之中,应该互相帮助。请到我这间屋子来,好吗?"

"谢谢你的邀请,我就过去。"写完,二休就从小门往这边爬,小诸葛伸出双手去拉。二休刚刚钻过上半身,只听上面"哗"的一声响,画从上面落了下来,小门突然变小,正好把二休卡在门中间。

原来小门是活动的,可大可小。二休被卡在小门中,进不来也出不去。由于小门卡得太紧,把二休憋得满脸通红。小诸葛想用双手把小门拉大,可是哪里拉得动?

小诸葛正急得没法儿,随着"哈哈"两声干笑,智叟国王已经站到了门口。他笑眯眯地说:"中、日两国的聪明少年受苦了。"

小诸葛愤怒地喊道:"你快把小门放大点,不然的话,二休会被压死的。"

智叟国王慢吞吞地说:"要想救出二休不难,听我下面一首诗:一队和尚一队狗,两队并作一队走。"

二休挣扎着在纸上写道:"把受日本人民尊重的和尚与狗相提并论,太不像话了!"

小诸葛对智叟国王说:"你把人和狗相提并论,太不尊重人格了。"

智叟国王改口说:"好多和尚往前走,突然遇到一群狗。数腿共有四百六,数头只有一百九。想把二休救出来,答出多少和尚多少狗?"

智叟国王用手摸了摸下巴说:"这个问题你俩谁来回答呀?"

救人要紧!小诸葛抢先对智叟说:"我来解。假设有 x 条狗,则和

尚数为 $190-x$。狗有 4 条腿，人有两条腿，因此可以列出方程：

$$4x+2(190-x)=460。$$
$$4x+380-2x=460，$$
$$2x=80，$$
$$x=40。$$
$$190-40=150。$$

解出来了，共有和尚150人，狗40只。"

　　智叟国王掉头对二休说："小诸葛用方程解出来了。你还必须用算术方法，再给我解算一遍，我才考虑放你。"

　　二休虽然被卡得十分难受，还是在纸上写出了两个算式：

$$(460-190×2)÷2=40，$$
$$190-40=150。$$

和尚150人，狗有40只。

　　智叟国王故意刁难说："答数是对的，可惜我看不懂这个数学式子。"

　　小诸葛赶忙解释说："先把狗的两条前腿与和尚的腿合在一起，共有 $190×2$ 条。这时 460 与 $190×2$ 的差就是狗的后腿数。每条狗有两条后腿，把这个差数用 2 去除，就得到有多少条狗了。"

　　智叟国王一听都答对了，只好按动墙上的电钮，把小门放大。小诸葛帮助二休，从小门中爬了过来。

　　小诸葛逼问智叟国王："你把我们两人各关在一间小屋子里，打的什么主意？"

　　智叟国王笑着说："把中、日两国的聪明少年请来，自然是大有用处，请不要着急。我听说聪明的一休会套狼，我想二休也一定会。闲来无事，请二位到狼窝里去套狼玩吧。请！"

套狼

智叟国王把小诸葛和二休带到三扇圆形门前，门都关着。

智叟国王说："这三个圆门中，有一个门里有绳套，有一个门里有狼，每个门上各写着一句话，但是这三句话中只有一句是真话。请你们二位开门捉狼吧！不过，要提醒你们一句，这只狼可是有好多天没吃东西了，假如你们先打开了有狼的门，对不起，你俩中有一个人就得当饿狼的午餐啦！哈哈……"

两个人看见 1 号门上写着"绳套不在 2 号门"，2 号门上写着"这个门里没绳套"，3 号门上写着"绳套在 2 号门"。

二休用手拍了一下脑门儿，直奔 2 号门，拉开门从里面拿出一个绳套。他拉开 1 号门，里面什么也没有。二休迅速打开 3 号门，躲在门后，一只狼嚎叫着从门里蹿了出来，二休急忙甩动绳套，套得还挺准，一下把狼控制住了。

"好厉害！果然名不虚传。"智叟拍了两下手说，"二休，2 号门上明明写着没有绳套，你为什么偏偏先开 2 号门呢？"

一名日语翻译把智叟的话讲给二休听。二休擦了一下头上的汗说："1 号门上写着'绳套不在 2 号门'，3 号门上写着'绳套在 2 号门'这两句话中必有一句是真话，另一句是假的。你又说这三句话中只有一句是真话，可以肯定 2 号门上写的'这个门里没绳套'一定是假话，因此，绳套一定在 2 号门里。"

"嗯，说得还在理。"智叟回头对小诸葛说，"下一个难题该你解决了。"

智叟国王领着小诸葛和二休到了一座大房子前面，大门上画着房子内部的示意图。

智叟国王指着示意图说："这里面共有 15 间房子。我把一个绳套拆成了 14 个部分，分别放在 1 号到 14 号房间内，一只狼关在第 15 号房间。"

小诸葛和二休认真地听智叟国王的讲话。

智叟国王用手一指小诸葛说："你从入口处进去，至于先进 1 号房间还是先进 4 号房间随你的便，反正每个房间都有好几个门。不过有一条你必须记住，每个房间你只能进一次。"

"麻子连长！"智叟国王叫了一声。

"到！国王有什么吩咐？"从后面站出一个又矮又胖的军官，满脸大麻子不算，还长有一个红红的酒糟鼻子。

智叟国王介绍说："这是我们智人国鼎鼎有名的麻子连长，他勇敢善战，足智多谋。我让麻子连长跟着你小诸葛，他可不是保护你，而是当你走出一间房子，麻子连长就把这间房子的门锁上，以防你再一次进去。你走遍 1~14 号房间，把绳套的 14 个部分都凑齐了，就可以把绳套组装好。不会装没关系，麻子连长会教你如何组装。"

"对！什么样的绳套我都会拆、会装！"麻子连长神气地挺了挺大肚子。

智叟国王说："装好绳套，你就可以拉开 15 号房间的门，捉住里面的狼。如果你少进一个房间，就缺少一个部件，绳套就装不上，到时候麻子连长照样会把你推进 15 号房间。那你只好赤手空拳和狼斗一场了，谁胜谁负，靠你自己。当然，走法不止一种，你只要走对一条路就成。"

麻子连长用手推了一下小诸葛，恶狠狠地说："快走！"

小诸葛蹲在地上假装系鞋带，心里暗想：我应该按什么路线走呢？先横着走？从 1 走经过 2 到 3，到了 7，再从 7 走经过 6、5 到 4，再从 8 经 9、10 到 11。不成！这样走法，12 到 14 号房间走不到了。

小诸葛站起来，瞪了麻子连长一眼，直奔 1 号房间。麻子连长刚跟着走进去，小诸葛又从原门走了出来，手里拿着一节绳子。

智叟国王冷笑着问："怎么又出来了？害怕了？"

小诸葛没理会智叟国王，回头对麻子连长说："提醒你一下，可别忘了锁门！"麻子连长说："你不说，我还真忘了。"赶紧把1号房间的三个门都锁上。

小诸葛又走进4号房间，接下去是按顺序走5、6、2、3、7、11、10、9、8、12、13、14房间。

小诸葛每走进一个房间，就飞快地拿起一个绳套零件，边走边装，而且越走越快。这里有的房间有两个门，有的房间有三个门，有的还有四个门，锁这些门可把麻子连长给忙坏了，不一会儿就被小诸葛甩在了后面。

麻子连长在后面喊："你慢点，等一等我。"

忽然前面传来"嗷"的一声吼，麻子连长跑到15号房间一看，狼不见了。突然，什么东西搭在他的肩上，张着血盆大口向他咬来。

"我的妈呀！"麻子连长两腿一软，眼前直冒金星，晕倒在地上。

"哈哈，勇敢善战、足智多谋的麻子连长，被一只狼吓晕了。"小诸葛从麻子连长腰上摘下房门的钥匙，拖着狼回去了。

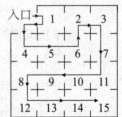

智叟国王看见小诸葛拖着狼走了过来，忙问："麻子连长呢？"

小诸葛说："躺在狼房里睡着了。"

"这……"智叟国王脸色陡变。

智斗麻子连长

智叟国王叫士兵把吓晕的麻子连长抬了出来。又用凉水喷头，又掐"人中穴"，折腾了好一阵子，才把麻子连长救了过来。

"让一只狼吓成这样，真没出息！"智叟国王自觉脸上无光。不过他眼珠一转，又想出一个鬼主意。

智叟国王对麻子连长说："听说你缺少一名机灵能干的传令兵，小诸葛聪明能干，给你当个传令兵吧！"

麻子连长一听让小诸葛给自己当传令兵，这是一个非常好的机会，就爽快地答应了。

小诸葛到了麻子连长的连队，发现士兵都非常憎恨这个麻子连长。麻子连长爱财如命，他不但克扣士兵的饷钱，还变着法不叫士兵吃饱，自己好从伙食费中再捞一笔钱。

有一次，麻子连长对老炊事员说："怎么搞的？你做饭太费白面啦！从今天起，我每月只发给你定量的白面。做主食时，里面放玉米面，外面裹一层白面，这样外表看着好看。如果白面用没了，就让士兵挨饿，不过，大兵们可饶不了你这个老头！"老炊事员可犯了愁：过去每顿饭，只发给士兵一个白面和玉米面混合做成的大饼，大家都嚷嚷吃不饱。现在只给这么一点点白面，还要做到外白内黄，这可怎么办？

小诸葛看到老炊事员一阵阵发愁，问道："爷爷，什么事愁得您垂头丧气的？"

老炊事员就把麻子连长出的坏主意说了一遍。

小诸葛笑着说："这件事好办。麻子连长不是没有限制玉米面用多少？您今后不要做大饼吃了，改做玉米面圆馒头，外面再裹上一层白面。馒头做得越圆越好，外面裹的白面越薄越好，以后我帮您做吧。"

从此，每顿饭每个士兵都可以领到一个外白里黄的大圆馒头。士兵们都说圆馒头的量可比大饼足多了，比过去吃得饱。

一个月下来，白面一点没多用，士兵们个个都胖了，可是玉米面却多吃了不少。麻子连长一算账，大吃一惊。白面倒是省了些，但是玉米面却多用了上千斤，伙食费不但没有省下，反而多花了不少钱。

麻子连长气势汹汹地找到老炊事员，大喊大叫："你怎么搞的？多用了这么多玉米面！"

老炊事员双手一摊说："你只让我少用白面，并没有限制用多少玉米面呀！"麻子连长无言对答，只好自认倒霉。

士兵们知道做圆馒头的主意是小诸葛出的，就纷纷来找小诸葛，叫小诸葛讲讲做圆馒头的道理。

小诸葛说："我先来考你们一个问题。用一块铁皮，做成一个带盖的容器，你们说做成什么形状装水最多？"士兵们有的说方形的，有的说圆筒形，七嘴八舌，众说不一。

小诸葛摇了摇头说："都不对，数学书上说应该是圆球形的。麻子连长不让多用白面，外面还要裹一层白面。如果做圆馒头，白面的数量不增加，包在里面的玉米面可不少啊！"士兵们听了哈哈大笑，称赞小诸葛的数学没白学。

世上没有不透风的墙。小诸葛出主意做圆馒头的事，传到了麻子连长的耳朵里。麻子连长气得咬牙切齿，发誓要惩治一下小诸葛。

一天中午，小诸葛正帮炊事员做午饭。麻子连长提着一个空酒瓶子来了，他对小诸葛说："喂！传令兵，给我买点酒去。"

"买多少？"小诸葛真不想给他买。

麻子连长龇牙一笑说："听说你数学很好；今天就叫你算算我要买多少两酒。我要买的酒的重量等于它本身重量的 $\frac{2}{5}$ 与 1 斤[①]的 $\frac{2}{5}$ 的 $\frac{2}{5}$ 的和。去买吧！多 1 两[②]少 1 两我都不饶你！"说完恶狠狠地掉头就走。士兵们都替小诸葛捏一把汗。小诸葛满不在乎，拿着酒瓶子走了。

没过一会儿，就听小诸葛直着嗓子喊："连长，连长，酒买回来了啦！"麻子连长一听酒买回来了，心里一愣，小诸葛算得这么快，别是蒙我吧。

麻子连长铁着脸问："你给我打了几斤酒啊？"

---

① 1斤等于500克。
② 1两等于50克。

小诸葛笑嘻嘻地说："连长哪有那么大的酒量？你只叫我买二两酒嘛。"

"什么？二两酒。"麻子连长发火了，他说，"是不是你半路上偷着喝了？"

小诸葛点点头说："是的，我确实喝了一大口。"

麻子连长一跺脚说："你好大胆！敢偷喝我的酒，来人，把小诸葛给我捆起来！"

"慢，慢！"小诸葛摆了摆手说，"我买酒，喝酒都是按连长要求做的。不信我给你算算，如果有半点差错，我任你处置。"

麻子连长右手一挥说："你快算！"

小诸葛边说边算："你要买的酒的重量等于它本身重量的 $\frac{2}{5}$ 与 1 斤的 $\frac{2}{5}$ 的 $\frac{2}{5}$ 的和。1 斤的 $\frac{2}{5}$ 的 $\frac{2}{5}$，就是 $1 \times \frac{2}{5} \times \frac{2}{5} = \frac{4}{25}$（斤）。这 $\frac{4}{25}$ 斤酒恰好等于你要买酒重量的 $1 - \frac{2}{5} = \frac{3}{5}$。由此可以算出，你要买的酒是 $\frac{4}{25} \div \frac{3}{5} = \frac{4}{15}$（斤），差不多合二两七钱酒。列个式子就是：$1 \times \frac{2}{5} \times \frac{2}{5} \div (1 - \frac{2}{5}) = \frac{4}{15}$（斤）。"

麻子连长追问："应该买回二两七钱①酒，你为什么只给我买回二两呢？为什么偷喝我七钱酒？"

"不喝不成啊！"小诸葛不慌不忙地说，"你跟我说过，要买的酒最小单位是两，要买整两的酒。现在是二两七钱，再买三钱凑成三两吧，我又没钱。拿回二两七钱吧，又怕不合你的要求。我只好叫卖酒的给酒瓶子里装进二两，剩下的七钱酒我硬着头皮喝了，可真辣呀！"小诸葛的一番话，逗得围观的士兵们哈哈大笑。

"笑什么！"麻子连长气得脸上红一阵白一阵的，恶狠狠地对小诸葛说，"这次你喝了我七钱酒，将来我要抽你七鞭子！"说完提着酒瓶走了。

小诸葛冲着麻子连长背影做了个鬼脸说："哼，将来还说不定谁抽谁呢！"

① 1钱等于5克。

入敌营巧侦察

一天清早，小诸葛被震耳欲聋的枪炮声惊醒。"怎么回事?"小诸葛披着衣服探头一看，可不得了，敌人包围了连队!

战斗十分激烈，从清早一直打到中午，才把敌人打退。

麻子连长说："敌人这手还挺厉害，想来个偷袭。哼，没那么容易!我大麻子也不是好惹的。"

一排长说："连长，敌人四面进攻，来者不善啊!是不是派个得力的士兵去侦察一下。"

"你说得对!不过派谁去呢?"麻子连长低头想了想说，"有了!我看派小诸葛去侦察最合适。"

一排长面有难色地说："小诸葛倒是很聪明，可是，他毕竟是个孩子，侦察工作特别危险呀!"

麻子连长眼睛一瞪说："人小、个小、目标小，更便于侦察。就这样决定了，小诸葛!小诸葛!"

"唉，我在这儿。"小诸葛一边答应着一边背着枪往这儿跑。

麻子连长指着小诸葛的鼻子下达命令说："我派你把四面敌人的兵力部署、火力情况，在半小时内给我侦察清楚。如果到时侦察不出来，我要按贻误军机之罪来惩治你。"

老炊事员跑来说情："半小时要把四周的敌情都侦察清楚，谁能办得到?就是跑一遍，时间也不够啊!"

麻子连长把头一歪说："服从命令是军人的天职，你不用啰嗦啦!"

"爷爷，我能完成任务。您放心吧!"小诸葛说完，一溜小跑就钻进了树林里。

小诸葛前几天常到这一带玩，对这一带地形非常熟悉，三转两转就跑到敌人的营地。他趴在草丛中偷偷地观察，看到敌人正在吃午饭，这一堆，那一堆，人还真不少。

"怎么办？"小诸葛脑子里飞快地思索着下一步对策。应该抓一个"舌头"。对，只有捉住一名俘虏，才能在短时间内了解到敌人四个方面的情况。

小诸葛正琢磨着，只见一个又矮又胖的士兵，腰里挂着一把号，打着饱嗝向他走来。小诸葛一动不动地趴在地上，等胖子走到眼前，一拉胖子的腿，"扑通"一声，胖子就趴在了地上。小诸葛一翻身骑到胖子的身上，把枪口对准胖子的脑袋。

小诸葛问："你是干什么的？你们的兵力是怎样部署的？火力如何配备的？快说！"

胖子又打了一个饱嗝说："我是个号兵，除了吹号，我什么也不知道。"

小诸葛把胖子押回营地，麻子连长问："小诸葛，敌人的兵力怎样部署的？"

小诸葛用枪一顶胖子的后腰说："快讲！"

胖子颤抖着说："昨天我听我们团长说，用全团的 $\frac{1}{2}$ 兵力正面进攻，$\frac{1}{4}$ 兵力后面进攻，$\frac{1}{6}$ 的兵力左边进攻，$\frac{1}{12}$ 的兵力右边进攻。"

麻子连长大声吼叫："我要的是具体有多少人！你跟我讲这么多几分之一有什么用！"

一排长说："根据他说的数字，可以算出敌人的总数。"

麻子连长问："谁会算？"

士兵们你看看我，我看看你，谁也不会算。麻子连长刚要发火，小诸葛说："我来算。"

"我先算算，这四个分数之和等于不等于 1，咱们别叫这个胖子给骗啦！"说着在地上列出了算式：

$$\frac{1}{2} + \frac{1}{4} + \frac{1}{6} + \frac{1}{12} = \frac{6+3+2+1}{12} = 1。$$

小诸葛点点头说："合起来正好得 1。喂，胖子，你们团有多少人？"

胖子摇摇头说："一团有多少人我可不清楚。我只知道，一团有三个营，一营有三个连，一连有三个排，一排有三个班，我们班有 12 人。"

麻子连长摇摇头说："这个胖子是个大傻瓜！"

"傻瓜才说实话哪！我来算算他们团的人数。"小诸葛又在地上写了起来：

$$12 \times 3 \times 3 \times 3 = 972 \text{（人）。}$$

小诸葛说："有 972 人。"

麻子连长点点头说："嗯，一个团也就千把人。再算算各方面都有多少士兵。"

小诸葛很快算出四个答数：

$$972 \times \frac{1}{2} = 486 \text{（人），} \quad 972 \times \frac{1}{4} = 243 \text{（人），}$$

$$972 \times \frac{1}{6} = 162 \text{（人），} \quad 972 \times \frac{1}{12} = 81 \text{（人）。}$$

小诸葛说："正面有 486 人，后面有 243 人，左边有 162 人，右边有 81 人。"

麻子连长听完敌人的兵力部署，脑袋上直冒汗。他喃喃自语说："我这个连总共还不足一百人，敌人的兵力是我们的十倍，而且四面把我们包围起来，这可怎么办？"

小诸葛在一旁大声叫道："连长，我完成任务了吧？"小诸葛这一喊，吓了麻子连长一大跳。

"完成任务了？敌人的火力情况你弄清楚了吗？"麻子连长恶狠狠地说，"十分钟内，你不把火力情况搞明白，我还是饶不了你！"

"哼！"小诸葛二话没说，押着胖子号兵就走了。两个人走到一个僻静地方，小诸葛小声对胖子说："你能告诉我，你们每连有几门炮、几挺机枪吗？"

"这……我可不敢说，团长说过，谁把大炮、机枪数泄露出去，就把谁枪毙！"胖子显得非常害怕。

小诸葛眼珠一转说："这样吧，我不让你直接说出枪炮数，你只要给我算个数就成。你要算对了，我让老炊事员爷爷给你煮三个鸡蛋。"

胖子司号员听说有三个鸡蛋就痛快地答应了。

小诸葛说："你把每连的炮数乘100，再减100，然后加上每连的机枪数，再减去11，得数是多少啊？"

胖子司号员在地上算了半天才说："得414。"

小诸葛说："你在这儿等着，我给你拿鸡蛋去。"

"好，我绝不会走的。你挑三个大鸡蛋啊！"胖子的口水都快流出来啦。

小诸葛跑到连部，告诉麻子连长说："胖子司号员算得的答数是414，他们每连有大炮5门，机枪25挺。"

麻子连长弄不清小诸葛说的什么意思，红着眼珠问："什么得数414？哪儿来的大炮5门、机枪25挺？"

小诸葛把胖子司号员算题一事说了一遍。

一排长问："他算出来的答数为414，你怎么知道每连有5门大炮、25挺机枪呢？"

"这是我故意搞的障眼法。"小诸葛解释说，"我估计每连的炮数不会超过10门，一般是个一位数。把这个一位数乘100，原来的一位数就变成三位数了，比如有5门炮，5×100＝500，这个5就跑到百位上去了，再减去100呢，就变成400，它比原来的5少1。加上机枪数25，再减去11，得数是414，我从得数可以立即知道炮有5门、机枪有25挺。"

一排长又问："不减100，不减11，不是更简单吗？"

小诸葛说："那样得数是525，胖子会对这个答数产生怀疑的。"

麻子连长一听敌人配备这么强大的火力，吓得一屁股坐在椅子上。

外面响起枪炮声，敌人又开始冲锋了。突然，麻子连长双手捂着肚子，躺在地上直打滚。这是怎么啦？

冲出包围圈

连队被包围了，麻子连长捂着肚子说："我有病，不能带你们冲出重围了，你们各自逃命吧！"说完又捂着肚子"哎哟、哎哟"地叫喊起来。

几位排长临时开了个会，大家一致推举小诸葛领着全连突围出去。真是"初生牛犊不怕虎"啊！小诸葛二话没说就答应了。小诸葛首先查点了一下全连人数，包括胖子司号员在内共有 99 名士兵。小诸葛派 4 名士兵去正面，4 名士兵去后面，两名士兵带着胖子司号员去右边，小诸葛带着 88 名士兵向左边突击，和敌人交上了火。左边敌人有 162 人，兵力几乎是他们的两倍，战斗是十分艰苦的。

敌军团长发现小诸葛带兵要从左边突围，立刻下达命令，让前、后、右三路军队立即发起进攻，企图来个铁壁合围。

前、后的两支部队往上一冲，就踩响了地雷。原来小诸葛向前、后两面各派 4 名士兵，是去埋地雷的。敌人连连挨炸，就不敢往前冲了。这时就听到响起了紧急集合号声，右边的 81 名敌人听到胖子司号员吹起紧急集合号，立即向吹号地点跑去，右边就露出了空档。小诸葛带着士兵向左边的敌人狠打了一阵枪，把左边的敌人压得抬不起头来，他乘机带着全体士兵掉头向右边空档冲去。

小诸葛经过连部时，看见麻子连长还在那里，就大喊一声："连长，快跟我往右边冲！"可是麻子连长还想装病。这时，四面枪炮声越来越急，来不及多说了，几个士兵架起麻子连长就往右边跑去。

小诸葛又指挥士兵把 36 个地雷埋在连部周围，最后撤离营地。由于小诸葛叫胖子司号员把右边的敌人都引到一片树林里了，全连士兵没有遇到抵抗，就顺利地冲了出来。

麻子连长一看队伍已经突围出来了，他就一屁股坐在地上不走了。

麻子连长说："我的肚子已经不痛了，小诸葛，你不用再指挥了，还是由我来吧！"可是士兵们不干了，他们说小诸葛聪明、会算计，要求小诸葛继续指挥。

麻子连长可气坏了，他拔出手枪，把帽子往后一推说："好啊！这就不听我指挥了。我是智叟国王派来的连长，谁敢不听，我就枪毙了谁！再说我并不比小诸葛笨。不信，我和他比试比试。"

小诸葛一看麻子连长来劲了，就对麻子连长说："咱俩一人出一道题，你先出题考我吧！"

麻子连长眼睛往上一翻，忽然一拍大腿说："有啦！记得小时候奶奶给我出过一道算术题，直到现在我也不会做。我说说，看你会不会做？听好啦！从前，有一座庙，庙里有 100 个和尚，每次做饭都只做 100 个馒头。庙里规定，大和尚每人吃 5 个馒头，中和尚每人吃 3 个，小和尚 3 个人吃 1 个馒头。这样一分，馒头一个不多一个不少。问问你，庙里有多少个大和尚，多少个中和尚，还有多少个小和尚？"

麻子连长刚说完，小诸葛就"扑哧"地笑出了声。小诸葛说："也难怪是你奶奶出的题，这题都老掉牙啦！"

"不管老不老，你会不会做？"

"当然会喽。"小诸葛当着大家的面在地上边写边说，"根据你说的条件，我可以列出两个等式：

$$大 + 中 + 小 = 100。$$

这个等式的意思是，大、中、小和尚的总数是 100 人；

$$5大 + 3中 + \frac{1}{3}小 = 100。$$

第二个等式的含意是，大和尚吃的馒头总数，加上中和尚吃的馒头总数，再加上小和尚吃的馒头总数，一共是 100 个馒头。"

麻子连长问："列出两个等式管什么用？"

小诸葛说："小和尚人数是 3 的倍数，比如有 84 个小和尚，我就能算出小和尚吃了 28 个馒头。100 减去 28 得 72，将 72 分成两个数，一个能被 5 整除，一个能被 3 整除，72 可分成 60 和 12，所以大和尚有 12 人，中和尚有 4 人。"

麻子连长点点头说："我奶奶说的也是这三个数。"

小诸葛说："其实不止这一组答案，还有一组是大和尚 4 人、中和尚 18 人、小和尚 78 人；第三组是大和尚 8 人、中和尚 11 人、小和尚 81 人。"

小诸葛说："该我出题考你啦！这是老炊事员爷爷给我出的题：蜗牛爬墙走，日升六尺①六，夜降三尺三，墙高一丈②九，几日到顶头。"

麻子连长算了半天也没算出个结果。老炊事员在一旁憋不住了，就说："日升六尺六，夜降三尺三，那一昼夜蜗牛往上爬了三尺三。4 天就爬高了 3.3×4＝13.2（尺），离顶端还有 19－13.2＝5.8（尺）。因为蜗牛白天能爬 6.6 尺，所以它在第五天的白天里，完全可以爬到墙顶。我这是给娃娃出的题，你这个大连长硬是不会算，哈哈……"

麻子连长被老炊事员说得脸上一阵红一阵白，他刚要发作，不知听到了什么，麻子连长又双手捂住肚子倒在地上。噢，后面传来了枪声，敌人追上来了。

发起反攻

正当小诸葛和麻子连长互相考智力的时候，敌人的大股追兵赶来了。麻子连长一看情况不好，又假装肚子痛。他这一招儿，已经没人信了，

---

① 1尺约等于33.333厘米。
② 1丈约等于3.333米。

小诸葛马上指挥全连准备战斗。

小诸葛站在高地说："一排长带着全连的 $\frac{1}{9}$ 士兵向前冲，二排长带同样多的士兵向左撤，三排长也带这么多士兵向右撤，其余士兵埋伏在树林里。"

麻子连长偷偷问一个士兵说："这 $\frac{1}{9}$ 的士兵有多少人？"

士兵小声回答说："全连 99 人，全连的 $\frac{1}{9}$ 就是 11 人了呗。"麻子连长点点头，心想，小诸葛派出去 33 人，自己留 66 人，他是"耗子拉铁锨——大头在后头"，我看看他到底要干什么。想到这儿，麻子连长也跟着小诸葛藏到树林里。

敌人追上来了。一个士兵向其团长报告说："敌方的部队分三个方向败逃。"

敌团长命令道："一营向左，二营向右，三营一直往前追。我带着警卫连在这儿设立团部。"三个营长立即带着士兵向三个方向追去。警卫连没有多少人，算上连长也就 20 个人。

等敌人的三支部队走远了，小诸葛一挥手，埋伏在树林里的士兵一齐杀了出来。由于小诸葛带着 66 人，人数上占优势，所以把敌警卫连打得死的死、伤的伤。

敌团长大声叫喊："快叫胖司号员，吹紧急集合号，把三个营的军队叫回来解围。"

警卫连长说："咱们的胖司号员不是叫人家活捉去了吗？"

敌团长又大声叫道："那就快打信号弹！"

"砰、砰、砰"，三颗红色信号弹升空，这是万分紧急的信号。三支追赶的敌人部队见到信号弹立刻掉头往回跑。

小诸葛一挥手，说了声："撤！"大家向营部所在地撤去。他们到达营部时，先撤走的 33 名士兵也早已安全到达了。

营长亲自迎接大家，夸奖这场仗打得漂亮，撤退及时。

李毓佩
数学科普文集

听到营长表扬，麻子连长可来劲了。他挺着脖子说："营长，你看这场战斗我指挥得不错吧？"

营长笑着说："人家都说你大麻子有勇无谋，可是这次你怎么有勇有谋啦？"

"这个……"麻子连长麻脸一红说："我变得越来越聪明了！嘿！嘿！"接着又干笑了几声。

麻子连长的这番表演把全连士兵都气坏了，老炊事员在一旁气得直喘粗气。再看小诸葛，还是乐呵呵的，一点生气的样子也没有。老炊事员看小诸葛在一旁乐，这气就更大了。他小声对小诸葛说："听大麻子胡说八道，你就一点也不生气？"

小诸葛笑着说："生气？生气有什么用？"

"那你说怎么办？"

"事实总是事实，笨蛋也不能一夜之间变成个聪明人嘛！"说着小诸葛眨了眨眼睛。

"笨蛋变不成聪明人。"老炊事员仔细琢磨小诸葛这句话的含意。突然，老炊事员一拍大腿说："有了，我要让这个'聪明'的大麻子现原形！"

老炊事员走上前说："连长，这次战斗是你一手指挥的吗？"

麻子连长大嘴一撇说："那还用说？从战斗一打响，我就冲在最前面，所有的战斗都是我指挥的。"

老炊事员又往前走了一步问："你说说，咱们一共俘虏了多少敌人啊？"

"俘虏的人数嘛……"麻子连长一上来就卡壳了，他把话锋一转说，"战斗进行得那么紧张，谁还顾得上数捉住了几名俘虏呀！"

"我就知道捉了几名俘虏。"大家回头一看，是小诸葛在说话。

麻子连长眼睛一瞪问："你说几个？"

小诸葛笑嘻嘻地说："连长，你听着：这个数加这个数，这个数减这个数，这个数乘这个数，这个数除这个数，四个得数相加的和正好等于 100。我说聪明的连长，你应该算得出这个数吧。"

士兵们知道麻子连长最怕算术，大家异口同声地说："对！连长越活越聪明，这个数一定能算出来。快算吧，哈哈……"

在士兵们的哄笑中，麻子连长脑袋有点发晕，他张着嘴，半天说不出话来。突然，麻子连长灵机一动，他用手捅了捅身旁的一个年轻士兵，小声说："你帮我算算这个数是几，我将来提拔你当班长。"

年轻战士想了想说："我记得捉了 7 名俘虏。"

"好！"麻子连长来神了，他大声说，"这个数是 7，没错，是 7。"

营长说："你按小诸葛说的验算一下，看看对不对？"

麻子连长很有把握地说："7 加 7 得 14；7 减 7 得零，7 乘 7 得 49，7 除 7 得 1。四个得数加在一起就是 100 么。"

麻子连长刚刚说完，在场的人都哈哈大笑。老炊事员都笑出了眼泪，他擦了擦眼泪说："连长真是聪明过人，14 加零，加 49，再加 1，硬是得 100？"

麻子连长不服气，他咬着牙说："就是 7 名俘虏，没错！"小诸葛说："把俘虏带上来。"两名士兵押着 9 名俘虏走了上来。老炊事员在一旁说："9 加 9 得 18，9 减 9 得零，9 乘 9 得 81，9 除 9 得 1。这四个数加起来才得 100 哪！"

接着老炊事员把麻子连长如何刁难小诸葛、如何装肚子痛、又如何说假话的过程一股脑儿都告诉给营长。

麻子连长还想抵赖，可是所有的排长和班长，都证明老炊事员说的是真话。

听了老炊事员的一番话，营长剑眉倒竖，厉声喝道："好个大麻子，你临阵脱逃、无病装病、欺骗上级、陷害小诸葛，本应送你去军事法庭从严惩处。念你当连长多年，令你今后给老炊事员烧火、打杂，一切听老炊事员支配。"麻子连长站在一旁，一个劲儿地点头说是。

　　李毓佩
　　　　　　　　　　　　　　　　　　　　　　　　　　　数学科普文集

突然，有人怪声怪气地说了声："慢！请营长手下留情！"

给麻子连长算命

大家回头一看，是智叟国王来了。他干笑了两声说："你们不了解实情。我把小诸葛交给麻子连长时，就密令他要考验一下小诸葛。看看小诸葛有没有三国时诸葛亮那大能耐；会不会用兵，能不能打仗？"

麻子连长忙说："这个小诸葛果然善于用兵，巧妙对敌，是位将才！"

智叟国王点点头说："看来我的眼力不错，经过几年培养，会为我们智人国征服全世界做出贡献的。麻子连长，你把小诸葛先送回王宫，路上多加小心，如果出了问题，小心你的脑袋！"

"是！"麻子连长答应一声，押解着小诸葛向王宫方向走去。

小诸葛在前面走，麻子连长挎着枪在后面跟着，两个人一言不发，默默地走着。

麻子连长觉得这样走实在无聊，就对小诸葛说："小诸葛，你会算命吗？我这个人特别相信算命。"

小诸葛头也不回地说："我不但会算命，而且特别灵！"

麻子连长半信半疑，他问："你怎么能让我相信你算得灵呢？"

"这个好办。"小诸葛掉过头来说，"我曾暗地给你算过一次命，发现你和智叟国王命运相同。"

"真的？"麻子连长十分兴奋地说，"智叟是国王，我大麻子将来也能当国王？"

"不信，你自己算一算呀！"小诸葛一本正经地说，"你把你出生的年份加上当连长的年份，再加上你现在的年龄，再加上你当了几年连长，看看等于多少？"

麻子连长蹲在地上边说边写："我 1994 年出生，2016 年当上的连长，我今年 24 岁，当了 2 年连长，把它们加起来：

```
    1 9 9 4
    2 0 1 6
        2 4
  +      2
  ─────────
    4 0 3 6
```

得 4036。"小诸葛说："你再把智叟国王出生的年份加上当国王的年份，再加上他现在的年龄，再加上他当了几年国王，算算等于多少？"

麻子连长接着算，他说："智叟国王 1952 年出生，1986 年当上国王的，他今年 66 岁，当了 32 年国王，把它们加走来：

```
    1 9 5 2
    1 9 8 6
        6 6
  +     3 2
  ─────────
    4 0 3 6
```

嘿！也得 4036。"麻子连长说，"看来你小诸葛还真有两下子！"

前面有个小酒馆，麻子连长拍了小诸葛的肩膀一下说："走，进去喝两杯，我请客！"

"我不会喝酒。"小诸葛摇摇头。

"陪我划几拳！"麻子连长见了酒就拖不动腿。

"我不会划拳。"小诸葛又摇摇头。

"你不会可不成，你不喝我可就硬灌你啦！"麻子连长开始耍赖。

小诸葛稍一琢磨，觉得这是一个逃走的好机会，先把麻子连长灌醉了再说。

小诸葛对麻子连长说："咱俩做游戏吧，谁输了谁喝酒，你看怎么样？"

"做游戏？好主意！我大麻子可不是傻瓜，想赢我！没那么容易。"说完大麻子拉着小诸葛走进了小酒馆，向掌柜的要了二斤白酒，给每人倒了一杯。

小诸葛要来了一盘花生米，他左、右手各拿几颗花生米握紧，然后问："连长，你猜我哪只手里的花生米是双数？"

麻子连长琢磨了一会儿，指着小诸葛的右手说："这手里是双数。"小诸葛放开右手一看，里面有三颗花生，不对。麻子连长输了，端起酒杯一仰脖喝了下去。

麻子连长一连猜了三次都错了，他连喝了三杯。麻子连长心里纳闷，我怎么会每次都猜错呢？他哪里知道，小诸葛每次两只手拿的花生米，都是单数，而偏问麻子连长哪只手里花生米是双数，麻子连长永远也猜不对！

麻子连长说："这次，咱俩换一下。我来双手抓花生米，你来猜。"他迅速抓了一把花生米，数了数分别放在左右手中，然后握紧双手叫小诸葛猜。

小诸葛摇摇头说："你两只手所拿的花生米都是双数吧？"

"不，我左手拿的是 5 颗花生米，右手拿的是 4 颗花生米。怎么会都是双数呢？"

麻子连长极力申辩。

小诸葛笑着说："这么说，你右手拿的是双数喽！喝酒吧，麻子连长。"

"咳！我真笨。怎么自己说出来啦！"麻子连长说完又灌进了一杯酒。二斤白酒让麻子连长喝了一大半。

趁着酒兴，麻子连长双手各抓了几颗花生米说："这次我保证一手是双数，一手是单数，你猜吧！猜错了，可该你喝酒啦！"

"我要检验你说的是不是真话。"小诸葛想了一下说，"把你左手的花生数乘以 2，再加上右手的花生数，得数是多少？"

麻子连长算了一会儿说："得 31。"

小诸葛立刻指出右手里是单数，麻子连长伸开右手一看是 5 颗，果然是单数。麻子连长喝完了酒不服气，又做一次，这次得数是 10，小诸葛说他右手里是双数，麻子连长一张开右手果然是双数。就这样，不知不觉二斤白酒都被麻子连长喝进肚子里去了。

小诸葛提起酒壶说："连长，酒喝光啦，我再去买点酒，我请客！"

"你请客，我就喝。"麻子连长说完就趴在桌子上睡着了。

傍晚，小酒馆该关门了，店掌柜叫醒了麻子连长。麻子连长一看小诸葛没了，吓出了一身冷汗，酒钱也不给了，撒腿就朝王宫方向跑去。

密林追踪

麻子连长急匆匆地去见国王，向智叟国王报告小诸葛中途逃走了。

智叟国王闻到麻子连长满嘴的酒气，生气地说："几斤酒灌进肚子里，别说是小诸葛，死人也能叫你看跑啦！"智叟国王眼珠一转，命令士兵带二休一起去捉拿小诸葛。

麻子连长问智叟国王道："追小诸葛，带着二休干什么？"

智叟国王狠狠地瞪了麻子连长一眼说："捉拿小诸葛，要用二休做诱饵，你除了喝酒，还知道什么！"吓得麻子连长一缩脖子，赶紧躲到一边去了。

再说小诸葛离开了小酒店，心中暗自高兴，心想：你智叟国王一准会来追我，我钻进前面的密林之中，看你到哪里找我！想到这儿，小诸葛加快脚步向密林深处走去。

忽然，林子外面传来了一阵吆喝声，小诸葛向外一看，是二休被智叟国王和士兵们用枪押着，向树林方向走来，小诸葛赶紧爬到了一棵大树上。

智叟国王高声叫道："小诸葛，你快点出来！不然的话，我就把二休枪毙了！"

智叟国王押着二休走到了小诸葛所在的树底下，趁智叟国王不注意，小诸葛从树上扔给二休一个小纸团，二休假装提鞋，把纸团拾起来看了一眼。

智叟国王问二休："你是不是知道小诸葛逃到哪儿去了？"

二休考虑了一下反问："如果我告诉你小诸葛藏在哪儿，你能放我回国吗？"

智叟国王拍胸说："一定放你回国，说话算数。"

二休把一张纸条交给了智叟国王，说："刚才有一个小孩扔给我这张纸条。"

智叟国王接过纸条仔细看，原来是封图画信。

智叟国王看了半天没看出个所以然，把纸条递给了二休说："你来念念！"

二休装着看不懂，慢慢念着："二休，我的好朋友：我逃出去了，藏在树林的洞穴里，位置：过了大槐树走 ▽ ᵟ ♡ ✕ 步就是洞穴。小诸葛。"

二休问："这 ▽ ᵟ ♡ ✕ 是什么符号呀？"

智叟国王嘿嘿一阵冷笑说："小诸葛骗不了我。你看，信尾的小诸葛不是藏着半边脸吗？我把这4个符号各捂上左半边就全清楚了。"

麻子连长用左手捂住每个符号的左半边，顿有所悟："噢，这4个符号的一半就是7、5、2、3呀！也就是7523步！可真够绝的啦！"

智叟国王用枪捅了二休一下说："这棵树就是大槐树，你在前面带路，我跟你走上7523步，看看有没有个秘密洞穴。"二休一副无可奈何的样子，在前面慢慢地走。走出1000多步后，二休越走越快，智叟国王渐渐跟不上了，不一会儿把智叟国王拉下好远。智叟国王数到 7523 步一看，哪里有什么洞穴啊！再一找，二休也不见了。

麻子连长挠了挠脑袋问："陛下，小诸葛写的纸条会不会是假的？骗咱们的！"

"不会。"智叟国王肯定地说，"小诸葛要骗人，不单单骗了我，连二休也骗了。"

智叟国王又拿出纸条，反复地琢磨。突然他一拍大腿说："我明白了。这上面有一正一反两个箭头，应该向前走 7523 步，再往回走 3257 步才对哪，快往回走吧！"

他们往回走了 1000 步，发现两个小孩——一个白脸、一个黑脸。他俩每人端着一碗饭，饭碗上还写着号码。两个人坐在大树下一粒一粒地吃着碗里的饭。

麻子连长问两个小孩："你们看见一个日本少年从这儿过去了吗？"

黑脸小孩有气无力地说："我俩有个难题，如果你能帮助解决，我就告诉你。"说完又往嘴里放了一粒饭。

"有什么难题，快说！"麻子连长挺着急。

黑脸孩子慢吞吞地说："我俩是童工，经理嫌我俩吃饭太多、太快。今天早饭，他给我俩每人一碗饭，他说谁最后吃完自己碗里的饭，就奖给谁 100 元，最先吃完的就开除。"

白脸小孩眼泪汪汪地说："我俩都饿得要死，可是谁也不敢快吃。"

麻子连长摇摇头说："我可没办法！"

智叟国王干笑了两声说："这事好办。你俩手里的饭碗交换一下不就成了嘛！"

两个小孩眼珠一转，突然从地上蹦了起来，高兴地说："好主意！"两个小孩把手中饭碗交换了一下，然后张开大嘴飞快地吃了起来，一眨眼两人同时把饭吃完了。

李毓佩
数学科普文集

麻子连长莫名其妙，他问："为什么把碗交换一下，你俩就拼命吃了？"

白脸孩子抹了一下嘴，高兴地说："别忘了，我吃的是他碗里的饭。我赶快把他碗里的饭吃完，我碗里的饭不就是最后吃完嘛！"黑脸小孩往后一指说："是有个日本小和尚刚从这儿过去，你们快追还能追上！"智叟国王和麻子连长又追了2257步，发现在一棵大树后面果然有个洞穴。

智叟国王命令麻子连长进洞看看。麻子连长深知小诸葛的厉害，右手握着手枪，哆哆嗦嗦地往洞里走。麻子连长一边走一边大声喊："小诸葛、二休，你们快出来！我已经看到你们藏在那儿啦！不出来，我可要开枪啦！"

没过一会儿，只听洞里"哎哟"一声，麻子连长在里面大喊"救命！"智叟国王急忙召来卫兵把洞口团团围住。

智叟国王向洞里喊道："小诸葛、二休，你们快点出来，我保证你们的人身安全。限你们三分钟作出答复！"

只听洞里响起了一阵脚步声，脚步声越来越近，只见小诸葛拿着麻子连长的手枪，二休拿着棍子，押着麻子连长朝洞口走来。

聪明人饭店

到了洞口，小诸葛对智叟国王说："叫你的卫兵给我让出一条道，让麻子连长陪我俩走一段路，我一定不伤害麻子连长。"

智叟国王命令卫兵给让出一条道来，小诸葛和二休押着麻子连长，直向密林深处走去。走了很长一段路，断定后面确实没有人跟踪，才把麻子连长放了回去。

小诸葛把手枪插到腰带里，笑着对二休说："咱俩终于逃出来啦。"

二休向小诸葛深鞠一躬，用中国话清楚地说道："多谢你给我扔纸团，是那个纸团救了我。"

小诸葛一惊，忙问："你会说中国话？"

"我的邻居是一位中国侨民，我从小跟他们学中文，会说几句中国话，可是讲不好，不好意思跟你对话。"说着，二休笑了。

小诸葛拍着二休的肩膀说："讲得蛮不错嘛！这下子可好了，咱俩就不用借写字来'谈话'了。走，去找点东西吃。"两个人又继续往前走。

前面有个小饭店，门口摆着许多烤得两面发黄的大饼，香味扑鼻，馋得两个人直咽口水。小诸葛一摸口袋，一分钱也没带，再一抬头，看见招牌上写着"聪明人饭店"。店掌柜是个四十多岁胖胖的中年人。

小诸葛好奇地问店掌柜："你这个饭店为什么起名叫'聪明人饭店'呢？"

店掌柜笑着说："我这个饭店专门是为聪明人开的。聪明人在我这儿吃饭，不要钱。"

小诸葛一听说聪明人吃饭不要钱，十分高兴，又问："你怎么知道谁聪明，谁笨呢？"

"这个好办。"店掌柜指着墙上贴的一张纸说，"我这个店规定：谁要能出题把我难倒，可以白吃我的两个大饼；如果难不倒，吃一个大饼要付三个大饼的钱。"

"好吧，我先来说一个问题。"小诸葛按了按饿得"咕咕"直叫的肚子说，"有一次我站在100米高的楼顶，双手抱着一个熟透了的大西瓜。后来，西瓜下落了100米，可是我一看，嘿，西瓜一点也没坏，你说这是怎么回事？"

"这个……"店掌柜的眼珠转了好几个圈，说："也许下面有人接住了西瓜，也许西瓜掉在了一大堆棉花上。"

小诸葛摇摇头说："都不是。当时只有我一个人，地上也没有棉花，是硬邦邦的水泥地。"

店掌柜用手挠了挠脑袋说："这可奇怪了，下落了 100 米硬是没有摔碎？我真想不出来了。"

小诸葛笑了笑，做个抱西瓜的样子说："是我从 100 米高的楼顶上，把西瓜抱到了地面，当然西瓜一点也没坏喽！"

店掌柜眨巴着眼睛，还是没听懂。小诸葛解释说："原来我是站在 100 米高的楼顶上，抱着一个大西瓜。我身高 1.6 米，西瓜离地面差不多有 101 米。后来我抱着西瓜下了楼，西瓜下落了 100 米，可是西瓜没沾地呀！它还在我的怀里，离地约有 1 米。"

"说得好！"店掌柜拿出两个大饼，给小诸葛和二休每人一个。两个都饿极了，张大嘴三口两口就吞了进去。小诸葛冲着二休摸了摸肚子，二休明白小诸葛是说自己没吃饱。

二休说："我也来出个问题吧。有一次我乘公共汽车，快到终点站了，两位售票员站起来查票，可是车上只有一半人出示了车票，而售票员对另一半人却不闻不问。你说这是怎么回事？"

店掌柜想了想说："可能那一半是小孩，不用买票，要不就是售票员的老熟人，也可能是他们车队的头头们。"

二休摇摇头说："都不是。""都不是？"店掌柜有点莫名其妙了，他最后摇摇头，表示不会答。二休笑着说："车上只有3名乘客出示了车票，另 3 个人是一名司机、两名售票员，这 3 个人当然不用出示车票啦！"

"原来是这样！"店掌柜恍然大悟。

二休指了指炉子上的大饼问："那……大饼呢？"

"给，给，每人一个。"店掌柜爽快地拣了两个大饼递给了他俩。

店掌柜从柜台下面拿出两个芝麻大饼说："我也出个问题，如果你们答对了，就把这两个最好吃的芝麻大饼送给你们吃。不过，如果答错了，你们要付我 6 个大饼的钱。"小诸葛和二休都点头同意。

店掌柜说："我有一个朋友患有严重的关节炎，走路一瘸一拐的。

可是他总去眼科医院，这是为什么?"

小诸葛拍了一下前额，二休敲了一下后脑勺，两人同时回答说："这个问题太简单了，你的朋友在眼科医院工作。因为去医院的不一定就是病人。"

"对极啦! 我的这位朋友是个眼科医生，他当然要到眼科医院去上班。你俩真是少有的聪明人啊!"店掌柜把带芝麻的大饼递给他俩说，"吃吧! 这种大饼越吃越有味。"

两个人嚼着大饼，真是越嚼越香。芝麻大饼吃完了，两人觉得头晕眼花，站立不稳，一前一后都栽倒在地上。

店掌柜见两人都倒了，"哈哈"大笑，他手指着小诸葛和二休说："你俩再聪明，也逃不出我的'聪明人饭店'，我来翻翻你们身上有多少钱。"

金条银锭藏在哪儿?

小诸葛和二休吃了"聪明人饭店"掺了药的大饼，全都晕倒了。店掌柜就去翻两人的口袋，想翻出点钱来。先翻二休的口袋，结果一分钱也没有。店掌柜踢了二休一脚骂道："穷鬼! 我想从你身上弄点日元，结果什么也没有。"他从小诸葛腰里搜出一支手枪，钱也是一分没有。

店掌柜把小诸葛和二休用绳子捆了起来，再用凉水把他们喷醒。店掌柜用枪指着小诸葛和二休说："有钱快交出来。要钱还是要命任你们挑!"

小诸葛慢条斯理地说："当然我们要命啦! 长这么大多不容易，谁愿意轻易把命丢了!"

店掌柜"嘿嘿"地冷笑了两声，问："要命就得交钱! 你们两个穷鬼，口袋里连一分钱都没有，拿什么保命?"

小诸葛瞟了店掌柜一眼说："谁说我们没钱? 这次我俩走这密林中

李毓佩
数学科普文集

的羊肠小道，就是替一家银行护送金条和银锭的。"

"吹牛！银行经理瞎了眼？让你们两个小孩护送金条、银锭。"店掌柜一个劲儿地摇晃脑袋。

"不信？"小诸葛一本正经地问，"刚才咱们也较量过，你说我们聪明不聪明？"

店掌柜点点头道："确实聪明。"

小诸葛又问："我腰里带的枪可是真的？"

店掌柜把枪翻来覆去看了看说："没错，是一把真手枪。"

小诸葛说："银行经理觉得这次护送的金条、银锭数目巨大，叫大人护送容易引人注目。由我们两个小孩来护送，别人是想不到的，这叫出其不意。"

店掌柜一想，也对。两个小孩确实精明能干，一般大人也比不上。再说，如果不是护送贵重的东西，小小年纪哪儿来的手枪？

店掌柜立刻转为笑脸，关切地问："你们这次带了多少金条？多少银锭？共有多重？告诉我，马上把你们放了。"

小诸葛皱着眉头说："银行经理把金条、银锭锁在一个铁箱子里，没告诉我俩有多少啊！"

店掌柜走近一步问："一点线索也没有？"

"线索倒是有。"小诸葛一本正经地说，"经理曾经说过，将一根金条和一个银锭放在一起，会多出一个银锭来；如果将一根金条和两个银锭放在一起，会多出一根金条来。"

"嗯……让我算一算，"店掌柜的眼睛里闪着兴奋的光，他自言自语地说，"可以肯定银锭比金条多一个，可是金条有多少根呢？"

店掌柜低头琢磨了半天，突然他一拍大腿说："有了！你们经理说，如果将一根金条和两个银锭放在一起，会多出一根金条来。我假设外加两个银锭，这时多出那根金条也有两个银锭和它放在一起，银锭数恰好是金条数的两倍。"

店掌柜眯着眼睛问："这时银锭比金条多出几个呢？"

二休说："原来银锭就比金条多一个，你又假设外加两个银锭，这时银锭比金条就多出三个。"

店掌柜说："对，银锭多出三个就是金条的二倍，那么金条有三根，银锭有四个。"

小诸葛在一旁说："其实，算这道题用不着这么麻烦。经理的第一句话是说，金条银锭的总数除 2 余 1；经理的第二句话是说，金条银锭的总数除 3 也余 1。因此，金条银锭总数是 2 和 3 的最小公倍数加 1，也就是 $2\times3+1$，共七个。其中有三根金条，四个银锭。"

店掌柜说："不管怎么算，反正是三根和四个。"说完把脸一沉，用枪顶了一下小诸葛的胸口问，"你们把这些金条和银锭藏到哪儿去了？快说实话！"

小诸葛犹豫了一下说："就藏在前面不远的一个洞穴里。你找到了那个洞穴就大声叫二休，有个小孩会领你进洞。这样吧，我带你去取吧！"

店掌柜心里一算计，觉得还是一个人去好，免得人多容易暴露目标。他恶狠狠地说："我要找不到金银，回来再和你们算账！"说完把枪插到腰上，急匆匆地走了。

店掌柜很快就到了小诸葛所说的洞穴，他站在洞口扯着脖子喊："二休，二休。"没喊几声，从大树后面走出一个瘦老头。

瘦老头问店掌柜："你认识二休？"

"当然认识。不认识我叫他干什么！"店掌柜警惕地看了瘦老头一眼，接着又连声叫二休。

瘦老头轻轻拍了三下手，从树后闪出几名士兵把店掌柜按倒在地上。店掌柜还想挣扎着掏枪，可是枪被士兵夺走了。原来瘦老头正是智叟国王，他领人埋伏在这儿，等着小诸葛和二休在密林里找不到路时转回来。

李毓佩
数学科普文集

智叟国王审问店掌柜，叫他说出小诸葛和二休的下落。

店掌柜害怕金银被瘦老头抢去，硬是一声不吭。

麻子连长小声问智叟国王，这个人会不会是傻子？智叟国王说出道题考考他。

智叟国王对店掌柜说："昨天我去买烟斗，商店有大小两种烟斗。我给售货员一张两元钱币，他问我买大的还是小的？后来又来一个买烟斗的，也递给他两元钱，售货员连问也不问，就给了他一个大烟斗。你说说，售货员为什么问我不问他？你若答对了，我就放了你。"

"聪明人饭店"的店掌柜脑子可不笨。他略微想了想说："大烟斗的价钱一定是一元五角钱以上，小烟斗的价钱则是在一元五角钱以下。后来买烟斗的人递给售货员的钱不会是一张两元的，也不会是两张一元的。可能是一张一元和两张五角的，这样售货员就肯定知道他要买大烟斗了。但是你给他是一张二元的，他必须问问你买什么烟斗。"

麻子连长点点头说："行，一点也不傻！"

智叟国王说："不但不傻，还挺聪明。他不说出小诸葛和二休在哪儿，你们给我打！"

一听说要打，店掌柜吓坏了，赶紧说了实话。智叟国王命令士兵跑步去"聪明人饭店"捉拿小诸葛和二休。

酒鬼伙计

话说两头，小诸葛和二休在"聪明人饭店"被店掌柜捆了起来，又叫来一个伙计拿着一根木棒在旁边看守着。这个伙计是个酒鬼，不时从酒缸里弄出点酒，偷偷地喝。

小诸葛和二休互相交换了一下眼色。二休叹了口气说："世界上真有这样的傻瓜，好处叫别人占了去，自己还在那儿傻等着。"

伙计举起木棒问二休："你说谁是傻瓜？"

二休解释说："我这次出来，带了好多瓶酒，还真有好酒！"

伙计听说有好酒，立刻眼睛一亮，高兴地一拍大腿说："掌柜的临走时对我说了，把你们的东西取回来，也分给我一份。到时候我就有好酒喝了。"

二休问："分给你多少？"

伙计掰着指头说："掌柜的说，把东西先分成 $\frac{1}{2}$、$\frac{1}{4}$ 和 $\frac{1}{6}$ 份，把其中的 $\frac{1}{2}$ 给饭店、$\frac{1}{4}$ 给他、$\frac{1}{6}$ 给我。喂，你一共带来多少瓶好酒啊？"

"我带来 11 瓶普通白酒和 1 瓶特制桂花酒。"二休一本正经地说，"不过，你被店掌柜的骗了！"

"骗了？"伙计有点吃惊。

二休说："你先给我松开绳子，我给你算算就明白了。"伙计说："咱们事先说好，算完了我还要把你捆上。"二休点头答应，伙计就把绳子解开了。

二休在纸上边写边说："你们店掌柜把取回来的东西分成三份，应该把东西都分完才对啊！但是 $\frac{1}{2}+\frac{1}{4}+\frac{1}{6}=\frac{11}{12}$，并不等于 1，说明店掌柜不是把得来的东西全分了，他还留了一手。"

伙计瞪大了眼睛说："真的，还缺 $\frac{1}{12}$，掌柜的耍了个心眼。"

二休又说："更成问题的是，一共 12 瓶酒，$\frac{1}{12}$ 就是一瓶酒。店掌柜存心把那瓶特制桂花酒给自己留下，只分给你两瓶普通白酒。"

"没门儿！"伙计急了，他涨红了脸说："不成，我要找掌柜的算账去！"伙计掉头看看捆着的小诸葛，又有点犹豫。

二休从伙计手中夺过木棒说："不要紧，我替你看着他。如果你去晚了，店掌柜在路上把桂花酒喝完了，你找着他又有什么用？"

看来，好酒的诱惑力战胜一切，伙计说了声："你受累给看会儿，

李毓佩
数学科普文集

我马上就回来。"说完撒腿就往外跑。小诸葛和二休"扑哧"一声都乐了。二休刚要给小诸葛解开绳子，伙计慌慌张张又跑了回来。

伙计问二休："如果掌柜的把桂花陈酒藏了起来，我怎么能让他说实话呢？"

"嗯……"二休想了一下说，"你们掌柜的信神吗？"

"哎哟，我们掌柜的可迷信了。"伙计指着墙上的财神爷像说，"他每天都给财神爷烧香磕头，愿神仙保佑他发大财。他对我说过，只要对神不说假话，要什么，神仙就能给什么。"

"我给你想个办法，可以让掌柜的说实话。"二休拿出一个小口袋，里面装有 16 个小玻璃球，其中白球 7 个，黑球 6 个，红球 3 个。二休说，"既然掌柜的对你说过，只要对神不说假话，要什么，神仙就能给什么。你就对掌柜的说，这 16 个小玻璃球是宝球，是神仙赐给他的。其中有 3 个红球是最值钱的，只要他说真话就能抓到它们。你就让他从口袋里一次抓出 3 个球，要求 3 个都是红球。如果他能一次抓出 3 个红球，就证明他说了真话；如果抓出的 3 个球中有白球和黑球，就肯定他说了假话。"

"好主意。"伙计接过口袋，撒腿就跑。

二休很快把捆小诸葛的绳子解开，说："咱俩快跑吧！"小诸葛摇摇头说："不行。咱俩在这里人生地不熟，跑不了多远还会被捉回来。"

小诸葛指指上面说："先到顶棚上躲一躲。"他写了个纸条放在桌子上，然后两人爬上了顶棚藏了起来。

小诸葛小声问："你说店掌柜能抓到那 3 个红球吗？"

"可能性太小了。"二休眨巴着眼睛说，"我看过一本数学课外书。书上说，16 个小球中只有 3 个红球，当每次抓 3 个小球时，要抓 560 次才可能有一次抓到 3 个红球。"

"嘘，有人来了。"小诸葛和二休都不说话了。

智叟国王一进屋就见到地上的绳子，忙问："两个小家伙呢?"

店掌柜向四周张望问："我的伙计呢?"

"掌柜的，我在这儿。"伙计从外面跑进来劈头就问，"你把那瓶桂花酒藏到哪儿去了?"

"什么桂花酒?"店掌柜被问得直发愣。

伙计生气地说："我知道你不会说真话。这样吧，我这口袋里有7个白球、6个黑球和3个红球。只要你说真话，财神爷会赐给你3个红球。那可是3个红宝球啊! 你如果能一次抓出3个红球，就证明你说了真话，没藏桂花酒; 假如你抓不出来，就证明你说了假话，把酒藏起来了。"

店掌柜先向神做了祈祷，然后从口袋里抓出3个小球，一看是2个白球1个黑球; 他把球放进去又抓了一次，嘿! 是2个黑球1个白球。

"你把桂花陈酒藏哪儿去了?"伙计拉着店掌柜的要拼命。

"住手!"智叟国王厉声说："你上了他们的当，抓出3个红球的可能性太小了。还不赶快给我去追人!"

湖心岛上的小屋

智叟国王叫大家都去追小诸葛和二休，可是他俩向哪个方向跑了呢?

麻子连长发现桌子上有一张纸条说："看，他俩留下一张纸条。"纸条是写给伙计的：

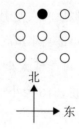

　　我俩出去一会儿，可按画的图来找我们。黑圈是"聪明人饭店"，你一笔画出4条相连的直线段，恰好通过9个圆圈，你画出最后一条线段的方向，就是我们走的方向。

"我画一画。"伙计用笔在图上画了半天，也没按要求画出4条相连

李毓佩
数学科普文集

的直线段。店掌柜和麻子连长也画了好多图，都画不出来。

智叟国王冷笑了两声说："一群蠢材！你们非把拐弯的地方画在圆圈上，这怎么能成？可以在圆圈外面拐弯，你们把图旋转45°角再画，就容易多啦。"

智叟国王先把图向左旋转45°，连出4条线段，最后一笔方向朝下；然后又向右旋转45°，连出4条线段，最后一笔也是方向朝下。

伙计说："好啦！地图上的方向是上北下南，左西右东，两张图的最后一笔都方向朝下，他俩一定是朝南边逃跑了，快去追！"说完，伙计就要朝南追。

"回来！"智叟国王喝道，"我把图都旋转了45°，难道向下还是正南吗？"

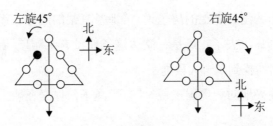

"噢，明白了。一个方向是指向东南，一个方向是指向西南。这么说，他俩可能向东南方向跑了，也可能向西南方向跑了。"伙计弄明白了。智叟国王决定：他和店掌柜带着两个卫兵向东南方向追；麻子连长和店伙计带着两个卫兵朝西南方向追。

店掌柜问："国王陛下，你们追那两个小孩，为什么还要我和伙计也一起去？店里没人看门，烧饼丢了怎么办？"

智叟国王两眼一瞪说："叫你们两人去，是因为你俩熟悉这一带地形。丢几个烧饼又算得了什么！"

店掌柜不敢再说什么了，乖乖地跟着智叟国王朝东南方向追去。他们追了半天也不见个人影。这时，天阴了，雪花飘落下来，一会儿，地上、树上都是白茫茫的一片。又追了好一会儿，智叟国王突然停住了。

店掌柜问："国王，你怎么不走啦？"

智叟国王说："他俩没从这条路上走。"

店掌柜有点莫名其妙，他又问："你怎么知道的？"

"雪地上连个脚印也没留下，难道他们能飞？咱们回去找麻子连长去。"说完智叟国王掉头就往回走。走了一段时间，发现地上有一串脚印。店掌柜仔细辨认了一番，高兴地说："这里有店伙计的脚印，他穿的是布底鞋。"

脚印一直伸向一座大院子的门口，两人带着卫兵顺着脚印追进了院子。院子里有个圆形湖，湖心岛上有间房子。湖上没桥，有两条小船。一条小船有桨，停靠在湖心岛；另一条小船没有桨，停在湖边。

店掌柜指着湖心岛上的房子说："那条有桨的船停在湖心岛，说明有人划着船到岛上去了。可是，湖边这条船没有桨啊！"店掌柜在周围转了一圈，居然找到了一大段绳子。

店掌柜高兴地对智叟国王说："有了绳子，你坐在船上我就可以把你拉过去。"

"是个办法。"智叟国王坐在船上，拉住绳子的一头，店掌柜拉着绳子的另一头，沿圆形湖岸跑。当跑到 B 点时，绳子已经被拉直了，可是小船并没有靠到小岛上。

店掌柜大声喊道："坏了，绳子不够长怎么办？"

智叟国王坐在船上想了想说："你用力拉绳子，我叫你停，你马上停。"

"好吧！"店掌柜用力拉绳子，船慢慢向 B 点靠拢。当船走到离湖心岛比较近的 C 点时，国王大叫停住。

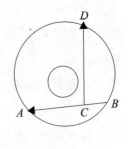

智叟国王又让店掌柜沿着圆形湖继续向前跑，一直跑到 D 点，然

———————————————— 小诸葛智斗记 李毓佩
数学科普文集

后从 D 点再拉绳子，船慢慢靠拢了湖心岛。

智叟国王下了船，掏出手枪悄悄向那间屋子靠近。他抬起一脚把屋门踢开，大喊："藏在屋里的人快出来！不出来，我就开枪啦！"

"我投降！我投降！"麻子连长和店伙计高举双手，从屋里走了出来。

智叟国王吃惊地问："怎么是你俩？小诸葛他们呢？"

麻子连长双手一摊说："压根儿没看见。"

"上当啦！"智叟国王用力一拍大腿说，"小诸葛对这一带不熟悉，留下纸条是有意让咱们给他俩领路的。看来，他俩不在前面，而是跟在咱们的后面！"

麻子连长着急地问："那可怎么办？"

智叟国王眼珠一转，恶狠狠地说："没跑出去就好办，我一定能抓住他俩！"

落入圈套

智叟国王对大家说："你们看，雪地上他们连个脚印都没留下，可以肯定他俩没走在咱们的前面，而是跟在后面，踩着咱们的脚印走啊！不信，你们可以回去查看一下脚印。"店伙计一溜小跑回去查找，果然在雪地上发现了两串陌生的脚印。

麻子连长拔出手枪说："咱们顺着他俩的脚印去找，还怕抓不着他俩！"

"不，不。"智叟国王连连摇头说，"小诸葛和二休是两个聪明过人的孩子，硬搜，恐怕不成。"

"那怎么办？"麻子连长还真着急。

智叟国王用食指在空中画了个圈儿说："我要设计一个圈套，让他俩自投罗网。咱们走吧！"

"走？往哪儿走？"店掌柜弄不清这葫芦里卖的什么药。

"回智人城！"说完智叟国王径直向智人城走去。

这智人城是智人国的首都，正方形的小城墙上，每边都有6名士兵守卫。小诸葛和二休远远跟在智叟国王的后面，来到了智人城下。智叟国王等一伙人，直接进了智人城。可是，小诸葛和二休却不敢贸然往城里走，他俩先围着城转了一圈儿。

二休小声对小诸葛说："我数了一下，每边都有6名士兵。"

忽然，城楼上响起了嘹亮的号声，守城的士兵该换岗了。小诸葛发现守城的士兵好像有些变化，就捅了一下二休说："你看，守城的士兵好像多了！"

二休围着城又转了一圈。由于城很小，不一会儿就转完了，二休说："没多呀！还是每边6名士兵，只是站法不同了，原来是每两个人站在一起，现在站成一排。小诸葛，如果士兵多了又怎么啦？"

"如果士兵多了，说明他们加强了防范，这表明智叟国王已经发现咱们跟在后面了。"小诸葛咬了咬牙说，"不入虎穴，焉得虎子。咱俩闯进去。"两个人混在人群中往城里走。小诸葛边走边往城上看，突然，他愣住了。

二休忙问："你看见什么了？"

小诸葛见周围的人挺多，没有说话，低着头走进了智人城。他俩刚刚进城，城楼上响起一阵锣声，四方城门同时关闭，全城戒严了。

"二休，我刚才看见城上的士兵中，有一个长得像智叟国王。"小诸葛问，"你记得刚才城上的士兵是怎样站法的吗？"

"记得。"二休在地上画了个士兵站岗图。

小诸葛点点头说："这就对了。实际上守城的士兵多出了4名，估计是智叟国王、麻子连长、店掌柜和伙计4个人化装成士兵，站在城上监视咱俩的行动。"

"每边还是 6 名士兵，怎么会多出 4 个人呢？"二休没弄明白。小诸葛指着图说："站在城角的士兵，比如站在城东北角的两名士兵，当你数北边的士兵时包括他俩，当你数东边的士兵时还包括他俩，所以这些士兵都数了两遍。"

"噢，我明白了。"二休说，"把城角上的士兵从 2 人减为 1 人，还要保持每边 6 名士兵，士兵就必须增加 4 个人，从原来的 16 人变成 20 人。"

正说着，麻子连长穿着士兵服装，领着几名士兵朝这边走来。

"麻子连长！"小诸葛小声说了一句，拉着二休朝别的路走去。

迎面来了一队士兵，领头的是店掌柜，他也穿着士兵服装。小诸葛和二休扭头上了一座桥。

"站住！出示你们的证件！"一名年轻的军官领着两名士兵在检查证件。

小诸葛一摸口袋说："哎呀，我证件丢了。"

"丢了？"年轻军官用怀疑的目光打量小诸葛说，"你怎么能使我相信，你说的话是真的呢？"

小诸葛双手一摊说："随便你用什么方法。"

年轻军官想了想说："这样吧，我用智叟国王教的方法，测试你说的是真话还是假话。"

小诸葛道："你具体说说。"

年轻军官从口袋里掏出一张白纸，裁成 5 张同样大小的纸条。他举着纸条说："我在每张纸条上写一个字，有的写'真'字，有的写'假'字。你抽出写'真'字的纸条，我就相信你说的是真话；如果抽出写'假'字的纸条，就说明你在撒谎！"

年轻军官躲在一旁，在 5 张纸条上都写了个"假"字，叠好以后让小诸葛来抽。

小诸葛随手抽了一张，打开一看，高声地说："上面写的是'真'字。"年轻军官一愣，小诸葛随手把纸条揉成一团扔进了河里。

年轻军官生气地问："怎么给扔掉了？谁能证明纸条上写的是'真'字？"

小诸葛笑着将剩下的4张纸条都拿了过来，打开一看，上面都写着"假"字。小诸葛说："看，剩下4张纸条上都写着'假'字，这证明我抽走那张一定是写着'真'字。我想，你不会把5张纸条都写上'假'字来骗我吧？"

"这……"年轻军官张口结舌，不知说什么好。

"哈哈。"突然有人在后面说，"你这骗普通孩子的玩意儿，怎么能骗得了小诸葛呢？"

小诸葛和二休回头一看，啊！是他！

智力擂台

小诸葛和二休被骗进智人城，在大桥上被智叟国王捉住了。

智叟国王向全城人宣布："今天晚上在皇宫门前进行智力擂台赛，特邀请小诸葛和二休参加比赛。智人城的全体居民都要参加打擂。"

晚上，随着一阵嘹亮的号声，智力擂台赛开始了。智叟国王宣布比赛的方法：任何人都可以上台提出问题，出题人可以指定某人来回答。如果一个人连续三次都答对了，他的任何要求都能得到满足；如果答错一次，将被狠抽一顿皮鞭。

麻子连长第一个跳上了台，他也不知从哪儿学来一套扑克牌游戏，想在这里露一手。他从口袋里掏出13张红桃扑克牌，点数是从1到13（其中J、Q、K分别代表11、12、13）。他深知小诸葛的厉害，不敢叫小诸葛。他觉得二休可能差一点，就点名叫二休上台来回答。

李毓佩
数学科普文集

麻子连长把 13 张扑克牌交给二休，让二休随意洗牌，并且记住其中一张牌。

麻子连长对二休说："你把刚才记住的那张牌的点数乘以 2，再加上 3，然后乘以 5，最后减去 25。把最后的得数告诉我，我能立即找出你所记住的那张扑克牌。先告诉我，你运算的结果是多少？"

二休说："结果是 60。"

麻子连长立即抽出红桃 7，向上一举说："你默记的那张牌是红桃 7，对不对？"二休点点头说："对。"台下一片欢腾。

麻子连长得意地问："你知道这里面的道理吗？"

二休笑着对麻子连长说："你这是来蒙小孩子的吧！其实你心里早记住一个公式：$10x - 10 =$ 运算结果。

比如，我说结果是 60，由 $10x - 10 = 60$，可得

$$10x = 70,$$

$$x = 7。$$

这 x 的值就是我默记的点数。我说得对不对？"

麻子连长抹了一把头上的汗水："可是，我没让你乘 10、减 10 呀！"

二休说："这里你耍了个小心眼儿。你让我把数乘以 2，再加上 3，再乘以 5，减去 25。设点数为 x，把上面的运算写出来就是

$$(2x + 3) \times 5 - 25$$

$$= 10x + 15 - 25$$

$$= 10x - 10。$$

简单一算，你就露了馅啦！"

麻子连长脸一红，连话也没说就跳下了台。突然，一个人跳上了台，二休一看，原来是"聪明人饭店"的店掌柜。

"我来给你出一个买大饼的问题。"店掌柜说，"一天，有 10 个人到我店里买大饼，每人买的大饼数中都有'8'字，他们总共买了 100 个大饼。

你说说，他们每人都买了几个大饼，快算！"

二休不慌不忙地说："一种可能是有 9 个人每人买了 8 个大饼，剩下的一个人买了 28 个大饼；还有一种可能是，有 8 个人每人买了 8 个大饼，剩下的两个人每人买了 18 个大饼。"

店掌柜吃惊地问："你怎么算得这么快？"

"您想啊！"二休说，"每人至少要买 8 个大饼吧？总共是 80 个大饼，这时还多出 20 个大饼。这时有两种可能：一种可能是 20 个大饼又都被其中的 1 个人买去了，这样，有 9 个人各买了 8 个大饼，1 个人买了 28 个大饼；还有一种可能，是 20 个大饼分别被两个人买去了，这样，有 8 个人各买 8 个大饼，两个人各买了 18 个大饼。"

"对，对。"店掌柜刚要下台，二休笑着对台下说："有一点要提醒大家，吃他做的大饼可要留神，他大饼里放了蒙汗药，吃了就会人事不省啦！"台下一阵哄笑，店掌柜赶紧溜下了台。

"看我的！"声到人到，店伙计一个箭步蹿上了台。店伙计大声嚷道，"我就不信考不倒你，看我给你出道难题吧！"

突然，有人喝道："下去！"店伙计回头一看，智叟国王不知什么时候也上了台，智叟国王冷冷地对店伙计说，"如果你出的第三个问题难不倒他，他要你的脑袋，你肯给吗？"

"这……"店伙计抱着脑袋跑下了台。

智叟国王皮笑肉不笑地说："二休果然聪明过人，不过我出的第三个问题，不是你回答得了的！"

二休笑了笑说："那就试试吧。"

智叟国王一招手，走上两个长得一模一样的少年。智叟国王对二休说："这是一对孪生兄弟，长得可以说是分毫不差。可是这两个人却有一点差别，有一个专门说假话，另一个专门说真话。"

智叟国王用眼睛盯了二休一阵子，又说："我知道你很想回国，你

　　　　　　　　　　　　　　小诸葛智斗记　李毓佩
数学科普文集

回国的通行证就在我的口袋里。这一对孪生兄弟都知道通行证放在我的哪边口袋里。你只能问他们一句话，要问出究竟在哪边口袋里。"

"这个……"这个问题可真叫二休犯了难。

"怎么样啊！如果答不出来，就算答错一次。按着擂台的规矩，你可要吃一顿皮鞭啦！"智叟国王一边说，一边从腰上解下一条皮鞭子。

二休用两处手指在头上反转了两个圈儿，说了声："有啦！"

二休对孪生兄弟中的一个问道："如果由你兄弟回答'通行证放在哪边口袋里？'他将怎样回答？"

这个少年说："他会说通行证放在左边口袋里。"

二休高兴地说了声："好极啦！"接着他以极快的动作从智叟国王右边口袋里掏出了通行证。

智叟国王大惊失色，忙问："你怎么知道通行证一定在我的右边口袋里？"

二休笑着说："一个说真话，一个说假话。把一句真话和一句假话合在一起，一定是一句假话。肯定了'放在左边口袋里'是假话，那么通行证一定放在右边口袋里喽！"

智叟国王脸色突变，大喊："来人！"

打开密码锁

智力擂台上，二休一连答对了三个问题，并从智叟国王的口袋里拿出了回国通行证。正在这时，智叟国王突然叫来两名士兵，用铁锁把二休的双脚锁在了一起。

小诸葛跳上了台，气愤地问："你把他的双脚锁起来，叫他怎样回国？"

"哈、哈……"智叟国王一阵狂笑说，"你应该帮助他回国呀！通行证上写的是你俩的名字。至于回国的路线么，通行证上也写得清清楚楚。"

智叟国王指着二休脚上的锁说："这是把密码锁，密码是由六位数字 $1abcde$ 组成。把这六位数乘以3，乘积就是 $abcde1$，你们可以算算这个密码是多少。不过，你们要注意，算对了就能打开锁。如果算错了，拨错了密码，锁会变得非常紧，二休的脚就要被夹坏啦！"

小诸葛问："可以走了吗？"

智叟国王右手向前一伸说："请！"

小诸葛也没搭话，背起二休就走。按照通行证上所标的路线，来到了一条大河边。河上架着一座用绳子绑成的木板桥，桥还挺长，中间用几根木柱支撑着。桥边立着一片木牌，上写：此桥最多承重50千克。

小诸葛把二休放到了地上，擦了把汗问："二休，你有多重？"

二休回答："35千克。"

小诸葛说："我40千克，看来我背着你过桥是不行了。"

二休说："小诸葛，你先回中国吧。叫你背着我走，你的负担太重了。"

"哪儿的话！"小诸葛笑着说，"我怎么能把你扔下不管呢！"

小诸葛在桥边来回遛了两趟，突然他双手一拍说："有主意啦！"小诸葛解开绑桥板的绳子，拆下一段桥板，又用绳子的一头拴住木板，让二休平躺在木板上。

小诸葛跳到水里游一段，又爬上木桥，他用绳子拉着木板一同往前走，很快就把二休拉过了河。

二休高兴地说："利用水的浮力，你把我拉过了河。"

小诸葛一拍大腿说："嘿！咱俩可真糊涂。把密码锁打开，不是一切问题都解决了么！"

二休说："这要算半天哪！密码的六位数字是 $1abcde$，乘3之后得 $abcde1$，可以列个竖式。$e \times 3$ 的个位数是1，只有 $7 \times 3 = 21$，e 必定是7；

由于 21 在十位上进了 2，这样 $d×3$ 的个位数必定是 5，那么 d 一定是 5；同样可以推算出 $c=8$、$b=2$、$a=4$。"二休在地上写了几个算式：

$$\begin{array}{r} 1\,a\,b\,c\,d\,e \\ \times\qquad 3 \\ \hline a\,b\,c\,d\,e\,1 \end{array} \Rightarrow \begin{array}{r} 1\,a\,b\,c\,d\,7 \\ \times\qquad 3 \\ \hline a\,b\,c\,d\,7\,1 \end{array} \Rightarrow \begin{array}{r} 1\,a\,b\,c\,5\,7 \\ \times\qquad 3 \\ \hline a\,b\,c\,5\,7\,1 \end{array}$$

二休高兴地举起双手说："哈哈，我算出来啦！密码是 142857，我来把锁打开。"说完二休就要开锁。

"慢，"小诸葛说，"如果算错了，可就糟啦！铁锁会越夹越紧。这样吧，我再用列方程的方法算一遍，看看得数是否一样。如果一样了再开锁也不迟。"

小诸葛在地上边算边写：

设 $abcde=x$，那么 $1abcde=100000+x$，

因为 $\qquad abcde1=10×abcde+1=10x+1$，

可列出方程 $\qquad 3×(100000+x)=10x+1$，

展开 $\qquad 300000+3x=10x+1$，

$$7x=299999，$$

$$x=42857。$$

所以 $\qquad 1abcde=142857。$

二休高兴地说："结果一样，没问题啦！"

小诸葛小心地把密码拨到 142857，只听"咔哒"一响，锁打开了。两人非常高兴。

二休说："咱们应该打听一下，回中国和日本应该怎样走。"

忽然听到有人在低声哭泣，两人循声寻去，发现一个老泥瓦匠守着一大堆方砖在哭。

小诸葛问："老大爷，您有什么难事？"

老泥瓦匠指着一堆方砖说："这里有 36 块方砖，每 6 块为一组，分

别刻有 A、B、C、D、E、F 等字母。"

二休看了看这堆砖说:"对,每块砖上都刻有一个字母。"

老泥瓦匠又说:"智叟国王叫我用这些方砖铺成一块方形地面。要求不管是横着看,还是竖着看,都没有相同的字母。我铺了半天也没铺出来,下午再铺不出来,智叟国王就要杀我全家!"

小诸葛安慰他说:"您不用着急,我们替您摆一摆。"

小诸葛先把 6 块刻有 A 的方砖沿对角线放好;二休把 5 块刻有 B 的方砖也斜着放,第 6 块 B 砖放在左下角。两个人你摆 6 块,我摆 6 块,不一会儿就摆好了。

老泥瓦匠非常感谢说:"你们真聪明!看来要按着一定规律摆,乱摆是不成的。"

小诸葛刚想打听一下路,两匹快马奔驰而来。

A	B	C	D	E	F
F	A	B	C	D	E
E	F	A	B	C	D
D	E	F	A	B	C
C	D	E	F	A	B
B	C	D	E	F	A

巧过迷宫

两匹快马急速奔来,临近才发现马上是两个蒙面人。第一个蒙面人弯下腰把二休夹上了马,小诸葛刚想上前去抢救二休,第二个蒙面人举起马鞭子"啪"的一声,把小诸葛抽倒在地,两匹马一溜烟似的跑了。

小诸葛强忍鞭伤的疼痛,心想:这两个蒙面人会是谁呢?如果是智叟国王,他为什么只抓走了二休,而不抓我呢?

话分两头，再说二休被两个蒙面人挟持马上，两匹马，一先一后直奔一座高山。跑到一条山涧前，停了下来。两个骑马人除去蒙面，原来是麻子连长和智叟国王。

智叟国王哈哈大笑说："你就是神通广大的孙悟空，也逃不出我如来佛的手心。二休，咱们又见面了。"

二休愤怒地说："你身为一国之主，怎么总是说话不算数！说好了放我和小诸葛走，怎么又把我抓回来了？小诸葛在哪儿？快告诉我！"

"嘿嘿……"智叟国王一阵冷笑说，"谁也没说不放你走啊！你回日本，小诸葛回中国，你俩不可能走同一条路。我是怕你走错了路，特带你走这条近道，你看下面。"智叟国王让二休探头向山涧下面看，二休探头一望，吓得倒吸了一口凉气，好深的山涧啊！下面云雾缭绕，深不可测。

智叟国王冷笑着说："过了这个山涧，你就可以抄近道回日本了。这个山涧有 6 米宽，可惜上面没有架桥。"

二休问："没有桥，叫我怎么过山涧？"

"嗯……我要做到仁至义尽。给你两块木板，想办法搭座桥吧。"智叟国王说完叫麻子连长给二休扛来一长一短两块木板。

二休先用那块长木板试了试，不够长，就是放在最窄的山涧处，也还差半米，够不着对岸。想把长短两块木板接起来，可是又没有绳子来捆。二休犯了难。

智叟国王幸灾乐祸地说："过不了山涧，你就回不了国。你可别埋怨我不放你回国。"

二休沿着山涧往前走，突然发现有一个拐角的地方。二休一拍后脑勺说："有啦！"

二休先把短木板横放到拐角处，然后把长木板的一端放到短木板上，另一端正好放到对岸，二休飞快地从木板上跑过了山涧。过了山涧，二休很快把长木板抽掉，防止智叟国王和麻子连长跟着过来。

"果然聪明！"智叟国王点点头说，"你一直往前，就可以到日本国了。"

"我才不相信你的鬼话哪！"二休愤愤地说，"你从来就没有这么一副好心肠！不过，咱们走着瞧吧！"说完，二休头也不回地向山下走去。

二休边走边琢磨，往前走肯定不是日本，可是我应该往哪儿走呢？对，回去找小诸葛去。把我和小诸葛分开，这是智叟国王耍的诡计。想到这儿，他沿着山道往回走。

走着走着，前面出现一堵墙，中间开有一个大门，门上写有四个字——有来无回。

"有来无回？这是什么地方，这名字怎么这样吓人哪？"二休想绕道走，可是左右都没道路可走。

"哼，别说是'有来无回'，就是'火海刀山'我也要闯一闯！"二休径直往大门里走去。可是往里没走几步又赶紧退了回来，他看到里面枝枝杈杈，道路很多，明白了这是一座迷宫。

提到迷宫，二休就想起了古希腊神话中忒修斯除妖的故事：古希腊克里特岛的国王叫米诺斯，他的妻子生下一个半人半牛的怪物叫米诺陶。王后请当时最著名的建筑师代达罗斯建造了一座迷宫，并将米诺陶养在其中。迷宫里岔路极多，进入迷宫的人很难走出来，最后都被怪物米诺陶吃掉了。雅典王子忒修斯决心为民除害，杀死米诺陶。忒修斯来到克里特岛，认识了美丽、聪明的公主阿里阿德尼。公主钦佩王子的正义行动，她送给王子一个线团，告诉王子把线团的一端拴在迷宫的入口处，然后边放线边往迷宫里走。公主还送给王子一把斩妖剑，用这把剑可以杀死怪物米诺陶。在公主的帮助下，王子忒修斯勇敢地走进迷宫，找到怪物米诺陶，经过一番激烈的搏斗，终于杀死了怪物，然后沿着进迷宫时所放的线，很快走出了迷宫。

二休想到了忒修斯进出迷宫的方法，可是手里没有线团怎么办？他一摸身上，自己穿着一件毛背心。把毛背心拆开，不就有线了么！想到这儿，二休很高兴，把毛背心拆出一个头来，把拆出来的毛线拴在大门口。二休往大门里走，随着他往前走，毛线不断从毛衣上往下拆。

二休走了一段路又停下了。他想，有了毛线做标记，只能保证我退回原路，可是我的目的不是退回来，而是要穿过这座迷宫呀！二休想了一下，给自己立了两条规则：（1）碰壁回头走；（2）走到岔路口时，总是靠着右壁走。按着这两条规则二休终于走出了迷宫。

出了迷宫再往哪儿走呢？二休正踌躇不前，前面突然传来阵阵哭声。

熟鸡生蛋

二休循声走过去一看，是一个脚夫打扮的少年。看年龄也只有十一二岁，头上围着一条花格头巾，腰上缠着腰带，腰上还插着一根鞭子，这位小脚夫坐在一块石头上不停地哭。

二休走过去拍了一下小脚夫的肩头问："小老弟，有什么难事解决不了啊？"

小脚夫抬头看了二休一眼说："你的年龄比我也大不了多少，告诉你也没用！"

二休摇摇头说："我看不是这个理儿。多一个人就多一份力量吗！说说看。"

小脚夫抹了一把眼泪说："前几天我赶着头毛驴路过'红鼻子烧鸡店'。店掌柜外号叫红鼻子，他非拉我进店吃烧鸡不可。"

二休问："你吃他的烧鸡没有？"

"吃了。红鼻子说，鸡不论大小，一律一元钱一只。可是我吃完了一只烧鸡一摸口袋，呀！忘带钱了。"

"没带钱怎么办？"

"红鼻子掌柜说，没带钱不要紧，先记上账，有钱再还。"

"红鼻子掌柜还真不错！"

"哼，什么不错呀！他可把我害苦啦！"小脚夫忿忿地说，"过了几天，我去烧鸡店还钱，红鼻子拨弄了一阵算盘说，我应该还他 40 元钱！"

二休也惊呆了，他问："不是一只烧鸡一元钱吗？你吃了他一只烧鸡，怎么要你 40 元钱呢？"

小脚夫说："是呀，我也是这么问他，他回答说，假如那天我不吃那只鸡，几天来那只鸡少说也能生 3 个蛋，这 3 个蛋能孵出 3 只小鸡，3 只小鸡长大，每只下 3 个蛋，共下 9 个蛋，孵出 9 只小鸡，小鸡长大再生蛋，就能孵出 27 只鸡来。你要不吃我那只鸡，我该有：

$$1+3+9+27=40（只）鸡，$$

一只鸡一元，40只不就是40元么！"

二休关心地问："那后来呢？"

小脚夫说："红鼻子蛮不讲理，非叫我给他 40 元不可，没办法，我只好给了他。你要知道，40 元是我半年才挣得的钱啊！"

"实在是太欺负人了。"二休想了一下说，"你手里还有钱吗？"

"还有 2 元。"小脚夫从口袋里掏出仅有的 2 元钱。

"借我用一用。"二休拿着 2 元钱直奔"红鼻子烧鸡店"。

二休进了烧鸡店，对红鼻子说："掌柜的，我要买鸡，给你 2 元钱，晚上我来取烧鸡。"

红鼻子满脸赔笑说："行，行！晚上一定给您准备好上等烧鸡。"

傍晚，二休带着小脚夫走进"红鼻子烧鸡店"，红鼻子赶忙拿出两只烧鸡递了过来。

红鼻子笑眯眯地说："这是您买的两只烧鸡，您看看怎么样？"

二休把脸一绷问："怎么就两只鸡？"

红鼻子说："一元钱买一只鸡，你给我两元钱，不是买两只鸡么？"

"我说掌柜的，你可弄错了。"二休一本正经地说，"我给你的那两元钱，和一般钱可不一样，它可以生钱呀！"

"钱能生钱？"红鼻子瞪大了眼睛。

二休说："对。我往少里说，每一元钱生一次钱就不再生了。我给你两元钱，过一小时一元钱能生出 3 元钱，两元就能生出 6 元；再过一小时这 6 元就生出 18 元；过了 3 小时，这 18 元又生出 54 元。把这些钱加在一起是：

$$2+6+18+54＝80 （元），$$

80元能买80只烧鸡才对呀！"

红鼻子的脸由鼻子往外扩散得越来越红，他气急败坏地说："你这是讹诈，谁见过钱生钱的？"

二休也不客气，大声对红鼻子说："你才是真正的骗子！谁见过煮熟的鸡能生蛋的？"

小脚夫走上前，指着红鼻子说："既然煮熟的鸡能生蛋，那钱也能生钱呀！"

围观的群众纷纷指责红鼻子骗人。红鼻子自知理亏。连忙退还给小脚夫 39 元钱。二休摆摆手说："我订的那两只鸡也不要了，退给我两元钱。"红鼻子只好点头同意。

小脚夫拿了 39 元钱非常高兴，刚想走，红鼻子说："慢走，小脚夫，我这儿有桩买卖。"

路遇艾克王子

二休和小脚夫分手后，他一个人往回走，一心要找到患难朋友小诸葛，由于天色已晚，二休在路口突然被什么东西绊了一下。

"哎哟！"有人喊了一声。

二休仔细一看，一位衣着华丽的少年坐在路旁。二休赶紧说："真对不起，请原谅！"

"不，是我绊了你一下。应该是我说对不起。"少年站起来，拍了拍裤子上的灰。

二休上下一打量，这个少年穿戴不凡。只见他，头戴王子冠，上身穿猩红色的将军服，下身穿带宽边的绿色元帅裤，足蹬高筒马靴，身后披着金黄色的斗篷，活像一个电影里的王子。

二休向少年鞠躬说："我是日本人，叫二休，请多关照！"

少年连忙还礼说："我是诚实王国的艾克王子，诚实王国和智人国是邻居，我是被智叟国王骗来的。"

"你也是被骗来的？"二休问。

艾克王子说："今天早上，智叟国王约我去打猎，把我带到这个荒郊。突然，智叟国王叫麻子连长抢走了我的枪，强迫我给他算一道题。"

二休问："什么题？"

艾克王子回答："智叟国王出了这样一道题：我把前天打的狐狸总数的一半再加半只，分给我的妻子；把剩下的一半再加半只，分给大王子；剩下的一半再加半只分给我的二王子；把最后剩下的一半再加半只分给公主，结果是全部分完。你说说，每人都要分得整只狐狸，该怎么办呀？"

二休忙问："你是怎样给他分的？"

"我……我没分出来。"艾克王子说，"智叟国王见我分不出来，就嘿嘿一阵冷笑，挖苦我说，连这么一道简单的题目你都做不出来，还有资格继承王位？你的国家归我吧，你就留在这荒郊野外，等着喂狼吧！说完智叟国王和麻子连长就一同骑马走了。"

"智叟国王实在太坏啦！"二休关心地问，"你准备怎么办？"

"嗯……我准备先把智叟国王出的题算出来！"艾克王子的回答，有点出乎小诸葛的预料。

"好，我来帮你计算这道题。"二休说，"你想想，由于每人分得的狐狸必须是整数，而每次都需要加半只才能得整数，说明每次要分的数一定是个奇数。"

"对。往下又该怎样想？"

二休说："这类问题应该倒着推算。由于'把最后剩下的一半再加半只分给公主，就全部分完了'，所以公主得到的一定是1只。再往前推，智叟国王的二儿子得2只；大儿子得4只；他妻子得8只。总共是：

$$1+2+4+8＝15（只），$$

也就是说，总共有15只狐狸。"

"噢，原来要倒着算哪！"艾克王子明白啦。

二休又问："题目做出来了，你还准备干什么？"

艾克王子想了一下说："我想回国了。二休，我邀请你到我们诚实王国做客，好吗？"

"我还要找到我的中国好朋友小诸葛哪！"二休有些犹豫。

艾克王子坚持要二休先去诚实王国，再去找小诸葛，二休只好答应。

去诚实王国的路两人都不认识。正在发愁，前面走来了一个老头，他头戴破草帽，草帽压得很低，把眉毛都遮住了。眼睛上架着一副墨镜，留着络腮胡子，穿着一件破大衣，手里拿着一根木棍，像是要饭的。

艾克王子走上前问："老人家，去诚实王国怎么走啊？"

老人头也不抬地说："先往东走一大段，再往北走一小段，就到了。"

艾克王子又问："向东、向北各走多远啊？"

老人先是一阵冷笑，接着说道："大段和小段之和是 16.72 千米；把大段千米数的小数点向左移动一位，恰好等于小段的千米数。具体是多少，自己算去吧！"说完，老人头也不回地走了。

二休摇晃着脑袋说："这个老人的声音真耳熟！"

会跑的动物标本

艾克王子说："你快把这两段路算出来吧!""好的。"二休说："把大数的小数点向左移一位等于小数，说明大数一定是小数的 10 倍。大、小数合在一起，一定是小数的 11 倍。这样，就可以求出

小段路程：$16.72÷11=1.52$（千米）；

大段路程：$16.72-1.52=15.2$（千米）。"

"好啦。咱们先向东走 15.2 千米，再向北走 1.52 千米，就到家了。"艾克王子说完，拉起二休就走。

两人走得也快了些，不到中午，两人就走完了全程。艾克王子向周围一看，这里根本不是诚实王国。

两人正觉得奇怪，忽听一声炮响，一发炮弹在他们不远处爆炸。两人赶紧趴在地上。

两人回头一看，是刚才那个要饭的老人。只见他站在一门大炮旁边，而麻子连长正指挥士兵往大炮里填炮弹。

要饭老人把破草帽、大胡子、破衣服都脱下来，原来他是智叟国王化装的。

智叟国王把手向下一挥，喊了声："放!"只听"轰"的一声，又一发炮弹打了过来。

麻子连长挥动着双手大叫："哈，你们俩完了。快把脖子伸长等死吧!"

炮弹不断在二休和艾克王子周围爆炸。艾克王子问："咱们怎么办?难道在这里等着让他们打死?"

二休说："大炮只能往远处打，打不着近处。咱俩向大炮冲去!"说着两人向大炮冲去。

智叟国王一看二休及艾克王子冲上来了，大喊："大炮打不着他俩了，快跑!"

小诸葛智斗记　李毓佩　数学科普文集

智叟国王、麻子连长和两名士兵分散跑走了。

"追谁?"艾克王子问。

"追智叟国王!"二休快步向智叟国王追去。

智叟国王跑得还挺快,左一拐右一拐就跑进了一座动物园。二休和艾克王子追进动物园一找,智叟国王没了。两人在动物园里转了两圈,也没看见智叟国王的影子。

他俩来到动物园的售票处,隔着小门问售票员:"你看见智叟国王跑进去了吗?"

售票员用一种粗哑的声音回答说:"看见他跑进去了。"

二休又问:"他可能藏在哪儿?"

"这个……"售票员突然把手伸了出来。

二休明白,他是要钱,艾克王子从口袋里摸出一枚金币扔给了他。

售票员仔细看了看金币,才慢吞吞地说:"智叟国王藏在一个笼子里。这个笼子编号是一个三位数,这个三位数的三个数字之和为12;百位数字加上5得7,个位数字加上2得8。你们自己去找吧!"说完"吧嗒"一声,把小门关上了。

二休皱着眉头说:"这个人说话的声音怎么这么难听呀?"

艾克王子说:"可能感冒了。快算出笼子号码,抓住智叟国王要紧。"

二休说:"这个问题好算。百位数字加上5得7,那么百位数字一定得2;而个位数字加上2得8,那么个位数字一定是6;再由三个数之和为12,可知十位数字是4。因此,笼子号一定是246号。"

艾克王子和二休开始寻找246号笼子,他俩先找到241号笼子,里面装的是长尾猴。接着往下数,242号是狼、243号是狐狸……嘿,这就是要找的246号笼子!这个笼子很大,里面什么也没有,笼子和一个大山洞相连。

艾克王子说:"智叟国王可能藏在那个山洞里。"

艾克王子一拉门，笼子的铁门是开着的。艾克王子更相信智叟国王刚刚跑进去。

两人同时走进笼子，悄悄地向山洞口靠近，突然，从山洞里传出一声虎啸，随后一只斑斓猛虎从山洞里蹿了出来。

"不好，咱俩又上当了！"二休拉着艾克王子就往外跑，笼子的门已经被人关上，外面还上了锁。

"哈哈，你俩让麻子连长骗进了老虎笼，这只老虎有好几天没喂食了。你俩可以供它饱餐一顿喽。"智叟国王站在笼子外面奸笑着说。

现在一切都明白了，售票员是麻子连长化装的，铁笼子的门是智叟国王从外面锁上的。然而，明白得太晚了，老虎正向他俩扑过来。怎么办？二休高喊："快往上爬！"

两人顺着铁栅栏向上爬，像猴子一样吊在了铁笼子的上空。

智叟国王在外面幸灾乐祸地拍着手说："真好玩，二休和艾克王子变成猴子啦！"

智叟国王这番话，把艾克王子气得牙齿咬得"咯咯"作响。艾克王子从小习武，非常有力气。他双手握住铁棍，两臂一用力，就把铁棍拉弯了，露出一个大洞。艾克王子和二休从洞口钻了出去。

智叟国王见二休和艾克王子从老虎笼里钻了出来，大惊失色，掉头就跑。两人跳下虎笼在后猛追。智叟国王在前面三晃两晃又不见了。能跑到哪儿去呢？周围的小花园，不能藏人，只有前面的"动物标本室"可以躲藏，两人推门进了标本室。

标本室陈列着许多动物的标本，大动物有大象、犀牛、长颈鹿、斑马，小动物有狐狸、鹰、金丝猴等。

两人在标本室里转了一圈，没有发现什么可疑情况。二休问："智叟国王会不会装成动物标本迷惑我们？"

"问问清楚。"艾克王子推开"管理员办公室"的门走了进去。屋里只有一名管理员，有 50 多岁。

艾克王子一把揪住管理员的脖领子，厉声问道："老实说，你们这儿有多少只动物标本？"

"我说，我说。"管理员战战兢兢地说，"你让我说出具体有多少，我还真一时说不上来。我只知道如果把 15 只食草动物换成食肉动物，那么食肉动物和食草动物的数目相等；如果把 10 只食肉动物换成食草动物，那么食草动物就是食肉动物的 3 倍。具体有多少，你们自己算吧！"

二休立刻说："我敢肯定，食草动物比食肉动物多 30 只，不然，怎么会换掉 15 只还能相等呢？"

艾克王子琢磨了一下说："对！当把 10 只食肉动物换成食草动物以后，食草动物比食肉动物多出 50 只，这 50 只恰好是剩下的食肉动物的两倍。"

二休接着说："那剩下的食肉动物就是 25 只啦！算出来了！

食肉动物是 25＋10＝35（只）；

食草动物是 35＋30＝65（只）。

咱俩开始数吧！"

艾克王子说："先数数食肉动物有多少只。1，2，3…正好 35 只，一只也不多。"

二休接着说："再数数食草动物。1，2，3，…，66 只，嗯？怎么多了 1 只？"

艾克王子指着两匹斑马标本说："看，这里有两只一样的斑马，一定有一只是假的。我用宝剑刺一下试试。"艾克王子从墙上摘下一把宝剑，用宝剑去刺一匹斑马的屁股，这匹斑马纹丝没动，而另一匹斑马标本却撒腿就跑。它跑起来不是 4 条腿着地，而是两条后腿着地，像人一样。

二休大叫："哎呀，斑马跑啦！"

管理员也奇怪地说："见鬼，标本怎么活啦！"

"斑马"跑出标本室，智叟国王把斑马皮脱下来扔在了一边，他擦了一把汗说："好险，差点挨了一剑！"

艾克王子与二休追出动物标本室一看，只发现地上有一张斑马皮，智叟国王已经没影了。两人正在寻找智叟国王，"嗖、嗖"一连射来几支箭，艾克王子连忙按下二休的脑袋，说："冷箭，快趴下！"

攻破三角阵

谁放的冷箭？艾克王子和二休正纳闷，一阵急促的马蹄声由远及近，一队当地的土著人出现在面前。他们赤裸着上身，头上插着五颜六色的鸟的羽毛，斜背着硬弓，手里提着鬼头大刀，个个都骑着高头大马，十分威风。

为首的一个人大声说："刚才明明看见一匹斑马在这儿跑动，我们射了几箭，怎么一眨眼就变成了一张皮了呢？"

艾克王子把刚才怎样追智叟国王，智叟国王又怎样化装成斑马标本的过程说了一遍。

土著人首领听到在追拿智叟国王，也义愤填膺。他说："智叟国王歹毒至极，他连蒙带骗，强占了我们部落的大片土地，请你们带我去找他算账！"土著人首领又命士兵让出两匹马，给艾克王子和二休每人一匹。

他们刚要出发，突然，"砰"的一声枪响，麻子连长骑着马，带着许多士兵包围过来。

麻子连长大笑道："哈哈，你们都中了智叟国王的计了。你们走进了我的埋伏圈，看你们还往哪里逃！"麻子连长把手向上一挥，士兵们立刻排成两个相邻的三角形队列，麻子连长位于正中间，很是整齐。

李毓佩
数学科普文集

听了麻子连长的一番话，土著人首领气不打一处来，他挥舞手中的鬼头大刀，大吼一声："弟兄们，咱们跟他拼了，跟我往前冲！"

二休赶紧把土著人首领拦住。二休说："首领，不能硬拼，俗话说'知己知彼，才能百战百胜'。我们要探探他们有多少士兵，然后再进行攻击。"

土著人首领点点头，觉得二休说得有理。艾克王子认真观察了一下麻子连长所排出的阵形。

艾克王子说："麻子连长摆的是两个三角形阵势，每边都有9名士兵。二休，你算算他们共有多少士兵？"

二休敲着脑袋想，怎样才能算得更快一些呢？突然，二休一拍大腿说："有啦！可以以麻子连长为轴心，把其中一个三角形旋转180°，和另一个三角形拼成一个平行四边形。"

艾克王子说："平行四边形共有9行，每行有9名士兵，总共有9×9＝81（名）士兵。"

二休摇摇头说："不对。我这么一转，两个三角形的一条边就重合了。你少算了一条边上的士兵。"

"那应该是多少士兵？"艾克王子不会算了。

二休说："应该是9×9＋9－2＝88（人）才对。"

艾克王子又问："怎么还要减2？"

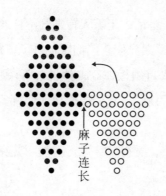

麻子连长

二休说:"大麻子是连长,他不算是兵,要减去他占的两个位置。"

土著人首领高兴地说:"我明白了,麻子连长带来88名士兵。我带来了80人,可以和麻子连长决一死战!"

艾克王子叮嘱说:"万万不可去直接攻击麻子连长。因为你去攻击麻子连长,必然攻入两个三角形阵的中间,就会遭到左、右两侧的攻击,我们会顾此失彼,乱了章法。"

"依你的意思呢?"土著人首领注意听艾克王子的意见。

艾克王子说:"你可以兵分两路,攻击三角阵的两个侧翼。"

二休握紧拳头向空中一挥说:"对,咱们给他来个两面夹攻!这叫以其人之道还治其人之身。"

土著人首领一声令下,土著人以40名骑兵为一队,两队骑兵像两支离弦之箭,向麻子连长的两个侧翼猛力攻击。

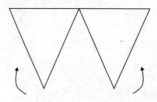

土著骑兵个个剽悍,很快把三角形阵势冲垮了。

麻子连长一看大势不好,连连向空中开枪,高喊:"不好,他们没

李毓佩
数学科普文集

有上当！你们给我顶住，队形不能乱！"

兵败如山倒，智叟国王的士兵立刻乱了阵脚，到处乱窜，哭爹喊娘，乱作一团。土著人首领一马当先，直奔麻子连长杀去，艾克王子和二休骑马紧跟其后。麻子连长一看有人直奔他杀来，吓得掉转马头就跑。

土著人首领的马越跑越快，眼看快要追上麻子连长了。麻子连长猛回头开了一枪，土著人首领低头躲过，只听艾克王子"哎呀"一声，从马上跌落下来。

土著人首领和二休急忙勒住马，下马扶起艾克王子，忙问："怎么样？伤着哪儿啦？"

艾克王子说："没什么事，擦破了点皮。咱们怎样才能把麻子连长所带的士兵全部消灭？"

二休趴在土著人首领耳朵上，小声说："要彻底战胜麻子连长，必须这样……"土著人首领连连点头。

二休把艾克王子扶上了马，并大声喊叫："艾克王子负重伤了，快撤退！"说完就一马当先往回撤。

麻子连长一看土著人撤退了，立刻来了精神，他大声命令："土著人已经败下去了，弟兄们快给我追！"士兵在他的带领下，向二休撤退的方向追去。

二休带着艾克王子、土著人首领从一座简易独木桥上过去了。麻子连长站在桥边，指挥士兵排成单行从独木桥上通过。当一部分智叟国王的士兵过了独木桥，突然从水中钻出几个土著人，他们七手八脚把独木桥给拆了，许多在桥上行进的智叟国王的士兵，掉进水中。土著人首领杀了一个回马枪，把过了独木桥到达对岸的士兵全部抓获。

麻子连长在岸边急得直跺脚，他问一排排长："你给我查一查，我还有多少兵？"一排排长不敢怠慢，赶紧清点了一下士兵，跑回来报告说："我们连的弟兄，有$\frac{1}{4}$投降了，还有$\frac{1}{11}$掉进了河里，剩下的有一半开了小差。"

麻子连长气得满脸通红，大声呵斥说："你明明知道我算术不好，为什么还出题考我？你马上把人数给我算出来，不然的话，我要你的脑袋！"

"是、是。"一排排长赶紧趴在地上列了个算式：

$$余下的士兵数 = 88 \times (1 - \frac{1}{4} - \frac{1}{11}) \div 2$$

$$= 88 \times \frac{29}{44} \div 2$$

$$= 29 （人）。$$

一排排长马上报告说："还剩下 29 名士兵！"

麻子连长摘下帽子，抹了一把汗说："只剩下 29 个人啦，看来是打不过人家了，快撤！"

麻子连长刚想撤退，可是已经来不及了，土著人士兵从四面包围上来。土著人士兵手舞大刀，高喊："快投降吧！投降不杀！"

麻子连长环顾四周，心想，坏了！被包围了！要赶紧想办法溜掉。他对 29 名士兵下达命令："你们 7 个人向左冲，7 个人向右冲，7 个人向后冲，8 个人跟我向前冲。谁不玩命往外冲，我枪毙了谁！"说完"砰砰"向前放了两枪。士兵们向四面冲去，麻子连长可没走。他跳下马，脱下军装，就钻进小树林里了……

战斗很快结束，在清理战场时，智叟国王的 88 名士兵一名不少，唯独麻子连长不见了！他会跑到哪里去呢？

活捉麻子连长

艾克王子说："我们打了个大胜仗。我也该回自己的国家了！二休，你一定要跟我一起回去！"

李毓佩
数学科普文集

二休高兴地点了点头。

土著人首领要送艾克王子一程，王子一再表示感谢，请首领不要送了。艾克王子和二休挥手向土著人首领告别。

艾克王子带着二休进入了诚实王国的领土，诚实王国的百姓夹道欢迎艾克王子。路过一座大的寺院，寺院住持年纪很大，白发苍苍，他带领众僧在寺院门口列队相迎。

艾克王子看见老住持，赶紧翻身下马，紧走几步拉住老住持的手问："您今年多大年纪啦？"

老住持回答："贫僧7年后年龄的7倍，减去7年前年龄的7倍，恰好是现在的年龄。"

二休在一旁笑着说："好啊！老住持要考考王子！"

艾克王子说："我一路上向二休学习，数学有不少长进。这次由我来回答。"

二休一竖大拇指说："太好啦！"

艾克王子想了想说："7年的7倍是49，哎呀！您今年98岁啦！"

老住持双手合十说："阿弥陀佛，艾克王子果然聪明过人，贫僧愚活了98个春秋呀！不过，不知王子用什么办法，算得如此神速？"

"我用的是列方程的方法。"艾克王子说，"假设您的年龄是 x 岁，可以列出一个方程式：

$$7(x+7)-7(x-7)=x 。$$"

老住持插话道："请王子把这个方程的含意，给贫僧指明一二。"

艾克王子解释说："我已假设您现在的年龄为 x 岁，那么7年后的岁数就是 $(x+7)$ 岁，它的7倍就是 $7(x+7)$ 岁，同样道理，7年前年龄的7倍应该是 $7(x-7)$ 岁，它们之差恰好等于您现在年龄 x 岁。因此，可得等式：

$$7(x+7)-7(x-7)=x 。$$"

老住持含笑点头说："王子果然是融会贯通。"

艾克王子说："我虽然算出来了您的年龄，但是我与二休相比，可是差得远哪！"

二休赶紧说："哪里，哪里，王子过谦了。"

艾克王子问老住持："刚才您看到一个陌生人从这儿过了吗？"

"有、有。"老住持回答，"此人面目凶恶，方脸，留有络腮胡子，酒糟鼻，一只眼，个头不高，体形微胖。最显眼的是一脸麻子。"

"一只眼？"艾克王子十分诧异地说，"从你说的长相来看，这个人就是麻子连长，可是麻子连长并不是一只眼啊。"

二休说："也许他化了装。"

老住持指明了陌生人所走的方向，两人骑马追了去。

两人追到一条河边，见一老翁，头戴草帽，身披蓑衣，在河边垂钓。

二休下马问渔翁："请问，您见到一个独眼的人走过去了吗？"

老渔翁连头也不回，不耐烦地说："往北跑啦！"

两人谢过渔翁，上马向北急追。可是，追了好一会儿，也不见麻子连长。

二休对艾克王子说："王子，咱俩停一停。我觉得刚才老渔翁说话的声音很像麻子连长。他是不是又在骗咱们？回去看看。"

"好！"艾克王子同意二休的看法，两人又调转马头往回跑，跑回河边一看，草帽、蓑衣、钓鱼竿都挂在树上，钓鱼的老翁不见啦！二休气得剑眉倒竖，说了声："他跑不远，追！"两人便沿河边查找。

只见前面有一座茅草屋，一个老人背靠竹板墙在编筐。

艾克王子下马上前问道："老人家，您看见有个满脸麻子的人跑过去了吗？"

老人沉默了一会儿，然后慢吞吞地说："看见过。他从我这儿向前跑了一段路程，又突然往回跑。跑了一半路，他提了提鞋；又跑了三分

　　　　　　　　　　　　　　　　　　　　小诸葛智斗记　　李毓佩
数学科普文集

之一的路，他抽出了刀，再跑了六分之一的路，他突然失踪了！"说完，老人又低头编他的筐。艾克王子搞不清楚老人说这段话的意思。他回头问二休说："他怎么回答我一道数学题呀？"

二休眼珠一转，小声说："你让我想一想。"随后，他对着艾克王子的耳朵，嘀咕了几句。

二休对老人大声说："谢谢您啦，我们继续去追那个麻子了。"在二休说话的同时，艾克王子悄悄地拔出了剑，走到茅草屋的门前。他突然抬腿把门踢开，闪身进到屋里。

艾克王子看见麻子连长正在屋内，面对竹板墙跪在地上，手中拿着一把匕首。匕首的尖，从竹板缝中伸出去，正抵着编筐老人的后背。麻子连长还小声威胁说："你敢说实话，我就捅死你！"

仇人见面，分外眼红，艾克王子挺剑直刺麻子连长。麻子连长想拔匕首已经来不及了，他赶紧往边上躲。这时，二休也从外面提着刀杀了进来。麻子连长一手拿着一把竹凳子，迎击艾克王子和二休的两面进攻。麻子连长边打边往门外退，刚刚退到门口，正想转身逃跑，一只大筐扣了下来，正好扣在麻子连长的头上。原来编筐老人举着筐，在门口等候他多时了。

艾克王子上前用剑逼着麻子连长。麻子连长在筐里大喊："我投降！我投降！"活捉了麻子连长，大家都很高兴，艾克王子突然想起了一个问题。他问二休："你怎么知道麻子连长没走，而是藏在屋子里呢？"

二休笑着说："这是老人家题目出得巧。题目中说，麻子连长向前跑了一段路，把这段路程不妨看作是1。接着他又往回跑，跑了一半路提了提鞋；跑了三分之一的路抽出了刀；再跑六分之一的路就失踪了。由于 $\frac{1}{2}+\frac{1}{3}+\frac{1}{6}=1$，说明了麻子连长又跑了回来。"

"对！跑回来就一定藏在茅草屋里。实在是太妙了。"艾克王子觉得数学真是妙不可言。

二休突然想起了什么，他对艾克王子说："请王子把麻子连长押走，我还要去找我的好朋友小诸葛，谢谢你路上的关照，再见！"说完向艾克王子深深鞠了一躬，然后掉过马头，向远处飞奔而去……

跟踪独眼龙

话分两头。二休被骑马的蒙面人劫持走之后，小诸葛一直放心不下，他到处打听。小诸葛在山下的小镇上散步，看见三个土匪模样的人在小声议论什么。其中一个瘦高个的男子说："智叟国王让咱们三个人进洞取宝，这多危险啊！"

一个矮胖、右眼上罩着一个眼罩的家伙说："危险？危险也要去啊！谁惹得起智叟国王这只老狐狸！"

另一个戴礼帽、留着一脸络腮胡子的家伙问："独眼龙大哥，把宝贝取出来，咱们和智叟国王怎么个分法？"

"分？咱们能活着回来就不错！"独眼龙猛吸了一口烟，把烟屁股狠命向地上一扔，又用脚一踩说，"咱们真要拿到宝贝，咱们哥仨就把它分喽！一点也不给智叟国王这个老家伙！"

瘦高个说："听说那个洞叫'神秘洞'，洞里全是机关暗器，防不胜防。稍不留神就要送命！"

络腮胡子问："这洞里也不知藏着什么值钱的宝贝？为它冒险值得吗？"

独眼龙十分神秘地小声说："据智叟老头说，这件宝贝还和一个中国少年、一个日本少年有密切关系。"小诸葛听到这儿，心里"咯噔"一下。心想：这件宝贝还和我、二休有关系？不成，我要看个究竟。

独眼龙一招手说："兄弟们，要想发财跟我走！"说完三个人就向小镇外走去。

李毓佩
数学科普文集

小诸葛在后面远远地跟着他们。

独眼龙等向高山走去，在山里左转右转，转了好一会儿，来到一个山洞前。山洞有个大石门，石门紧紧关着。

络腮胡子问："这石门关着，怎样进啊？"

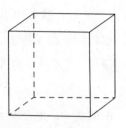

独眼龙发现石门上有个正六边形的孔。他拔出左轮手枪说："我用枪捅捅这个孔。"独眼龙用枪口向孔里用力一捅，门的上面忽然掉下一块立方体的方木，正好砸在瘦高个的脑袋上。瘦高个大叫："哎呀，妈呀！"两眼发直坐在了地上。

"哪儿来的木头块？"独眼龙拾起木头一看，上面写着一行字：

把这个立方体的木头块切成两块，使截面恰好是正六边形，插入孔内，大门可自行打开。

瘦高个捂着脑袋说："把一个正方体砍一刀，砍出个正六边形？这可难啦！"

独眼龙把独眼一瞪说："有什么可难的？办法总是人想出来的呀！"吓得瘦高个连连后退。

独眼龙在正六方体的六条棱上，找到各棱的中点；M、N、O、P、Q、R。他抽出腰刀，对准这六个点一刀砍下，把立方体木块砍成两块，截面果然是个正六边形。

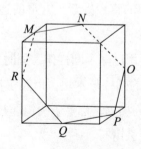

络腮胡竖着大拇指说："独眼龙大哥的数学果然学得好！兄弟佩服！"

独眼龙把砍好的木块递给络腮胡说："你把它按进孔里试试。"

络腮胡把砍好的木块按进孔里，用力往里一按，只听石门"咔嚓、咔嚓"一阵响，慢慢地打开了。

"打开喽！快进去吧！"三个土匪一起往里挤。小诸葛见他们进去了，也悄悄地跟了进去。没走多远，前面出现一道铁门。独眼龙看见又是一道门，气不打一处来。"怎么又是一道门！"独眼龙抬脚对铁门猛踢一脚。

"吧嗒"一声，从门上掉下一个圆柱形的木块，这次正好砸在络腮胡的头上。络腮胡大叫："妈呀，又砸脑袋啦！"

独眼龙捡起圆柱形木块看了看说："你们看看铁门上有没有圆形的钥匙孔。"

络腮胡小心翼翼地走到铁门前，仔细看了看说："嘿，新鲜啦！一共有三个钥匙孔：一个圆孔、一个方孔、一个三角形孔。"

"我来研究研究。"独眼龙把手枪插进枪套，又从口袋里掏出一把小尺，开始仔细测量这三个钥匙孔。

瘦高个问："大哥，有什么发现？"

独眼龙说："这个圆的直径等于正方形的边长，又等于三角形的底边和高。"

络腮胡问："难道要用这一个圆柱体，同时来开这三个钥匙孔？"

独眼龙拿起掉下来的圆柱形木块，用尺子量了又量，然后说："这个圆柱形的底圆直径和高相等，都等于圆钥匙孔的直径。"

络腮胡问："这有什么用？"

李毓佩
数学科普文集

"有什么用？"独眼龙把独眼一瞪说，"我猜，它是要我们把这个圆柱形的木头削成一种特殊形状，使得既能插进圆孔，又能插进方孔，还能插进三角形的钥匙孔。"

瘦高个和络腮胡一起摇着头说："这也太难啦！只有神仙才会做！"

独眼龙不理他俩，自言自语地说："为了得到宝贝，我要绞尽脑汁去想！"三个人背靠背地坐在一起，一句话不说，抱着脑袋在冥思苦想。

小诸葛一直躲在后面的黑暗处，听着他们的谈话。独眼龙等坐在地上想，小诸葛也在开动脑筋想。他拾起一块小石头在洞壁上画图，一不小心，小石头掉在了地上，发出了"啪"的一声响。

这一响惊动了独眼龙。独眼龙拔出手枪，高喊："有人！是谁？快给我出来！"

瘦高个拿着手枪虚张声势地喊："我看见你啦！快出来啦，不然我就开枪啦！"

小诸葛赶紧藏进一条石缝中。由于山洞里很黑，三个土匪又没有带电筒，所以他们虽然连喊带叫地找了好几遍，也没找到半个人影。

络腮胡长出了一口气说："哪里有人呀？"

瘦高个笑了笑说："我们是自己吓唬自己，谁敢跟在咱们后面？也不问问他长了几个脑袋！"

"没有人更好！一切还要多加小心。"独眼龙说着又抽出腰刀，沿着顶圆的直径，斜砍了两刀，砍出一个斜劈锥的样子。

独眼龙用手托着这个斜劈锥说："你们从上往下看，是什么形状？"

两人异口同声地说："是圆。"

独眼龙又问："你们再从前向后看，是什么形状？"

"正方形。"

"你们再从左往右看，又是什么形状？"

"三角形。"

"好极啦！"独眼龙哈哈大笑说，"这就叫一物三用。我来亲自开这扇铁门！"

独眼龙先用斜劈锥的圆底放入圆孔里，往里一推，里面"咯哒"一响；他又把斜劈锥平着放进正方形孔里往里推，又听到"咯哒"一响；最后他把斜劈锥转 90° 再往三角形孔里推，又"咯哒"一响。随着这最后一响，铁门"哗啦"一声打开了。

"太好啦！""我们要发大财啦！"瘦高个和络腮胡拼命往铁门里跑，都想第一个拿到财宝。

突然，两个人捂着脚，嘴里喊着："妈呀！我的脚被扎啦！""娘哟！痛死我喽！"独眼龙大吃一惊，他低头一看，乖乖！路上全是尖尖向上的钉子，这可怎么过去呀？独眼龙一扭头，看见了一件东西，高兴地大叫："天助我也！"

悬崖遇险

独眼龙看见了什么呢？他看见旁边停放着一辆履带式装甲车。他想，开着这辆装甲车过去，就不怕钉子扎了。两个土匪把自己的脚包扎了一下，就一起奔向装甲车。

怎样才能把这辆装甲车开动起来呢？独眼龙围着装甲车转了一圈，发现装甲车左侧有一个铁牌，铁牌上写有使用说明：

用摇杆顺时针摇动猫鼠下，装甲车即可发动。

注意：猫和鼠各代表一位的自然数。另外猫与鼠有如下关系：猫×鼠×猫鼠＝鼠鼠鼠。

看见铁牌上的说明，瘦高个生气了，他说："又是数学，太伤脑筋了！管它三七二十一，我先摇它几下再说。"说完他两手握紧摇杆，用力摇了几下。

"轰隆"一声，装甲车开动了。也不等他们三个人上车，车子自动往前走。可是装甲车像是中了邪，追着他们三个人轧，吓得三个人又从铁门跑了出去。装甲车追到铁门口就停住了。

"胡来！"独眼龙生气了，他挥舞着拳头说，"怎么能够蛮干？不按说明书操作，装甲车能听你的话？"

瘦高个挠挠脑袋说："可是，这猫呀，鼠呀，怎么算哪？"

独眼龙坐在地上，边写边说："鼠÷鼠等于什么？一定等于1。"

络腮胡点头说："对，一定等于1。"

"这就好办啦！"独眼龙说，"把等式猫×鼠×猫鼠＝鼠鼠鼠的两边，同除以鼠，得 $\dfrac{猫×鼠×猫鼠}{鼠}=\dfrac{鼠鼠鼠}{鼠}$ ，进而得猫×1×猫鼠＝111。"

瘦高个在一旁说："算了半天，到底该摇几下呀？"

"着什么急！"独眼龙狠狠瞪了瘦高个一眼，他又低头算了起来，"111只能分解成3和37的乘积，你们从这两个等式能不能看出结果来？"

$$猫×猫鼠＝111$$
$$3×37＝111$$

络腮胡一拍大腿说："我看出来了！猫等于3，鼠等于7。摇猫鼠下，就是摇37下。我来摇。"

独眼龙嘱咐说："别忘了，是顺时针摇！"

"好的。"络腮胡双手握摇杆边摇边数，"1，2，3，…，36，37！"

"轰隆"一声，装甲车发动起来了，三个土匪上了装甲车，装甲车"轰隆隆隆"，沿着钉子路向前开去，所过之处钉子全部压倒。三个土匪坐在车里别提多高兴了，又说又笑，又嚷又叫。可是，装甲车开动起来就停不住了，穿过钉子路还一个劲地往前走，走着走着前面是悬崖，装甲车还是径直往前开。三个土匪吓坏了，大喊"救命"！可是来不及了，装甲车一头栽了下去……

这一切小诸葛都看在眼里，他听了听没什么声音了，心想这几个土匪是不是都摔死了？我过去看看。小诸葛沿着装甲车开出的路向前走去。

小诸葛走到悬崖边，俯身往下一看，嗨！悬崖并不高，装甲车底儿朝天地躺在下面。三个土匪已经从车里爬了出来，虽然没有摔死，但是也都摔得够呛！

瘦高个双手捂着腰说："哎哟！疼死我啦！这可怎么上去啊？"

络腮胡忽然看到半空吊着一副软梯，软梯距离悬崖底有 3 米高，想直接够是够不到的。不过，软梯下面还垂下一个圆盘，圆盘的一面有 16 个钥匙孔，这些钥匙孔从 1 到 16 都编上号，中间有把钥匙。

络腮胡摇摇头说："一把钥匙，却有 16 个钥匙孔，什么意思？"

独眼龙说："翻过来，看看后面。"

络腮胡把圆盘翻过来，后面果然有字，其内容是：

从孔 1 开始（但孔 1 不算，下同），按顺时针方向数 289 个孔，从那个孔再按逆时针方向数 578 个孔，又按顺时针方向数 281 个孔，可得一孔，用钥匙开此孔，折叠软梯即可放下。

络腮胡高兴了，他说："软梯能够放下，咱们就可以顺着软梯爬上去了。来，我来一个一个地数。"

"笨蛋！"独眼龙瞪了络腮胡一眼说："一个一个数，要什么时候才能数完！"

络腮胡双手一摊说："那可怎么办呀？"

独眼龙说："转一圈要数 16 个孔。如果要计算转几圈又剩下几个孔时，可以用 16 去除。"说着就在地上算了起来：

$$289 \div 16 = 18 \cdots\cdots 1。$$

"这个式子表明，289 个孔，需要顺时针转 18 圈，再多数一个孔，也就是落到 2 号孔上。可以这样继续往下算。"独眼龙又写出：

从孔 2 开始，逆时针转 578 个孔，

$$578 \div 16 = 36 \cdots\cdots 2。$$

等于从孔 2 开始逆时针数两个孔，落在孔 16 上；

$$281 \div 16 = 17 \cdots\cdots 9。$$

等于从孔 16 开始顺时针数九个孔，落在孔 9。

独眼龙说："好啦！把钥匙插进 9 号孔中，拧一下！"瘦高个把钥匙插入 9 号孔中一拧，软梯徐徐放下。三个人高兴地顺着梯子往上爬。

小诸葛一看独眼龙要爬上来了，心想，我得赶快跑，别让他们发现了！

"有个人影！"瘦高个第一个爬上来，看见了小诸葛的背影。

独眼龙大喊："快抓住他！别让他跑啦！"

三个土匪包抄上来，小诸葛来不及躲藏，被他们抓住了。

"抓住了，是个孩子！"瘦高个抓住小诸葛来见独眼龙。

独眼龙看了小诸葛一眼说："咱们爬上了悬崖，软梯又自动收上来了。我看，把他扔下悬崖，就是摔不死，他不懂数学，再也别想上来！"

瘦高个和络腮胡两个土匪，一个在左，一个在右，把小诸葛推下了悬崖。幸好跌落在一堆干草上，才算没有跌死。

"哎哟，跌得我好痛哟！"小诸葛揉了揉摔痛的屁股说，"等着将来我和你们算账！"

小诸葛一抬头看见了软梯下挂着的圆盘。小诸葛心想，刚才三个土匪在圆盘前嘀咕了半天，难道这个圆盘上有什么奥秘不成？小诸葛走近圆盘一看，噢！原来是这么回事！

小诸葛心想，解决这个问题容易，我用正负数加法来解。我把顺时针的数算正，把逆时针的数算负，这样一来：

顺时针数 289 → ＋289，

逆时针数 578 → －578，

顺时针数 281 → ＋281，

合在一起是（＋289）＋（－578）＋（＋281），

$$=289-578+281,$$

$$=-8。$$

小诸葛自言自语地说："－8就是从1号孔开始，逆时针数8个孔。1个孔、2个孔、3个孔……8个孔，好！正好是9号孔。"小诸葛把钥匙插进9号孔一扭，软梯很快降下来了。他顺着梯子爬上了悬崖。小诸葛要继续跟踪这三个土匪，看看他们要取得什么宝贝。

逃离巨手

小诸葛爬上了悬崖，拼命往前追赶。不久，看见三个土匪在前面走着，小诸葛紧紧跟在后面。

突然，空中响起了"嘎嘎"的响声，小诸葛抬头一看，吓了一跳。一个巨大的机器人，伸出两只大手正向下抓。一只手把独眼龙等三个土匪抓住，另一只手把小诸葛抓住。两只手同时举到半空，让他们都站在手心里。

小诸葛站在机器人的手心往下一看，离地足有十层楼高；再向另一只手一看，与独眼龙他们相距有20米。

李毓佩
数学科普文集

独眼龙也看见了小诸葛，他恶狠狠地说："你这个小孩怎么没有摔死？"

"你总跟着我们干什么？"

小诸葛也不甘示弱，用手指着独眼龙说："我要看看你们三个土匪想干什么坏事！"

独眼龙立刻火冒三丈，拔出左轮手枪就要打小诸葛，正在这危急时刻，机器人瓮声瓮气地说："把枪放下！在我的手心里还敢杀人？我把手一握紧，你们就全成肉泥啦！"

听到机器人的警告，独眼龙乖乖地把枪收了起来。独眼龙对机器人说："我们是奉智叟国王的命令，进神秘洞取宝来了，你为什么把我们抓起来？"

机器人说："我是负责看守宝物的。没有智慧，不具备丰富的数学知识，想把宝物取走？休想！"

独眼龙一指自己的鼻子说："我的数学就特别好！此宝物非我莫属！"

"好吧！你看我的右眼。"机器人右眼一亮，出现了一个由圆圈和方框组成的式子：

$$○×○＝□＝○÷○$$

机器人说："将0、1、2、3、4、5、6这七个数字填进圆圈和方格中，每个数字恰好出现一次，组成只有一位数和两位数的整数算式。谁能回答出填在方格里的数是几，我就把谁放了。"

瘦高个说："独眼龙大哥，快把方格里的数给它算出来，好让机器人先放咱们去取宝。"

"别吵！算题要保持安静！"独眼龙开始解这道题。

在独眼龙解题的同时，小诸葛也在算这道题。小诸葛想，机器人让用7个数字组成5个数，必定有3个数是一位数，有2个数是两位数。什么地方可能出现两位数呢？只有方框和被除数可能是两位数。小诸葛经过简单的计算把算式填出来了，结果是：

$$③×④＝12＝⑥⓪÷⑤。$$

小诸葛对机器人说："我算出来啦！不过，答案不能叫他们听到。"

"好的。我不会叫他们听见的。"机器人把托着小诸葛的手举到耳朵边。小诸葛趴在机器人的耳朵边悄声说："是 12。"

"对极啦！你可以取宝去啦！"机器人说完就把小谱葛很小心地放在地面上。

"再见啦，好心的机器人！"小诸葛挥手与机器人告别，快步向前走去。

小诸葛这一走，可把独眼龙他们急坏了。他们害怕小诸葛抢先把宝贝弄到手，因此拼命解算这个问题。又过了一会儿，独眼龙用力一拍大腿说："好啦！我算出来了。方框里应该填 12。"

机器人说了声："对！"也把独眼龙等三个人放到了地上。三个人的脚刚一沾地，就拼命往前跑。独眼龙气急败坏地喊："快，快追上那个孩子，别让他把宝贝抢走了！"

小诸葛也怕被独眼龙追上，双腿加劲地往前走。走着走着，突然脚下一踩空，"扑通"一声跌落进陷阱里。

小诸葛坐在陷阱中仔细一看，陷阱是一个四四方方的小房子，小房子只有一扇窗户，窗户上竖着装有几根大拇指粗细的铁条。

"要想办法出去！"小诸葛仔细在小房子里找寻逃出去的方法。他发现在窗户下面有一行很小的字：

要想出房门，10 根变 9 根。

小诸葛仔细琢磨这句话的含意：什么是 10 根变 9 根呢？小诸葛数了一下窗户上的铁条，不多不少正好 10 根。小诸葛想，10 根变 9 根是不是让我拔下 1 根？他先用手试了一下，发现如果拔下 1 根，头能钻出去，身体自然也能钻出去了。小诸葛用力摇动每一根铁条，结果是无济于事，它们都纹丝不动！

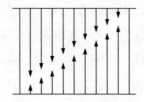

"1根也拔不下来，怎么才能10根变9根呢?"小诸葛并不灰心，继续思考这个问题。他认真观察这10根铁条，发现每一根都是从中间某一处断开的。这些断开点的分布是有规律的，它们都位于由10根铁条所组成的长方形的一条对角线上。"为什么断开点都在对角线上呢?"小诸葛继续思考这个问题。忽然，小诸葛大叫一声："有啦!"他双手抓住最左边的一根铁条，用力向右一推，只听"哗啦"一声，上半部分铁条向右移动了一个空当的距离，左边露出了一个空当，再一数铁条数，变成九根了。

小诸葛很高兴，他从铁窗中钻了出来，顺着台阶爬出了陷阱。小诸葛正想继续往前走，忽然觉得腰部被顶上一个硬邦邦的东西。只听背后有人喊："不许动!"

小诸葛掉头一看，是独眼龙用左轮手枪顶住了他的后腰。

络腮胡对独眼龙说："大哥，这小子总跟着咱们，他也想夺宝，我看一枪把他解决了算啦!"

"你懂什么?"独眼龙凶狠地说，"这小子数学相当好，咱们在夺宝的路上，还会遇到许多艰难险阻，留着这小子有用!"

独眼龙用枪顶着小诸葛说："这次你不用再跟着我们了，你在前面给我们带路吧!"

小诸葛领头，一行四人默默地向前走。又走了一段路，前面有四个门挡住了去路。四个门都紧紧地关着，门口写着号：1475、1045、1047、1407。

络腮胡冒冒失失随手拉开了写着 1475 的门，"呼"的一声，从门里伸出一条机器大蛇的头，大蛇张着大嘴，红红的舌头吐出来 1 米多长，吓得络腮胡连滚带爬地跑了回来。独眼龙急忙掏出手枪，照着机器大蛇连开几枪。趁机器大蛇往回一缩头的机会，独眼龙一个箭步蹿了上去，连忙把门关上。

独眼龙抹了把头上的汗，大声斥责络腮胡说："你找死啊！这门能随便开吗？"

瘦高个从地上拾起一个信封，信封上写着：

> 里面装有五张牌，你取出其中四张牌，排成一个四位数，把其中只能被 3 整除的挑出来，按从小到大的顺序排好，进第三个号的门是安全的。

瘦高个把五张牌倒出来，只见上面分别写着：0、1、4、5、7 五个数。瘦高个对独眼龙说："大哥，你给排一排。"

"有了这个小孩，还用得上我来排？"独眼龙转身对小诸葛说："小孩，快把这个四位数给我排出来！"

小诸葛脖子一挺说："凶什么？我准备用 0、1、4、7 四张牌排列！"

"喝，还挺横！"瘦高个拿着牌问，"你为什么不取 0、1、4、5 或是 1、4、5、7，而偏取 0、1、4、7 呢？"

小诸葛用眼斜了瘦高个一眼说："连这么个小问题都弄不清楚？哎呀呀，真丢人！"小诸葛说得瘦高个的脸一阵红一阵白。

小诸葛在地上写了三个算式：

$$0+1+4+5=10,$$
$$0+1+4+7=12,$$
$$1+4+5+7=17。$$

小诸葛说："0、1、4、9 的和是 14，1、4、5、7 的和是 17，都不是 3 的倍数，由它们组成的四位数不能被 3 整除；而 0、1、4、7 之和是 12，是 3 的倍数，由它们组成的四位数可以被 3 整除。明白了吧?"
瘦高个点了点头。

小诸葛在地上一连写了 4 个四位数：

$$1047、1074、1407、1470。$$

小诸葛说："应该进 1407 号门。"

独眼龙推了小诸葛一把说："你去开门。"小诸葛拉开 1407 号门，回头照着独眼龙的肚子猛踢一脚，把独眼龙踢倒在地。小诸葛趁机关上门撒腿就跑。

独眼龙趴在地上，双手捂着肚子"哎哟、哎哟"地乱叫。过了好一会儿才说，"还愣着干什么，还不赶快去追!"

巧使数学枪

小诸葛把独眼龙他们关在门外，然后撒腿就往前跑。他心想：快跑，别让土匪追上。跑着跑着，前面一条很宽的沟挡住了去路。

这条沟有多深? 能不能跳下去呢? 小诸葛心里没底。他在沟边找到一条长绳子，心想，能不能用这条绳子来测量出沟有多深呢? 可是我没有带尺啊!

小诸葛又一想，没有尺也不要紧，可以先把绳子折成三段。小诸葛抓住绳子的一端，把另一端放下去。当把绳子的这一端提到和头顶一样高时，绳子的另一端刚好到底；小诸葛再把绳子折成四段，当把绳子的一端放到底时，上面剩的部分恰好和他的手臂一样长。

小诸葛心想，我身高 1.6 米，手臂长 0.6 米。利用这两次测量就可以算出沟有多深了。为了求沟深，可以先求绳子长。

把绳子折成三段时：

$$每一段绳长 = \frac{1}{3} 绳长 = 沟深 + 1.6 米。$$

把绳子折成四段时：

$$每一段绳长 = \frac{1}{4}绳长 = 沟深 + 0.6米。$$

把上面的两个式子相减：

$$\left(\frac{1}{3} - \frac{1}{4}\right)绳长 = 1.6 - 0.6，$$

$$绳长 = (1.6 - 0.6) \div \left(\frac{1}{3} - \frac{1}{4}\right)$$

$$= 1 \div \frac{1}{12} = 12（米）。$$

"啊！这条绳子长 12 米。有了绳子就可以算出沟深了。"小诸葛写出算式：

$$沟深 = \frac{1}{3}绳长 - 1.6$$

$$= \frac{1}{3} \times 12 - 1.6$$

$$= 2.4（米）。$$

小诸葛高兴地说："2.4 米，不深，我可以跳下去！"说完就跳进了沟底。

过了沟，小诸葛继续往前快步行走。走了有 100 多米，发现前面停着两辆敞篷汽车。有了汽车真是太好啦！

可是，小诸葛转念一想，这两辆汽车的车轮的大小不一样，转动速度也就不一样，我开哪辆车走呢？

原来小诸葛看见的两辆汽车的前轮上都标有直径和转速。其中一辆车轮比较大，上面写着：直径 0.6 米，每秒转一圈；另一辆车轮比较小，上面写着：直径 0.4 米，每秒转两圈。小诸葛心想，当然，哪辆车跑得快，我就开哪一辆。不过，究竟哪一辆车开得快，需要算一算：

$$大轮车的速度 = 3.14 \times 直径 \times 每秒转数$$

$$= 3.14 \times 0.6 \times 1$$

$$= 1.884（米/秒）。$$

$$小轮车的速度 = 3.14 \times 0.4 \times 2$$

$$= 2.512（米/秒）。$$

"哈，原来小轮车跑得更快。"小诸葛跳上了小轮汽车，冲着追上来的独眼龙说："嘿，独眼龙，你去开那辆车，咱们来个赛车怎么样？"

独眼龙"嘿嘿"直乐，他说："傻小子，我这辆车的轮子比你的大，跑起来肯定比你的快。"说完，跳上了大轮汽车。两辆车一前一后，飞也似的跑起来。跑着跑着，独眼龙的车就跟不上啦。

小诸葛向后挥挥手说："再见喽，独眼龙！我先去取宝啦！"

独眼龙在后面气得"嗷嗷"直叫，可是不管他怎样叫喊，汽车还是追不上，而且越拉越远。

小诸葛开着汽车跑得正高兴，一低头看见油量指示针快指向 0 了。"坏了，快没油啦！"小诸葛心里有些着急。

嘿！前面有一个"加油站"，真是天无绝人之路。加油站由一个机器人看管。机器人旁边放着外形不同的两桶汽油，一桶比较细高，桶上写着：底圆半径 0.2 米，高 0.6 米；另一桶则矮胖，桶上写着：底圆半径 0.3 米，高 0.3 米。

机器人对小诸葛说："这两桶汽油，你只能拿走一桶。"

小诸葛又动脑筋了：我要多的那一桶。这个好办，我分别计算它们的体积就成了。

细高汽油桶体积＝3.14×半径×半径×高＝3.14×0.2×0.2×0.6。

矮胖汽油桶体积＝3.14×0.3×0.3×0.3。

小诸葛心想，其实用不着把两桶体积都算出来，比一下就可以了。

$$\frac{细高汽油桶体积}{矮胖汽油桶体积}=\frac{3.14\times0.2\times0.2\times0.6}{3.14\times0.3\times0.3\times0.3}=\frac{8}{9}。$$

小诸葛拎起矮胖汽油桶说："还是这桶里的汽油多！我要这桶。"

小诸葛灌好汽油，刚把车开走，独眼龙的车就开到了，他们也要给汽车加油。瘦高个边给汽车加油，边对独眼龙说："大哥，咱们总追不上他，怎么办？"

"开枪！追不上就打死他！"独眼龙凶狠地掏出手枪，向小诸葛的汽车连连开枪。

小诸葛一听到枪声，赶紧把头低下，子弹"嗖嗖"从头顶上飞过。小诸葛心想，我不能这样等着挨打呀！我也要想办法弄支枪。小诸葛边往前开车边注意搜索，啊！路边真有一支枪和一个口袋，简直是想要什么就有什么，太好啦！但是，停下车把枪和口袋拾起来一看，愣了。这是一支什么枪呀！

这支枪的枪柄上写着"数字枪"，还有一段使用方法说明：

> 这支数字枪有左、右两个装弹盒，口袋里共有 10 颗子弹，每颗子弹上都有号码。如果左边弹盒压进的 5 颗子弹的号码乘积，等于右边弹盒压进的 5 颗子弹号码的乘积，枪就可以发射。

"真是一支奇怪的枪！"小诸葛从口袋中把 10 颗子弹倒了出来按号码大小排了排队：

21，22，34，39，44，45，65，76，133，153。

小诸葛看着这 10 个号码，心里琢磨着：把其中 5 个数相乘，等于另外 5 个数相乘，采用瞎碰的方法是不成的。

怎么办呢？对，把每一个数都分解质因数，然后再从里面挑相同的质因数。试试！

$$左边 = 76 \times 21 \times 65 \times 22 \times 153$$
$$= 2 \times 2 \times 19 \times 3 \times 7 \times 5 \times 13 \times 2 \times 11 \times 3 \times 3 \times 17$$
$$= 19 \times 17 \times 13 \times 11 \times 7 \times 5 \times 3 \times 3 \times 3 \times 2 \times 2 \times 2。$$

$$右边 = 34 \times 44 \times 45 \times 39 \times 133$$
$$= 2 \times 17 \times 2 \times 2 \times 11 \times 3 \times 3 \times 5 \times 3 \times 13 \times 7 \times 19$$
$$= 19 \times 17 \times 13 \times 11 \times 7 \times 5 \times 3 \times 3 \times 3 \times 2 \times 2 \times 2。$$

"哈、哈，子弹按规定装进去了，我有枪使啦！"小诸葛拿着数字枪，别提多高兴了。他拿着枪上了汽车，刚想开车，后面"乒、乒"两枪，是独眼龙追上来了！

箭射顽匪

独眼龙开着车追上来，双方一前一后展开了枪战，"乒、乒，乒、乒"好不热闹。要说打枪，小诸葛和独眼龙比起来，相差可不是一星半点。独眼龙是个赫赫有名的土匪头子，枪法准确，弹无虚发。所以这场枪战是一边倒，没打多一会儿，小诸葛的汽车被打坏了，后轮也中弹跑气，汽车不能再走了。

旁边正好有座山，小诸葛弃车往山上跑。独眼龙追上来，也从汽车上跳下来往山上追，边追边喊："别让他跑了，要抓活的！"

小诸葛往山上跑，跑到了一个三岔路口。他想，沿着哪条路上山，可以更快地到达山顶呢？他发现路边有一块路牌。路牌上画着一张路线图，还写着四个算式：

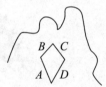

$A+A+A+B+B=6.2$ 千米。

$A+A+B+B+B+B=6$ 千米。

$C+D+D+D=5.4$ 千米。

$C+C+C+D=6.6$ 千米。

小诸葛说："我需要求出 $A+B$ 和 $C+D$ 来，比较一下究竟哪条路更短些。"他在地上很快就列出几个算式：

$$A+A+A+B+B=3A+2B=6.2 \text{ 千米。} \qquad ①$$

$$A+A+B+B+B+B=2A+4B=6 \text{ 千米。} \qquad ②$$

$2×①-②$得

$$4A=6.4 \text{ 千米,}$$

$$A=1.6 \text{ 千米。}$$

又可求出 $B=0.7$ 千米。

$$A+B=2.3 \text{ 千米。}$$

同样方法，小诸葛又求出 $C+D=3$ 千米。

"啊，还是左边这条路近，我快往左边跑！"小诸葛撒腿就从左边路往山上跑。

独眼龙也追到了。络腮胡问："前面有两条岔路，往哪边追？"

独眼龙双手同时向上一举说："分两路包抄！"

小诸葛跑到了山顶上，他想在山顶上修一个防御工事，用来抵抗独眼龙。可是，他低头一看数字枪，糟啦！ 10 颗子弹全打光了。怎么办？小诸葛低头看见有一堆大小差不多的石头。小诸葛数了数，有55块石头。小诸葛说："没有子弹不要紧，我来摆个石头阵。最下面放上 10 块石头，每往上一层就少放一块石头。"他一层一层往上放，一共放了 10 层，最上面一层恰好是一块。

小诸葛擦了一把头上的汗说："好啦！ 55 块石头全用上了。"

独眼龙等人已经追上山顶了。三个土匪趴在地上匍匐前进，慢慢向小诸葛摆的石头堆靠近。当他们离石头堆越来越近时，还不见小诸葛放枪。独眼龙眼珠一转，突然从地上站起身来，举枪高喊："那毛孩子没有子弹啦，快上去抓活的！"

小诸葛看见三个土匪已经到了石头堆的前面，他双手用力一推石头堆，"哗啦"一声大石头从山顶上向土匪们直砸下来。

李毓佩
数学科普文集

"妈呀！头砸扁啦！"

"哎呀！砸死我啦！"

三个土匪被石头砸得连滚带爬，向山下猛退。

小诸葛站在山顶，双手叉腰，哈哈大笑。他大声说："独眼龙，我在山下的楼房里等着你，快点来吧！"说完向山下的一座楼房跑去。

这是一座废弃的工厂厂房，楼高5层。小诸葛推门走了进去，见里面有许多废弃物，他低头认真寻找合适的材料，想做一件武器。

小诸葛首先找到了一根竹棍，又找来一根粗琴弦，用这两件东西做成一张弓。有了弓没有箭还是不成啊！他找了好多根细木棍，用这些木棍可以做箭杆。箭头怎样办？他又在工作台旁找到一些工字形钢板，钢板很硬，可以想办法用这些工字形钢板做箭头。小诸葛按下图的方法，把钢板锯开，重新拼在一起，这样一个箭头就做成了，把箭头安装在箭杆上就成了一支箭。小诸葛一连做成了好几支箭。

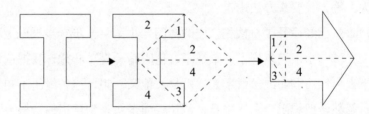

小诸葛左手拿弓，右手拿箭，高兴地说："哈哈！我又有武器啦！多漂亮的弓和箭呀！"

这时，独眼龙已经冲过来了，他大声叫喊："那孩子藏在楼里，伙计们给我往里冲！"

"冲！冲！"络腮胡和瘦高个各拿着枪往楼门冲。

"嗖！"从楼上的一个窗户射出一支冷箭，正射中瘦高个的左腿。瘦高个"哎哟"一声，倒在地上。

独眼龙刚一愣神，"嗖！"又一支箭射了出来。这支箭直奔独眼龙的脑袋来了，吓得独眼龙赶紧把头一低，箭蹭着他的头皮飞了过去。络腮胡扭身就跑，结果屁股上也挨了一箭。

独眼龙有点奇怪，他问："这小孩的箭怎么射得这么准呀？"

这话让小诸葛听到了，他从三楼窗户上探出头来笑嘻嘻地说："我用弹弓打东西，百发百中，射箭也是内行。"

由于箭头还不够锋利，所以络腮胡和瘦高个所受的箭伤都不算重。瘦高个找到一个没盖的铝锅顶在头上，络腮胡拿着一块破门板作挡箭牌，又一次向楼门口冲来。他们这一招儿果然见效，小诸葛射出来的箭被铝锅和门板挡住了。

土匪们冲到大门口，由于楼门被小诸葛事先锁上，他们一时还进不来。独眼龙在门口大声叫喊："喂，小孩，告诉你，楼门已经被我们把住，你出不来了，快投降吧！"

小诸葛心想：怎么办？他们有枪，我不能和他们硬拼。对，三十六计走为上策，我要想办法逃走。

独眼龙已经撞开了一楼和二楼的楼门，小诸葛一步一步被逼上了五楼。在五楼，小诸葛发现了一堆绳子，他眼睛一亮，心想：我把这条绳子放下去，然后顺着绳子滑下去。可是，他又一想，这条绳子不知够不够长？忽然，他想出一个好主意，他拉着绳子头来到楼房的一根大圆柱子前。他把绳子一圈、一圈缠到了圆柱子上，一共缠了20圈。他又用直尺量出圆柱的直径为25厘米，列出个算式，算出了绳长：

$$绳长=圆周率×圆柱直径×圈数，$$
$$=3.14×0.25×20，$$
$$=15.7（米）。$$

小诸葛抬头看了一下房子的高度，自言自语地说："每层楼最高也就是3米，从5层楼顶到地面最多15米。看来，这根绳子足够用。"

小诸葛把绳子的一头在柱子上系好，把另一头从窗户放下去，然后

_____ 小诸葛智斗记 李毓佩
数学科普文集

抓住绳子往下滑。

"咚"的一声，五楼的楼门被独眼龙踢开了。独眼龙一挥手说："给我搜！"络腮胡拾到一张弓说："只有弓，没有人！"

突然，瘦高个趴在窗户上大喊："快来看！那个小孩顺着绳子滑下去啦！"

独眼龙命令："拿刀，把绳子砍断！"络腮胡抽出腰刀，照准绳子猛砍一刀，绳子断了。小诸葛在下面"哎呀"大叫一声。

过分数桥

络腮胡砍断了绳子，小诸葛掉在地上。其实这时小诸葛离地已经不高了，也没摔伤。小诸葛爬起来，拍了拍屁股上的土，继续往前走。

小诸葛在前面拐弯处，看到一块指路牌，上写"藏宝宫"。小诸葛心中一喜，啊，终于找到了。指路牌前面有一座桥，桥边立个牌子，上写"分数桥"。这桥由15块板组成，桥这边的中心板上写0，中间的9块板上分别写着9个分数，而那边的中心板上写着1。

小诸葛琢磨了一会儿，弄清楚了过这座分数桥的窍门，很快就过了桥。

独眼龙等三人也来到分数桥边。

小诸葛在桥那边成心气他们，对独眼龙喊道："喂，有能耐过来抓我呀！"

络腮胡被激怒了，他抬脚就上了桥。独眼龙一把没拉住，络腮胡的双脚同时踩在了写着"$\frac{1}{9}$"的那块桥板上。只见这块桥板往下一沉，络腮胡大喊一声："救命！"就"扑通"一声掉进河里了。河水很深，幸亏络腮胡的游泳技术还不错，赶紧游了几下爬上了岸，浑身上下都湿透了，像个落汤鸡。

	0	
$\frac{1}{8}$	$\frac{1}{9}$	$\frac{1}{2}$
$\frac{1}{7}$	$\frac{1}{6}$	$\frac{1}{10}$
$\frac{1}{5}$	$\frac{1}{4}$	$\frac{1}{3}$
	1	

独眼龙埋怨说："不能乱走！桥这边写 0，桥那边写 1。分数桥的意思是，要踩着分数之和等于 1 的三块板过去才行！"

络腮胡问："踩 $\frac{1}{8}$、$\frac{1}{7}$、$\frac{1}{5}$ 过去行吗？"

独眼龙说："$\frac{1}{8}+\frac{1}{7}+\frac{1}{5}=\frac{131}{280}$，不等于 1，不行！"

"那应该怎样走才能不掉进河里？"络腮胡和瘦高个都弄不清楚应该怎样走。

独眼龙指着分数桥说："要这样走！先踩 $\frac{1}{2}$，再踩 $\frac{1}{6}$，最后踩 $\frac{1}{3}$，这样 $\frac{1}{2}+\frac{1}{6}+\frac{1}{3}=1$。"说完，独眼龙带头，三个土匪依次过了分数桥。过了分数桥，前面就是"藏宝宫"，藏宝宫的大门是紧闭着的。大门的右侧有一个电钮，电钮的下面有一个奇怪的算式。当然是小诸葛最先到的。算式是这样的：

$$\begin{array}{r} 请\,你\,按\,动\,电\,钮 \\ \times\qquad\qquad 钮 \\ \hline 开\,开\,开\,开\,开\,开 \end{array}$$

"这是什么意思呢？"小诸葛研究这个式子。他想，"只有数才能做乘法，这里写的每一个字一定代表着一个数。我来试试。"

"钮"不能是 1，因为 $1\times1=1$，与钮×钮=开，不一样。

"钮"也不可能是 2、3、4、5、6。

哈，"钮"是 7！"开"必然是 9，因为 7×7＝49 嘛。这样往上推，"电"是 5，"动"是 8，"按"是 2，"你"是 4，"请"是 1。这样

$$
\begin{array}{r}
1\ 4\ 2\ 8\ 5\ 7 \\
\times\qquad\qquad 7 \\
\hline
9\ 9\ 9\ 9\ 9\ 9
\end{array}
$$

"既然开字代表 9，我按动九下电钮试试。"小诸葛按动了九下电钮，"呼"的一下"藏宝宫"的大门打开了。大门里还有两个小门，一个小门上写着"藏金"，另一个小门上写着"藏书"。

"知识比金钱更可贵！"小诸葛径直朝写着"藏书"的小门走去。

"噔噔……"一阵脚步声，独眼龙也跑进了大门。他向后招招手说："快，快！趁大门还没关上，赶快挤进去！"络腮胡和瘦高个连跑带蹿地进了大门。

三个土匪几乎同时看见了写着"藏金"的小门。

"啊！这门里有金子！"

"啊！宝贝在这屋里！"

"快撞开门抢金子啊！"

三个土匪不约而同地一起用力撞这个小门。"哗啦"一声，小门被撞开了。"轰"的一声，装在门上的炸弹爆炸了，三个土匪一个没剩，都炸死了。

炸弹爆炸吓了小诸葛一大跳。小诸葛说："我要赶紧把书取出来！"

"藏书"的门上有 9 个洞，这 9 个洞排成三个式子：

$$○＋○＝○$$
$$○－○＝○$$
$$○×○＝○$$

旁边还挂着一个小口袋，里面有九个小铜板，铜板上分别写着从 1

到 9 共九个数字。门的上方有个说明：

把九个铜板投入九个洞中，使得三个式子同时成立，门会
自动打开。

小诸葛先从乘法开始试验，用 1 到 9 组成乘法式子，只有两个。即
$$2 \times 3 = 6, \quad 2 \times 4 = 8.$$

小诸葛选取了 $2 \times 3 = 6$，再试验加法：$1 + 4 = 5$，$1 + 7 = 8$，$1 + 8 = 9$，$4 + 5 = 9$。

小诸葛选取了 $4 + 5 = 9$，最后得减法是 $8 - 7 = 1$。

小诸葛说："我找到了一种方法，也许有别的方法，就不去管它了。"他就按着 ④＋⑤＝⑨，⑧－⑦＝①，②×③＝⑥，把九个铜板投入到九个小洞中去了。

小门自动打开了，小诸葛往里一看，"啊"了一声，呆呆地站在了那里。

寻找二休

写着"藏书"的小门打开了，小诸葛猛然看见智叟国王站在里面。

"啊！这是怎么回事？"小诸葛惊呆了。

"哈哈……"智叟国王狂笑了一阵说："久违了，小诸葛，没想到我们在这儿见面了。"

"这究竟是怎么回事？"小诸葛质问智叟国王。

"怎么回事？"智叟国王得意地说，"这神秘洞探宝是我一手安排的，这里面的各种机关埋伏都是我设计的。我设置神秘洞的目的，就是考验我请来的少年，是否有随机应变的能力。好了，你考试合格了。"

小诸葛又问："独眼龙又是怎么回事？"

"独眼龙么，是一个土匪，一个强盗。由于他爱财如命，结果把自己的小命也搭进去了。"智叟国王把手一挥说，"他是我的死对头，罪有应得！"

小诸葛关切地问："你把二休劫持到哪儿啦？"

"劫持？请不要误会。我原打算送二休回日本国，谁知他半路跑掉了。"智叟国王笑了笑说，"这次把你请到'藏宝宫'来，就是和你商量一下如何去寻找二休呀！"

"二休是你劫持走的，让我到哪儿去找？"小诸葛掉过脸去，故意不理智叟国王。

"你和二休可是患难之交呀！你可不能丢下他不管哪！"

小诸葛想了一下说："好吧，你给我一张地图，并指明二休离开你们时的位置。"

"可以。"智叟国王取出一张地图说，"我们最早带他到了虎啸山的虎跳崖。他从那儿逃进了'有来无回'迷宫，他出了迷宫就到了山脚下的'红鼻子烧鸡店'。后来，他又遇到了诚实王国的艾克王子。"

小诸葛打断智叟国王的话问："二休现在在哪儿？你啰啰唆唆地讲这些干什么？"

"好，好。麻子连长最后向我报告说，二休被艾克王子请到了诚实王国。"智叟国王干笑了两声说，"我与艾克王子素来不和，也不好去诚实王国。请你去诚实王国，找回二休，要回麻子连长。"

小诸葛有点不明白了，他问："这里怎么会有麻子连长的事？"

"嘿嘿。"智叟国王干笑了两声说，"我是派麻子连长一路上保护二休。结果是，二休倒没什么事，而我的麻子连长却不见了。"

小诸葛挖苦道："麻子连长可是国王您的心肝宝贝呀！"

智叟国王被小诸葛说得脸一阵红一阵白，他干咳了两声说："如果你去诚实王国找二休的同时，能把麻子连长也找回来，我一定以重金酬谢。"

小诸葛追问:"说话算数?"

"算数,肯定算数!如果觉得信不过我,我可以给你立个字据。"智叟国王说完就拿出纸和笔来。

小诸葛犹豫了一下说:"好吧!虽然你和麻子连长几次暗算我,但是,还是救人要紧,不算旧账,不学你,怎么样?"

"很好,很好!你要多少钱吧?"智叟国王拿着笔准备写钱数。

小诸葛想了想说:"我也不多要钱。从明天开始,第一天你给我1元钱,第二天你给我2元钱,第三天你给我4元钱,总之,每后一天都是前一天钱数的两倍,计算到我把麻子连长交给你的那一天为止。咱们一手交人,一手交钱。"

智叟国王觉得小诸葛要的钱实在不多,就满口答应,写了一个字据交给了小诸葛。

小诸葛又向智叟国王要了一匹快马,问明去诚实王国的走法,然后跃马扬鞭直向诚实王国奔去。

小诸葛正往前走,听到背后有人喊:"小诸葛,你等一等!""是谁叫我?"小诸葛立即勒住了马,回头一看,见一位衣着华丽、长得又瘦又高的少年,骑着一头黑亮黑亮的大毛驴,向他赶来。到了近前,这个瘦高少年跳下驴来,向小诸葛深鞠一躬说:"向智慧超群的小诸葛致敬!"

小诸葛对这个少年的一连串举动感到莫名其妙,忙问:"你叫什么名字?我怎么不认识你呢?"

瘦少年说:"我叫智子。"

"智子?你是日本人。"

"不,我不是日本人。"瘦少年摇摇头说,"我是智叟国王的儿子,所以叫智子。"

一听说是智叟国王的儿子,立刻引起了小诸葛的警觉:"怎么?这次让他儿子来对付我！我要试探一下他儿子的来意，弄清虚实。"

小诸葛问："你既然是智叟国王的儿子，一定和你父亲一样，心眼多，善算计喽？"

智子"嘿嘿"傻笑了两声说："这你可猜错啦！我爸爸说我从小缺个心眼，遇事总冒傻气。还说，我什么时候智力能达到小诸葛或二休的水平，他就心满意足了。"

小诸葛见到智子骑了一头大黑驴，觉得挺新鲜，问："人家都骑马，你怎么骑驴？"

智子不好意思地低下了头说："我爸爸说，马比驴高级。由于我的智力比较低，还没有资格骑马。等我的智力水平和你们差不多时，再骑马。"

小诸葛觉得智子并不像他父亲那样奸诈，而是天真、单纯，对智子的态度也变得友好了。

小诸葛笑着问智子："你把我叫住，有什么事吗？"

"嘿嘿。"智子先笑了两声，然后说，"我想跟你去诚实王国找二休，和你们在一起，我也许能学得聪明一些。再说，我有一身好武艺，对付七八个大小伙子不在话下，路上还可以保护你。"

小诸葛一琢磨，智子的本质是善良的，从智叟国王那儿他只能学坏，自己和他相处一段时间，告诉他应该做个好人，也算做一件好事。想到这儿，小诸葛同意和智子结伴而行。智子非常高兴，跨上大黑驴，绕着小诸葛跑了三圈。

由于有智子同行，在智人国没有遇到任何麻烦，顺利到达边界。没想到在边界检查站，两人却遇到了麻烦。

骑驴的王子

小诸葛骑马，智子骑驴，两人说说笑笑地到了边界检查站。智人国的士兵看到是王子驾到，立刻行举手礼表示敬意。智子刚想跨过边界到诚实王国去，没想到两名士兵举枪成 45°角，两枪交叉把智子给拦住了。

智子把眼一瞪，大吼："你俩是吃了豹子胆啦？敢拦阻我的去路！"

士兵并不怕这位王子发火，硬是不让智子过去。智子一时性起，扬起鞭子就要抽打阻拦他的士兵。一名军官大喊一声："慢！"他迅速从怀里拿出一张纸，高声读道："命令：据可靠情报，王子智子要与小诸葛一同去诚实王国。由于王子年幼，智力略显不足，为了安全起见，劝阻王子不要出国。智叟国王。"

智子把脖一梗说："如果我的智力有很大提高，而不听劝阻，怎么办？"

军官二话没说，又从怀里拿出一张纸，一本正经地读道："命令：如果王子不承认自己智力不足，可考他下列问题。如果全部答对，可放行；如有一题答错，不能出境。假如王子耍横，可强行押解回王宫。考试的问题见另纸。智叟国王。"

"这……"智子听了第二道命令就傻眼啦！小诸葛在一旁笑着说："真是知子莫如父啊！"

智子望着小诸葛十分可怜地说："你看怎么办？父王考我的问题，我肯定答不出来。一旦他们发现我答得不对，会毫不客气地把我押解回王宫的。"

"要相信自己。"小诸葛鼓励智子，又小声说："你遇到什么困难还有我呀！嗯。"

智子高兴极啦，转身对军官说："你按照父王出的问题考我吧！如有一道题答错，我情愿跟你们回王宫。"

军官咳嗽了两声，像变魔术一样，又从怀里拿出一张纸，这张纸大约有 30 厘米见方。他从口袋里拿出一把剪子，递给智子说："智叟国王出的第一个问题是：用这把剪子在这张纸上剪出一个洞，然后你从剪出的洞中钻过去。"

"简直是胡闹！"智子发火了，他拿过这张纸在头上比试了一下说，"这张纸我连头都钻不过去，别说我整个的人了！"

智子回头看见小诸葛正冲他使眼色，立刻改口说："当然，整个人钻过去困难较大，但也不是完全不可能，让我想想。"

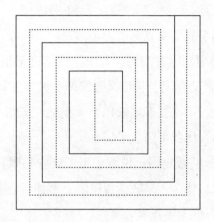

小诸葛装着去看那张纸，凑到智子身边，趁军官不注意，偷偷把一张纸条递给了智子。智子打开纸条一看非常高兴，他拿起剪子按回字形，先把方形纸剪成一个长条，再把纸条中心剪开（图中虚线部分），拼开成一个大洞。智子轻而易举地从洞中钻了过去。智子这一系列举动，把军官看得目瞪口呆。智子看军官发愣的样子，笑着说："我可以跨过边界了吧？"

"不，不。"军官连忙拦住说，"还有一个问题哪！第二个问题是：给你一副扑克牌叫你算卦，要你算出二休和麻子连长正在干什么。"

"笑话！"智子摇摇头，"二休和麻子连长远在诚实王国的首都，他俩现在干什么我怎么……"智子说到这儿，往远处一看，眼睛立刻乐得眯成了一条线，他接着说，"我怎么能不知道哇！二休、艾克王子正押解着麻子连长朝边界检查站走来。"

军官说："我已经把你说的结果和相应时间记了下来，我立刻打电话到诚实王国首都，找二休核对一下，看你说的对不对。"

"不用核对啦，王子说的一点也不错。你看，我们不是来了嘛！"二休说着已经到了边界检查站。

军官一掉头，看见二休、艾克王子押解着麻子连长已经到了跟前。"怪呀！你怎么猜得这么准呢？"军官感到十分吃惊。

二休向小诸葛引见了艾克王子，小诸葛向二休介绍了智子王子。四位少年聚在一起心里别提多高兴。智子拉住艾克王子的手，激动地说："我爸爸总对我说，艾克王子长得又丑又笨，诚实王国的政权将来不能落到艾克王子手中，一定要夺过来！今天我见到艾克王子，却是个又漂亮又机灵的小伙子，比我可强多了！"

小诸葛接着说："智叟国王说智子王子缺少心眼，我看哪，智子王子相当聪明，要说缺什么，只缺少智叟国王那种坏心眼！"

"哈哈……"四位少年齐声大笑。

"谁在说我的坏话！"大家看到边界检查站的房门一开，智叟国王从里面走了出来，原来智叟国王早就到了边界检查站。

四位少年都没有理睬智叟国王。智叟国王看见麻子连长在一旁低着头，一言不发，他高兴地说："噢，麻子连长回来了，这一路辛苦了。士兵，送麻子连长去休息。"

两名士兵刚要过来，小诸葛抢先一步说："慢！智叟国王，我们还有一笔账没算！"

"账！什么账？"智叟国王显得有点莫名其妙。

小诸葛从口袋中摸出一张纸条，递给了智叟国王说："这张纸条，你大概不会忘了吧？"

智叟国王看见纸条才恍然大悟，他轻蔑地笑了笑说："噢，你不说我还真的忘了。不就是找回麻子连长给你的辛苦费吗？不值一提的几元钱，我这就付给你！"

"不着急付钱。"小诸葛指着智叟国王写的纸条说，"白纸黑字写得十分清楚，第一天给我1元，第二天给我2元，以后每天给我的钱都是前一天的两倍。"

智叟国王点了点头说："没错，就是这样写的。你算一下，我要付给你多少钱吧！"

"好的。"小诸葛不慌不忙地计算着，他说，"我少要点钱，只要最后一天应付我的钱就够了。听好，第一天是1元，第二天是2元，第三天是4元……第十天是512元。我和智子在路上走了30天，第十一天是1024元。"

智叟国王眯着眼睛说："不多，不多，才一千多元钱。"

小诸葛接着往下算，他说："第十二天是2048元……第二十天是524288元。"

"什么？第二十天就要付你五十多万元！"智叟国王的额头上开始冒汗。

小诸葛又说："第二十一天是1048576元……第二十六天是33554432元。"

"不要再往下算啦！"智叟国王掏出手绢擦着满头大汗说，"第二十六天就要付你三千多万元，你要算到第三十天，我大概要把整个智人国都送给你啦！"

"不往下算就停住。"小诸葛笑了笑说，"你把那3355万元交给艾克王子，让王子用这笔钱给诚实王国的青少年办几件好事。把4432元给我和二休分了，用作回国的路费。"

"可是，可是我没带那么多钱呀！"智叟国王想赖账。

智子走了过去，从智叟国王的内衣口袋里掏出一叠钱说："我知道你内衣口袋总装着四千多元钱。"智叟国王脸上一阵红一阵白，十分难看。

小诸葛和二休告别了智子王子，在艾克王子的护送下踏上返国的路程。

艾克王子依依不舍地说："我真舍不得让你俩走。"

小诸葛和二休说："我们还会见面的。"

艾克王子问："智人国将来会怎么样呢？"

小诸葛满怀信心地说："智子心眼好，我对智人国充满了希望！"

到了三岔路口，小诸葛和二休分手了，小诸葛回中国、二休回日本，艾克王子一直目送他俩消失在地平线上。

3. 数学小眼镜历险

被时间大鹰抓走了

　　小眼睛本名叫作王欢，由于从小酷爱读书，把眼睛看近视了，戴了一副黑边眼镜，人送外号"小眼镜"。小眼镜是个数学迷，他非常钦佩古代数学家，总幻想着能有一天返回古代去，见见这些数学圣人。

　　学校放假了。一天，小眼镜在外面玩，忽然，天空中响起一声凄厉的鹰啸，小眼镜抬头一看，只见一只硕大无比的雄鹰从天而降，一双铁钩般的鹰爪直向他抓来。

　　"大鹰抓我啦！"小眼镜吓得掉头就跑，可是来不及了。大鹰一只爪子抓住小眼镜的皮带，另一只爪子抓住他的衣领，把他提到了半空。

　　小眼镜在空中连蹬带踢，高叫："我又不是小鸡，你抓我干什么？"

　　大鹰突然开口说话了，它说："我叫时间大鹰，是一只神鹰。我可以带着你飞回到古代的任何时期，见到你想见的任何一位古代数学家。"

"神了!"小眼镜一听,脱口就说,"我就想见见这些大数学家。"他接着又说,"你这样抓住我飞太受罪了,能不能让我骑着你飞呀?"

"可以。"时间大鹰双爪一放开,一声长鸣,像箭一样地俯冲下来,一下子就到了小眼镜下面,小眼镜稳稳地跌落在大鹰的背上。

时间大鹰叮嘱说:"你坐稳了,我要带你到两千多年前的希腊去,见见大数学家毕达哥拉斯,他是公元前 6 世纪的人。"

小眼镜只觉得两耳生风,也不知飞了多长时间,时间大鹰终于开始下降了,小眼镜看见下面有一个像靴子一样的半岛,在踢一只足球状的小岛。小眼镜认识:"这不是意大利吗?前面那只'足球'是西西里岛呀!"

大鹰说:"对,古代意大利的一大部分属于古希腊,毕达哥拉斯就住在这儿。"

大鹰平稳地降到地面,小眼镜看见一个古代希腊人坐在地上摆弄小石子玩。

大鹰说:"他就是毕达哥拉斯。"

小眼镜想:"大数学家怎么玩起小石子了呢?"

不让听课

小眼镜走上前去问:"大数学家毕达哥拉斯,你怎么和小孩一样玩起小石子了?"

毕达哥拉斯严肃地说:"这摆小石子的学问可大啦!你来看,我摆的是三角形数。"

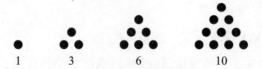

小眼镜说:"这有什么学问?"

毕达哥拉斯指着石子说："你把任意相邻的两堆石子数相加，看看会得到什么？"

$$1+3=4=2^2;\ 3+6=9=3^2;\ 6+10=16=4^2。$$

小眼镜算完以后笑了："嘿，真好玩！它们相加正好等于一个自然数的平方。"

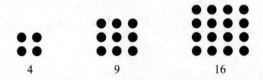

"你看，把相邻的两堆石子拼在一起，正好得到正方形数。"毕达哥拉斯像变魔术一样摆出了三个正方形数。

小眼镜看得上了瘾，问："你能不能再给变一个形状？"

毕达哥拉斯站起来拍了拍手上的土说："你在这儿自己摆着玩吧！我要去讲课了。"说完朝一个大山洞走去。

"大数学家讲课，那我可要听听！"小眼镜跟着就跑。

"站住！"一个拿长矛的青年拦住了他。

小眼镜说："我要听课。"

青年人非常严厉地说："出示证件！"

小眼镜没听课证，只好站在门口等机会溜进去。

听课的古希腊人陆陆续续进场了。小眼镜发现他们也没有听课证，只不过到门口举一下右手，守洞口的青年就放他们进去。

"有了，举下右手就成，不需要听课证。"想到这儿小眼镜举起右手就往里走。

"站住！"拿长矛青年又一次把他拦住。

小眼镜生气了，他嚷嚷道："他们举起右手就让进，我举起右手，为什么就不让进？"

青年人回答："你不是毕达哥拉斯学派的人！你手心上没有标记！"

"手心上还要有标记？我倒要看看他们手心上有什么标记。"小眼镜想了一个主意，他向一个来听课的古希腊人，主动伸出右手说："你好！"那个古希腊人微笑着点点头，也伸出了右手。

"啊，看清楚啦！"小眼镜急忙掏出圆珠笔，在手心上画了一个漂亮的几何图形。

你知道小眼镜画的是什么图形吗？

四眼怪物

小眼镜用圆珠笔在右手心画了一个红五角星，然后举起右手，顺利地走进了山洞。小眼镜这才想起来，红五角星是毕达哥拉斯学派的派徽。红五角星象征着光荣和不可战胜。

洞里已坐满了听讲的古希腊人，小眼镜坐到了后面。他近视，从书包里取出眼镜戴上，啊，看清楚了！毕达哥拉斯正在讲课。

毕达哥拉斯手拿一把三弦琴，说："我先讲音乐和数学的关系。这里有一把三弦琴，三根弦的长度如果不符合数学规律，我弹一下你们听听。"他拨动琴弦，发出"叮叮咚咚"的噪音，很难听。听讲的人大喊："啊呀，难听死啦！"毕达哥拉斯把三根弦的长度调整了一下，又弹了起来，三弦琴发出"哆—咪—嗦"这样非常悦耳的声音。

听讲的人欢呼："好听，真好听！"

毕达哥拉斯说："当我把三根弦的长度调成 $1 : \frac{4}{5} : \frac{2}{3}$ 时，它就好听啦！音乐只有和数学结合起来，才会产生优美的旋律！"说着他用三弦琴奏出美妙的乐曲。所有听讲的古希腊人和着乐曲，跳起了舞，边跳边喊："好听极了！和谐极了！音乐万岁！数学万岁！"

"请安静！"

毕达哥拉斯举起双手说，"我下面要讲美术和数学的关系。你们知道一个人的身材长成什么比例，才最美吗？"

大家齐声回答："不知道！"

毕达哥拉斯说："我们找一个长得最美的人上来，把他各部分量量，算一下，你们就明白了。你们看看谁最美，请他上来。"

下面鸦雀无声，大家互相看，看谁长得最美。一个古希腊人看见了戴眼镜的小眼镜，吓了一跳。他大叫："你们看，这里有一个四眼怪物！"

毕达哥拉斯说："把那个四眼怪物带上来！"几个古希腊人连推带拉，把小眼镜推上了讲台。

"把他的衣服扒下来！"毕达哥拉斯一声令下，上来两个古希腊人强行把小眼镜的衣服扒下，只留了一条裤衩。他们用手腕当尺，测量他的身体：身长 4 腕尺，从肚脐到脚底 2.47 腕尺，从肚脐到膝盖 1.526 腕尺。

毕达哥拉斯做了两个除法：

$$\frac{\text{从肚脐到脚底的长度}}{\text{身长}} = \frac{2.47}{4} = 0.6175；$$

$$\frac{\text{从肚脐到膝盖的长度}}{\text{从肚脐到脚底的长度}} = \frac{1.526}{2.47} = 0.6178。$$

他兴奋地一拍桌子说："这两个数都是黄金数！"

相亲相爱

毕达哥拉斯兴奋地说："这两个都是黄金数，我们就取它为 0.618！再量量，这个四眼怪物身上还有没有黄金数！"

两个古希腊人连量带算得出：

$$\frac{\text{眉毛到脖子的长度}}{\text{头顶到脖子的长度}} = \frac{\text{鼻尖到脖子的长度}}{\text{眉毛到脖子的长度}} = 0.618。$$

"嗯。"毕达哥拉斯点点头说，"这个少年的身材符合最优美的比例，他是一个美少年！"

下面议论纷纷："这个四眼怪物，原来是一个标准的美少年！"

毕达哥拉斯又开始讲课："爱与美的女神维纳斯，她身体各部分的比就是 0.618；伟大的巴台农神庙，它的高和宽的比也是 0.618。凡是美的地方都离不开黄金数——0.618！"

听课的人齐声高呼："伟大的 0.618！黄金数万岁！"

小眼镜摇摇头说："什么都喊万岁，真怪！"

毕达哥拉斯拉住小眼镜，问："你是我们的朋友吗？220，请你回答！"

"220？"小眼镜一听就傻了，他信口回答："治外伤的红药水，也叫二百二十。"

毕达哥拉斯两眼一瞪，大叫："这个小孩不是我们的朋友！快给我拿下！"话音刚落就走上来两个又高又壮的古希腊人，要捉小眼镜。

小眼镜大喊："时间大鹰快救命啊！"一声鹰叫，时间大鹰破门而入。

时间大鹰在小眼镜耳边说了两句。小眼镜提高嗓门儿说："你说220，我回答284。"

毕达哥拉斯立刻跑上前，热情拥抱小眼镜说："220和284，我们是一对好朋友！"

"这是怎么回事？"小眼镜给弄糊涂了。

时间大鹰解释说："284 共有 5 个真因数——1、2、4、71、142。把它们相加：$1+2+4+71+142=220$，正好等于 220；反过来 220 共有 11 个真因数，把它们加起来正好等于 284。220 和 284 这两个数你中有我，我中有你，叫作相亲数。意思是相亲相爱，永不分离。"

小眼镜说："他们一会儿扒我衣服，一会儿又相亲相爱，我有点受不了。大鹰，你带我走吧！"

"走？"毕达哥拉斯两眼一瞪说，"你必须先发誓，不把这里的一切告诉别人，才可以放你走！"

"对谁发誓？"小眼镜问。

毕达哥拉斯双手高举，仰面朝天虔诚地说："整个宇宙是建立在前四个奇数和前四个偶数基础之上的，你对着伟大的 36 发誓吧！"

"36？这 36 又是哪儿来的？"小眼镜不明白。

寻找质数的方法

毕达哥拉斯要小眼镜对 36 发誓。小眼镜开始还不明白，后来突然悟出了其中的道理：正整数前四个奇数是 1、3、5、7；前四个偶数是 2、4、6、8。把它们相加就等于 36。

$$36=(1+3+5+7)+(2+4+6+8)。$$

36包含了整个宇宙！

小眼镜飞身骑上时间大鹰，对毕达哥拉斯说："大数学家，对不起，我从来不发誓，再见啦！"大鹰驮着小眼镜"呼"的一声飞出了屋子。

时间大鹰在天空中翱翔，下面是美丽的地中海，小眼镜知道这是朝南飞。没过多会儿，就看到了非洲大陆，下面一座雄伟的建筑吸引了小眼镜。

小眼镜问："这是什么地方？"

大鹰说："这是两千多年前的亚历山大图书馆，它是当时最大的图书馆，藏书几十万卷。"

大鹰徐徐降落在亚历山大图书馆前，小眼镜看到一个骨瘦如柴的老人坐在门口。他双目失明，手中拿着一个写满数字的羊皮纸，嘴里不停地说着什么，旁边还放着几碗食物，一个王子打扮的青年垂手站在旁边。

小眼镜走过去好奇地问那位青年："这位老人是谁？他怎么啦？"

青年用手擦了擦眼泪，说："我是亚历山大王国的王子。这位老人是大数学家埃拉托塞尼，他是我的老师，也是这座图书馆的馆长。"

小眼镜又问："他怎么这么瘦啊？你多给老师吃点好的呀！"

"唉！"王子先叹了一口气，接着泪如雨下地说，"我的老师曾说，他活着就是为了工作。可是不久前他双目失明了，觉得自己不能工作了，活在世上也无用，非要不吃不喝不可！"

"啊！"小眼镜赶忙上前劝说埃拉托塞尼，可是劝说无效。老人把手中的羊皮纸交给了小眼镜，说："这是我发明的寻找质数的方法，叫筛法。先把 1 划掉，再把所有 2 的倍数划掉，再把所有 3 的倍数划掉，这样划下去，就像用筛子筛石头一样，最后剩下的就是质数了。"

小眼镜拉住老人的手叫道："你不能饿死呀！"

1 2 3 4 5 6 7 8 9 10
11 12 13 14 15 16 17 18 19 20
21 22 23 24 25 26 27 28 29 30

"不，我决心已定。我托你一件事。"埃拉托塞尼从怀中掏出一封信交给小眼镜，"请你将这封信带给我的好朋友阿基米德，他住在西西——里——岛。"说到这儿，老人头一歪就离开了人世。

小眼镜擦干了眼泪，骑上大鹰说："走，咱们去西西里岛，找阿基米德。"

血染沙盘

时间大鹰驮着小眼镜来到了西西里岛的叙拉古城。这里正在进行一场大战，古罗马士兵在进攻叙拉古城，一队队战船挂满了风帆向叙拉古城驶去。突然，从城里飞出许多大块石头，砸沉了好几条战船。但是，更多的古罗马战船迎着落下来的大石头，继续向城墙逼近。

忽然，小眼镜眼前一亮，只见城墙上站了一长排妇女，每人手里都拿一面古镜，用镜子把太阳光反射到战船的风帆上。没过多久，风帆纷纷着火，古罗马的战船败退下去。

"好啊！敌船逃跑了！"叙拉古城的居民欢呼跳跃。

他们喊道："阿基米德真伟大，石头砸，大火烧，打得敌人快快逃！"

小眼镜激动地说："阿基米德不仅是位大数学家，还是一位大发明家。他利用杠杆原理把大石头抛出了城，又用镜子反射太阳光烧敌人的风帆。他一个人抵得上千军万马，真了不起！"

时间大鹰在一间屋子前徐徐降落，说："小眼镜，你进去吧！阿基米德就在里面。"

小眼镜推门进去，见一位老人正在一张沙盘前连说带画地工作着。阿基米德抬头看见小眼镜进来了非常高兴，对他招招手说："小朋友，你快来，我发现了一个重要的几何定理。"

阿基米德指着沙盘上画的一个图，说："这是一个圆柱体，里面恰好装上一个圆球，我发现这个球的体积恰好是圆柱体体积的三分之二；球的表面积也恰好是圆柱体表面积的三分之二。"

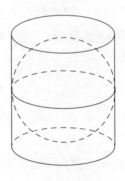

"真有这样巧的事？"小眼镜觉得很新鲜。

阿基米德拿出一套模型，是一个圆柱形的桶和一个圆球。他对小眼镜说:"我考考你。我把半个球装满沙子,往这个圆柱桶里倒。我几次倒满,就能说明球的体积是圆柱形体积的三分之二呢?"

"嗯……"小眼镜想了想说,"整个球的体积占圆柱的 $\frac{2}{3}$,半个球就占 $\frac{1}{3}$ 呗!对啦,如果 3 次倒满就能说明问题。"

"你看着吧。"阿基米德用半个球盛沙子,往圆柱桶里倒,3 次恰好倒满。

"好啊!"小眼镜特别高兴。小眼镜刚想把埃拉托塞尼的信交给他,突然,门被踢开。一个手持短剑的古罗马士兵气势汹汹地走了进来,一脚踩在沙盘上。

阿基米德气愤地叫喊:"浑小子!你踩坏了我沙盘上的图形。"

古罗马士兵大怒,一剑刺进了阿基米德的左胸,数学家倒下了,鲜血染红了沙盘。

小眼镜扑在阿基米德身上痛哭,然后把他安葬在一棵树下,墓前立了一块墓碑,心想:墓碑上写点或画点什么好呢?

小眼镜除妖

小眼镜埋葬了阿基米德,在墓碑上刻了一个图:一个圆柱里装着一个球。以此纪念阿基米德一生中最后一个伟大发现。

时间大鹰见小眼镜十分悲伤,就问:"你有胆量吗?我带你到古希腊的克里特岛去除妖。"

"除妖?"小眼镜十分惊讶。

"对。克里特岛上有一座迷宫,迷宫里藏着一个吃人怪物,它长得半人半牛。凡是进入迷宫的人都会被它吃掉。"时间大鹰看着小眼镜问,"你敢去除掉它吗?"

"走吧！咱们去为民除害！"小眼镜骑上大鹰直奔克里特岛。

小眼镜要除妖的消息惊动了克里特岛的居民。一位老人献出斩妖剑，一位少女拿出一团线绳，把线团的一端拴在迷宫门口的小树上，线团放在小眼镜的口袋里，让他放着线走进迷宫。

小眼镜手提斩妖剑勇敢地走进了迷宫，他边走边放线边寻找，终于在迷宫深处找到了牛头人身的怪物。小眼镜和怪物展开了激烈的搏斗。

打了有一顿饭的工夫，战了个平手。

怪物说："停一停。这样打下去太浪费时间。我出个问题你来回答，答对了我就放你出去，答错了我就吃掉你。"

小眼镜想了想说："好吧，你出题。"

怪物瞪着两只大牛眼，恶狠狠地说："你来回答，'我会不会吃掉你？'"

"嗯……"小眼镜想了一下说："你会吃掉我的。"

小眼镜出乎意料的回答，使怪物愣住了，它自言自语地说："如果我把你吃掉，就证明你答对了，你答对了，我就应该放了你；如果我把你放走，又证明你答错了，答错了就应该吃掉你。哎呀！我到底应该吃掉你呢，还是放了你？"

小眼镜趁怪物犹豫不决的时候，对准怪物的心脏猛刺一剑。"啊！"怪物大叫一声，"轰"的一下倒在地上，蹬了两下脚就没气了。

小眼镜顺着放的线又回到了门口。克里特岛的居民将小眼镜当作了英雄，把他高高抬起，绕岛一周。

送斩妖剑的老人突然提了一个问题，他说："如果小眼镜当时回答'你不会吃掉我的'将会发生什么事情？"

勇闯金字塔

给小眼镜送线团的少女，回答了老人的问题："如果小眼镜回答'你不会吃掉我的'，怪物将一口吃掉小眼镜。怪物会说，'看，回答错了吧！你回答不会吃掉你，我偏偏吃掉你。'"大家都称赞小眼镜回答得妙。

时间大鹰载着小眼镜向东南方向飞去，下面的一座大金字塔吸引了小眼镜。小眼镜叫道："到古埃及了，我要下去看金字塔。"时间大鹰缓缓落在地上。

小眼镜围着金字塔转了一圈，也没找到入口。他自言自语地说："这入口在什么地方？"

突然，金字塔前的狮身人面像说话了。他说："进金字塔可是件很危险的事，只有靠出色的数学才能和足够的勇气，才能闯过难关进入金字塔。"

小眼镜坚定地说："我既会数学又有勇气！"

"好吧。你俯耳过来。"狮身人面像小声地把开门的咒语告诉了小眼镜。小眼镜念着咒语，金字塔底部开了一个小门儿。

小眼镜刚刚走进去，只听"轰"的一声，门又关上了，里面漆黑一片。小眼镜摸索着往前走，拐过一个弯儿，看见一点光亮，他定睛一看，是一盏油灯，油灯旁还坐着一个披黑袍的老太婆。

"啊，有鬼！"小眼镜吓得扭头就跑。

"站住！"老太婆说，"门都关上了，你往哪里跑呀？你的勇气呢？你的决心呢？"

小眼镜也暗骂自己没出息，他镇定一下问："你是什么东西？"

老太婆不高兴了。她说："我是什么东西？你真不会说话！我是金字塔的守护神。"

小眼镜问："能放我出去吗？"

"可以。不过，你先要给我算一个数。这个数我算了一千多年了，也没算出来。"老太婆拿着油灯走到一面墙前，小眼镜看到墙上画的图形，小眼镜问："这是什么呀？又有小鸭，又有小老虎？"

老太婆说："这是古埃及的象形文字，我念你写：最左边的三个符号表示未知数和乘法，第四个符号表示 $\frac{2}{3}$，小鸭子表示加号……"

小眼镜按老太婆所说，列出一个方程式：

$$x(\frac{2}{3}+\frac{1}{2}+\frac{1}{7}+1)=37,$$

$$x=\frac{1554}{97}。$$

老太婆问："算得对吗？算对了，你就可以出去；算错了，你将留下来和我一起守护金字塔！"

巧测高度

小眼镜算得没错，大门打开了，他逃出了金字塔，他抹了一把头上的汗说："真吓人啊！"他看见有一大群人看告示，也凑了过去。

告示上的字他不认识，他捅了一下前面的中年人，问："这上面写的什么呀？"

中年人头也不回，说："埃及法老，也就是我们埃及的最高统治者阿美西斯，在寻求天下最聪明的人。"

小眼镜眨了眨眼睛问："什么人最聪明？"

中年人说："告示上说，谁能测量出这座金字塔的高度，谁就是世界上最聪明的人。"

李毓佩
数学科普文集

忽然，一个留着胡子的希腊人分开众人走到告示前，一把将告示扯了下来，对旁边的官员说："带我去见法老!"

官员把这个希腊人带到法老阿美西斯面前，小眼镜也跟着去看热闹。

法老问："你是哪儿人？叫什么名字？"

希腊人答："我是希腊人，叫泰勒斯。"

法老又问："你测金字塔高，需要什么工具？"

泰勒斯回答："1 根木棍和 1 把尺子。"

法老吃惊地看了他一眼问："什么时候测量？"

"我要等一个特殊的日子。"说完泰勒斯拿起木棍和尺子来到金字塔前。他把木棍直立在金字塔旁，又用尺子测量了木棍高和它的影长。

泰勒斯对官员说："今天不成，我明天再来。"然后到附近的旅店休息去了。

第二天，泰勒斯又测量了木棍的影子，摇摇头说："今天也不成。"转身又回旅店休息。

一连几天，泰勒斯都说没到那个特殊的日子。看热闹的人开始议论了，有人怀疑：这个希腊人泰勒斯是不是骗子？

一名希腊商人一本正经地说："你们可别瞎说。泰勒斯是我们希腊的圣人，被尊为七贤之首，是个了不起的聪明人。"

又一天，泰勒斯量完木棍的影长，高兴地跳了起来，他拍着小眼镜的肩头说："这个特殊时刻终于来到了!"

泰勒斯用尺子测量了金字塔正方形底座的一边长，取其一半长；然后又量出金字塔在地面上的影长，做了个加法。泰勒斯郑重宣布："这座金字塔高 147 米。"

几块骨片

埃及法老阿美西斯，对泰勒斯量出的金字塔高度表示怀疑。

法老问："你怎么肯定金字塔高是 147 米呢？"

泰勒斯答："我所等待的特殊的日子，是木棍的影长等于木棍长的那天。在这天，金字塔的影长也应该等于金字塔的高。可是金字塔是个正四棱锥，只能测得部分影长 a，再加上底边长的一半 b，正好是 147 米。"

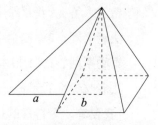

"因此，这座金字塔的高为 147 米。好，是个聪明人！"法老竖起大拇指夸奖泰勒斯。

小眼镜问泰勒斯："喂，聪明人，下一步你准备到哪儿去？"

泰勒斯想了一下，说："我准备去非洲西部考古。"

"我也去。"小眼镜和泰勒斯每人骑一匹马，飞快地向前奔驰，时间大鹰在空中跟着他俩往前飞。走了很长的时间，来到一个湖畔。

泰勒斯说："咱们就在这儿考古。"

小眼镜看着这块陌生的地方，问："这是哪儿？"

时间大鹰说："在你生活的时代，这个地方是刚果的爱德华湖。"

泰勒斯在湖畔不停地挖。突然，他大叫："小眼镜，你来看这是什么？"

小眼镜跑过去一看，泰勒斯手里拿着两块经过磨制的骨头片，这两块骨头片边缘都刻着许多道刻痕。其中一块骨片上有 7 组刻痕，它们是 3、6、4、8、10、5、5。其中 3 和 6 靠得很近，隔一段是 4 和 8，然后是 10 和两个 5。

泰勒斯问："你知道这是什么意思吗？"小眼镜摸着后脑勺想了一会儿说："这 3 和 6 靠得这样近，是不是说明 6 是 3 的二倍？"

"对，对，"泰勒斯高兴地说，"6 是 3 的二倍，8 是 4 的二倍，10

李毓佩
数学科普文集

等于 5 加 5。"另一块骨片的左侧刻有 11、21、19 和 9（如图）。

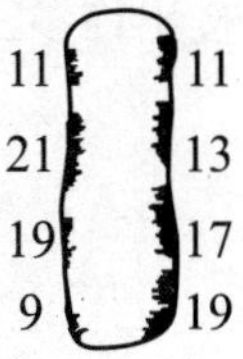

小眼镜望着这 4 个数两眼一个劲儿发直，过了一会儿，他一拍脑袋大叫："我知道了！它们说明了一种关系。"说完在地上写出：10＋1＝11，20＋1＝21，20－1＝19，10－1＝9。

"嗯，不错！"泰勒斯指着右侧的 4 组刻痕问，"这右边刻的 11、13、17、19 又是什么意思呢？"

"这……"小眼镜一时傻了。

数 学 表

小眼镜想了想，指着 11、13、17、19 这 4 个数说："我知道了，这是 10 与 20 之间的所有质数。"

泰勒斯惊奇地望着小眼镜说："后生可畏！你比我还聪明。孩子，我建议你去巴比伦，那里的数学可棒啦！"

"好，我去巴比伦。"小眼镜骑上时间大鹰，对泰勒斯说："再见啦！古希腊的大数学家。"泰勒斯微笑着向他挥手告别。

时间大鹰载着小眼镜向东北方向飞去。时间大鹰告诉小眼镜，那两块骨头片是公元前 9000 年，非洲人使用的骨具。

小眼镜惊讶地说："这么说，在一万多年前，人类就知道质数啦！真了不起！"

时间大鹰在一座城市降落。小眼镜问："这就是巴比伦？"

时间大鹰点点头说："这就是古代巴比伦城，现在在伊拉克境内。你随便走走吧！"小眼镜漫步在两千多年前的古巴比伦城，心里十分激动。他看见一个中年男子，手拿木棍在一块泥板上刻着什么。他拿的木棍有一个三角形尖头，他用这个尖头在泥板上一会儿横按，一会儿竖按，按出许多三角形的小坑。

```
              ▽▽▽
        ▽     ▽▽▽
              ▽▽▽
        ─────────
              ▽▽
    ▽ ▽    ◁▽▽▽
              ▽▽▽
        ─────────
   ▽▽▽ ◁◁▽▽▽
              ▽▽▽
              ▽▽
        ─────────
    ▽▽    ▽▽▽
    ▽▽ ◁◁◁▽▽
```

小眼镜问："这是什么呀？"

中年人答："是数学表。"

"数学表？"小眼镜心想，"我怎么不认识这个表呢？"

小眼镜就是好动脑筋，他边看边琢磨，终于搞明白了。原来记号▽表示 1，记号◁表示 10，小眼镜脱口而出："这是一张乘法表！第一行是一九得九，接下去是二九一十八，左边的记号◁是 10，右边 8 个▽叠成三行就是 8，加在一起不是 18 嘛！下面是三九二十七，四九三十六呀！"

中年人竖起大拇指说："说得对！小伙子，你数学蛮不错呀！"

突然有人大声喊道："谁的数学蛮不错呀？"小眼镜回头一看，来了 10 个长得很像的壮汉。

为首的一个壮汉说："我们兄弟 10 个分 100 两银子，要求一个比一个分得多，我是老大应该分得最多。任何两个相邻的兄弟所差的银子要一样多，只知道老八分 6 两，你给我们其余 9 个兄弟算算，每人该分多少两。"

另一个壮汉一撸袖子说："算不出来，别怪我们不客气！"

"哪有这样蛮不讲理的，还非算出来不可？"小眼镜为分银子的事动着脑子。

谁绕着谁转？

古巴比伦城的 10 兄弟把小眼镜围着，非要他把 100 两银子分开，否则要揍他。

小眼镜数学好，并不怕他们的威胁。小眼镜说："我以老十做基数，并把相邻两兄弟所差的银子设为 a，这样老大比老十多 $9a$，老二比老十多 $8a$……老九比老十多 a。"

老大很不耐烦，他说："我要你算出每人分多少银子，你说那么多 a 干什么？"

"你别着急呀，"小眼镜说，"根据我的分析，应该有这种关系。"他写出：老大与老十共得银两＝老二与老九共得银两＝老三与老八共得银两＝老四与老七共得银两＝老五与老六共得银两＝ $\frac{100}{5}$＝20（两）。

小眼镜又说："已经知道老八得 6 两银子，由于老三和老八共得 20 两，所以老三得 20－6＝14（两）。而老三比老八多 5 个 a，老三比老八多得 14－6＝8（两），所以，a＝8÷5＝1.6（两）。求出 a 来就全能解了。"

小眼镜写出：老八 6 两，老七得 6＋1.6＝7.6（两），老九得 6－1.6＝4.4（两）。接着从老大开始给他们兄弟 10 个排了个表：

17.2，15.6，14，12.4，10.8，9.2，7.6，6，4.4，2.8。

兄弟 10 个把 100 两银子分完，都满意地笑了。为了奖励小眼镜，给了他一张票，让他去听大数学家的讲演。

小眼镜走进一间大屋子，屋里坐满了人，一个又矮又胖的数学家站在讲台上正在发表演说："大家知道吗？一个周角等于 360 度，每一度合 60 分，每一分合 60 秒，这是我们巴比伦人规定的，是我们巴比伦人的骄傲！"

听到这里，小眼镜向数学家提了个问题："请问，你们为什么规定一个周角等于 360 度呢？"

"你这个问题提得好，"数学家解释说，"因为太阳绕着地球在不停地转动。"

"嗯？太阳绕地球转？"小眼镜一愣。

数学家又说："太阳绕地球一圈儿是一年，而一年有 360 天。"

"嗯？一年有 360 天？"小眼镜又一愣。

数学家说："我们把太阳在一天里转过的圆心角规定为 1 度的角。"

"不对，不对。你讲的有问题。"小眼镜站起来大声叫道。

四手之神

小眼镜告诉古巴比伦数学家，地球应该绕着太阳转，一年应该是 365 天 5 小时 48 分 46 秒。

这位又矮又胖的数学家大怒，他指着小眼镜叫道："把这个胡言乱语的小孩抓起来！"几个古巴比伦人上来就抓小眼镜。

小眼镜一看不妙，撒腿就往外跑，边跑边喊："我比你们晚生 2000 多年，你们对 2000 年后的科学当然不懂啦！"

不好，几个巴比伦人眼看就要追上小眼镜了。突然一声鹰叫，时间大鹰闪电般俯冲下来，抓起小眼镜直冲云霄。

小眼镜抹了把头上的汗，说："好悬啊！"

时间大鹰说："我带你去古印度吧！"小眼镜高兴地点了点头。

古印度有许多庙宇，小眼镜一踏上这著名的佛教圣地就跑进一座庙，他看见庙里供奉着一尊神像。这尊神像很特别，他长有 4 只手。这 4 只手分别拿着莲花、贝壳、铁饼、狼牙棒。

小眼镜自言自语地问："这是什么神？"

突然，这个四手神开口说话了。他说："我叫哈利神。其实我还可以有许多名字，按照佛经规定，如果我手中拿的东西改变一下次序的话，

李毓佩
数学科普文集

我就可以有一个新名字。"

小眼镜问:"你要那么多名字干什么?"

哈利神说:"我多一个名字,就多一分道行,多一份法术。很多年以来,我一直想知道,我拿的4件东西可以有多少种不同的排列次序,我究竟有多少不同的名字,请你帮我算算。"

"神仙求我算,我哪敢不算,"小眼镜在地上边写边说,"排次序要讲究规律,不能乱排,看我的。"

第一只手	第二只手	第三只手	第四只手
狼牙棒	铁饼	莲花	贝壳
狼牙棒	铁饼	贝壳	莲花
狼牙棒	莲花	铁饼	贝壳
狼牙棒	莲花	贝壳	铁饼
狼牙棒	贝壳	莲花	铁饼
狼牙棒	贝壳	铁饼	莲花

"看见了没有? 让第一只手固定拿着狼牙棒不变,让其余3只手变花样,可以有6种不同的排法。如果让第一只手拿别的东西,可以有多少种排列方法,你自己动脑筋想想吧!"

说完小眼镜扭头走了出去。

哈利神在后面大喊:"别走,我还是不会算。"

毁灭之神

尽管小眼镜把排列的规律告诉哈利神,可是这位四手大神不善数学,还是算不出来。

小眼镜解释说:"1只手固定不变,可以有6种排法,而这只手可以拿4种不同的东西,共有6×4=24种呀!"

"哈哈,我有24个不同的名字。"哈利神高兴地笑了。

小眼镜又走进一座大殿，这殿里供奉的神像更加奇特。他长有 10 只手。10 只手中分别拿着绳子、钩子、蛇、鼓、头盖骨、三叉戟、床架、匕首、箭和弓。

小眼镜问："你是什么神？你怎么长 10 只手？"

神像回答："我叫湿婆神，是印度教的主神，我也是毁灭之神。你刚才给哈利神算出有 24 个不同的名字，你也给我算算吧！"

"啊，你有 10 只手，太多了，这要排到什么时候？我不算！"说完小眼镜扭头就走。

湿婆神发火了，他叫道："孩子，你算得出来要算，算不出来也要算！别忘了，我是毁灭之神。看，大门已经关上。"只见大殿的两扇大门"呼啦"一声关上了。

"啊，大门关了，我只好给他算了，"小眼镜拍着脑袋说，"这次我可不能一个一个去排。要想个新方法。1 只手拿 1 件东西时，只有 1 种拿法；2 只手拿 2 件东西时，有 2 种拿法；3 只手拿 3 件东西时，有 6 种拿法；4 只手拿 4 件东西时，有 24 种拿法。"

湿婆神有点不耐烦："你算出来没有？"

"你等等。这 1、2、6、24 四个数之间有什么规律呢？"小眼镜发现了点什么，他写出：

1 只手：$1 = 1$；

2 只手：$2 = 1 \times 2$；

3 只手：$6 = 1 \times 2 \times 3$；

4 只手：$24 = 1 \times 2 \times 3 \times 4$；

5 只手应该是：$1 \times 2 \times 3 \times 4 \times 5 = 120$。

"好啦！我找到算法了，你有 10 只手，一共有

$$1 \times 2 \times 3 \times 4 \times 5 \times 6 \times 7 \times 8 \times 9 \times 10$$

种不同拿法，"小眼镜说，"我乘出来等于 3628800 种。"

李毓佩
数学科普文集

"哈哈，"湿婆神仰天大笑，"我有三百六十二万八千八百个名字，谁比得了我！"

趁大门开了一条缝儿，小眼镜"噌"地一下蹿了出去。小眼镜摇摇头说："这种庙可进不得，神仙总让我算题。"

突然，一条黑蛇向他爬来，吓得小眼镜拔腿就跑，而黑蛇在后面紧追不舍，怎么办？

黑蛇钻洞

小眼镜在前面跑，黑蛇在后面追。一位印度老人左手提着竹篓，右手拿着一支竹笛出现在眼前。

他把竹篓放在地上，用竹笛吹了一首悠扬的乐曲。黑蛇停止了追赶，它闻笛起舞，昂起头来，合着节拍左右摇摆。跳完，一头钻进竹篓里。

印度老人双手合十，对小眼镜说："小施主，你受惊了。我叫婆什迦罗，这条黑蛇是我养的，没看住，让它跑了出来。"

"啊！您就是大名鼎鼎的古印度数学家婆什迦罗。"

小眼镜跑上前，握住老人的手问："听说您写了好几本数学书？"

婆什迦罗从口袋里掏出一本书，说："这是我刚写的，叫《丽罗娃提》。"

小眼镜好生奇怪："《丽罗娃提》是什么意思？"

"唉，说来话长。丽罗娃提是我女儿的名字，"婆什迦罗带着几分忧伤的神情说，"丽罗娃提是我的独生女儿。算命先生说，如果她不在某一个吉利日子的某一时刻结婚，不幸将会降临到她头上。"

小眼镜说："那是骗人的，别信那一套！"婆什迦罗接着说："到了我女儿结婚那天，她穿戴整齐坐在'时刻杯'（古印度以水流计时的工具）旁，等待水面下沉，等待幸福时刻的来临。谁料想，她头上的一颗珍珠从头饰上滚落下来，掉进时刻杯里，珍珠恰好堵住杯中的小孔，水不再流，时间也无法计算，结果幸福时刻过去了，女儿非常伤心。为了安慰女儿，我以她的名字命名这本书。"

小眼镜问："书中有什么好题目吗？"

婆什迦罗说："有一道关于黑蛇的题目。我的这条黑蛇是一条强有力的、不可征服的好蛇。它全长 80 安古拉（古印度长度单位），它以 $\frac{5}{14}$ 天爬行 $7\frac{1}{2}$ 安古拉的速度，爬进一个洞。这条神奇的黑蛇每天还在生长，它的尾巴每天长 11 安古拉。小朋友，请你告诉我，这条黑蛇何时全部爬进洞？"

"嘻嘻。你可会刁难人。蛇头往洞里爬，蛇尾还往后长。关键是求出二者的速度差。"

小眼镜写出："黑蛇爬行的速度是

$$7\frac{1}{2} \div \frac{5}{14} = 21，$$

速度差是

$$21 - 11 = 10，$$

全部进洞时间 $= 80 \div 10 = 8$（天）。"

突然，一队官兵急速赶来，出了什么事啦？

一筐芒果

跟在士兵后面的是一位骑马的古印度军官。他见到婆什迦罗，赶忙翻身下马，脱帽行礼。

军官说："伟大的数学家婆什迦罗，国王有一个数学问题请您帮助解决。"

婆什迦罗点头说："我们去见国王。"

小眼镜小声对婆什迦罗说："我也跟你去见国王行吗？"

李毓佩
数学科普文集

婆什迦罗点了点头。进了王宫，看见一个外国使者献给国王一筐芒果。

国王见婆什迦罗来了，脸上现出了微笑。国王对外国使者说："你把刚才的问题再说一遍。"

使者皮笑肉不笑地说："早听说印度是个文明古国，我们国王献给印度国王一筐芒果，国王取 $\frac{1}{6}$，王后取余下的 $\frac{1}{5}$，大王子、二王子、三王子分别逐次取余下的 $\frac{1}{4}$、$\frac{1}{3}$ 和 $\frac{1}{2}$，小王子取最后剩下的 3 个芒果。谁能告诉我，这筐芒果有多少个呢？"

婆什迦罗微微一笑说："贵国国王真小气，才送来 18 个芒果。"

国王命侍从当场一数，不多不少正好 18 个芒果，使者眼珠一翻，问："能说说你是怎么算的吗？"

小眼镜见使者欺人太甚，挺身而出，说："这么简单的问题，何用大数学家来解，我给你算算。"

小眼镜说："我设芒果总数为 1。国王取 $\frac{1}{6}$，王后取余 $\frac{1}{5}$，即 $(1-\frac{1}{6})\times\frac{1}{5}=\frac{5}{6}\times\frac{1}{5}=\frac{1}{6}$；三位王子分别逐次取余下的 $\frac{1}{4}$、$\frac{1}{3}$ 和 $\frac{1}{2}$，即 $(1-\frac{2}{6})\times\frac{1}{4}=\frac{4}{6}\times\frac{1}{4}=\frac{1}{6}$、$(1-\frac{3}{6})\times\frac{1}{3}=\frac{3}{6}\times\frac{1}{3}=\frac{1}{6}$、$(1-\frac{4}{6})\times\frac{1}{2}=\frac{2}{6}\times\frac{1}{2}=\frac{1}{6}$。5 个人都取完了，最后剩下 $1-\frac{5}{6}=\frac{1}{6}$，小王子拿了总数的 $\frac{1}{6}$ 是 3 个芒果，用 $3\div\frac{1}{6}$，得出总数是 18 个。"

使者上下打量着小眼镜："看你的长相和穿着，都不像印度人。我给印度国王出题，关你什么事？"

小眼镜挺胸往前走了一步，说："路见不平，拔刀相助！"

"好样的！"国王站起来，竖起大拇指夸奖说，"你将来会成为婆什迦罗第二，留在我的王宫吧！"

"不，不，我是中国人，我要回我的祖国。"小眼镜撒腿就往外跑。

勾股先师

小眼镜思念祖国，他让时间大鹰带他返回中国。

大鹰飞了一阵降落后，小眼镜发现周围的人穿戴都很奇特。小眼镜问："这是我国的什么年代？"

大鹰回答："这是距离你生活的年代有 3000 多年的周朝。"

小眼镜见一个老者在地上竖起一根标杆，然后趴在地上量标杆的影长，周围还围着许多人看热闹。

小眼镜跑过去问："老爷爷，您在这儿干什么呢？"

老者头也不抬："我在测太阳的高度。"

"笑话！那么短的杆子，怎么能量得出太阳高度？"小眼镜不相信。

老者并不气恼，他站起来指着标杆说："你看，这根标杆长 8 尺（1 尺等于 33.333 厘米），它投在地面上的影长是 6 尺，算一算就能知道，太阳高 8 万里（1 里等于 500 米）呀！"

小眼镜还是不明白，他问："您是怎样算出来的呢？"

老者说："今天正好是夏至。在今天，一根 8 尺高的标杆，影长恰好是 6 尺。大地是个方方的大平面，根据我的经验，标杆每向南移动 1000 里，日影就缩短 1 寸（1 寸等于 3.333 厘米）。"

小眼镜摸着后脑勺说："大地怎么会是方方的大平面呢？"

老者画了个图，说："现在标杆影长 6 尺，将标杆南移 6 万里，就到了太阳的正下方了。这里有一大一小两个直角三角形，它们对应的直角边，有这种比例关系：

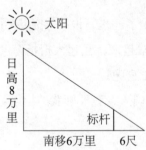

小诸葛智斗记

李毓佩
数学科普文集

$$\frac{日高}{标杆高} = \frac{标杆南移距离 + 标杆影长}{标杆影长}$$

日高＝8（万里）。"

（在计算日高时，可把式中"标杆影长"忽略不计。）

小眼镜连连摇头说："不对，不对。老师说，阳光到地球要走8分钟，光每秒走30万千米，那么太阳到地球的距离是8×60×300000＝144000000（千米）。"

突然，跳出一位全副武装的卫兵。他指着小眼镜叫道："大胆的小孩，竟敢如此无礼，你知道这位老者是谁吗？"小眼镜摇摇头。

卫兵介绍说："这是我们周朝的大数学家商高！"

小眼镜向老者深鞠了一躬，说："啊，您是发现勾股定理的大名鼎鼎的商高呀，失礼了！"

前人有误

小眼镜对大数学家商高说："您是我尊敬的数学家，但是地不是一个方方正正的大平面，而是一个球体，叫地球。"

"地球？"卫兵大笑说："地要是个球，我们不就从球上滑下去了吗？笑话！"

小眼镜摇摇头说："你们是搞不清楚2000年后的科学成就的。不过，商高先祖测日高所使用的数学原理是正确的。"

商高听小眼镜叫他先祖，十分奇怪。他问："小娃娃，你是哪个朝代的人？"

小眼镜说："我是公元2005年的人，距现在晚了3000多年。"

"噢！"商高眼睛一亮。他又问："3000年后的人，还知道我发现的勾股定理吗？"说完在地上画出一个直角三角形，写出公式：

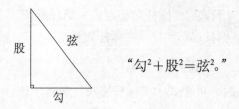

"勾²＋股²＝弦²。"

"知道，都知道，"小眼镜说，"不但知道，这个定理还是以您的名字来命名的，叫作商高定理。"

商高捋着胡须，放声大笑："哈哈，3000多年后的学子还记得我的这点贡献，我实在太高兴啦！"商高要留小眼镜小住两天，小眼镜谢绝了商高的挽留，骑上时间大鹰，继续飞行。

小眼镜问："下一个该访问哪位数学家啦？"

"刘徽。他是三国时期魏国人，是古代一流的大数学家。"时间大鹰边飞边介绍。

没飞多久，时间大鹰就降落到地面。不远处有一座大宅院，大鹰说："刘徽就住在这里面。"

小眼镜见院门大开，走进院内，见一中年人在桌上聚精会神地画着什么，小眼镜向中年人鞠躬，问道："您就是大数学家刘徽吗？"

中年人赶忙还礼，说："我就是刘徽，大数学家可不敢当！"

小眼镜问："您在研究什么数学问题呀？"

"我在研究圆周率！"刘徽解释，"圆周率你懂吗？就是圆的周长和圆的直径的比。"

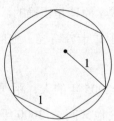

小眼镜点点头说："懂，懂。"

李毓佩
数学科普文集

刘徽严肃地说："前人把圆周率取为3，我认为是不对的。前人错误地把圆内接正六边形的周长当作圆的周长了。你看，当圆的半径是1的时候，圆内接正六边形的边长也恰好是1，周长是6，直径是2，$\frac{6}{2}=3$。"

小眼镜问："你有什么好办法求圆周率吗？"

刘徽十分肯定地说："有，要割圆！"

割圆高手

"割圆？"小眼镜觉得十分奇怪。

刘徽看小眼镜没听懂，就笑笑说："你饿了吧？今天我请你吃大饼。"说完走进厨房，从里面取出一摞大饼，这些大饼都一般大，都非常圆。

小眼镜还真有点饿，他刚想伸手去拿大饼，刘徽拦阻说："慢。这样拿起来就吃，多没有意思呀！"

小眼镜把手缩回去，咽了一下口水问："那怎么吃饼才有意思？"

刘徽用刀在第一张圆饼中切出一个内接正六边形，然后把切下来的6小条弓形饼递给了小眼镜，说："吃吧！"

小眼镜虽然嫌少，无奈肚子饿呀！双手接过来，两口就吃完了。小眼镜说："还想吃。"

"咱们切第二个圆饼。"刘徽这次在圆饼上切出一个圆内接正十二边形，切出12条又细又短的弓形小饼递给小眼镜，说："吃吧！"

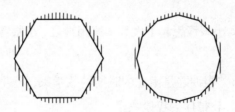

"啊！就这么点儿？"小眼镜一只手接过这 12 条小饼，一口就吞了下去。

刘徽说："够不够吃？不够我再切第三张圆饼。"

"别切了，别切了，"小眼镜赶忙拦住说，"您这一次肯定要切出一个圆内接正 24 边形，切下来的 24 条小饼，恐怕还不够我塞牙缝的哩！"

"哈哈，"刘徽笑着说，"娃娃，你从我切饼中得到些什么启示？"

小眼镜捂着后脑勺想了想说："正多边形的边数越多，切下来的饼越少。"

"对极啦！"刘徽高兴地说，"前人用正六边形的周长来代替圆周长，这样做误差太大，求出圆周率等于 3 也就不准确。如果用正 12 边形的周长去替代圆周长，求出的圆周率肯定要更准确些。"

小眼镜抢着说："如果用正 24 边形的周长来代替圆周长，误差就更小啦！这样求出的圆周率会更准确些。"

"说得太对啦！"刘徽说，"我就用这种每次边数加倍的方法，算出了圆内接正 192 边形周长，并算出圆周率等于 3.14。"

"3.14？书上把 3.14 叫作'徽率'，就是纪念您的伟大成就啊！"小眼镜又问："您用的这叫什么方法？"

刘徽答："割圆术。"

小眼镜竖起大拇指，称赞说："您不但饼切得好，更是割圆高手！"

掉进河里

提起圆周率，小眼镜想起了大数学家祖冲之，小眼镜对时间大鹰说，想见见祖冲之。

时间大鹰说："祖冲之是南北朝时期的数学家，他生于公元 429 年，逝于公元 500 年。我带你去找他吧。"

大鹰在一座小城降落。小眼镜问："这是哪座城市?"大鹰告诉他，这就是后来的江苏省镇江市。

小眼镜很想逛逛 1500 年前的镇江市，就一个人在城里到处走。街道两旁商店很多，人来人往很是热闹。小眼镜走上一座小桥，突然从对面急匆匆走来一个年轻人。他边走边看一本书，可能是眼神不好，书离眼睛非常近。脸被书本一挡，他根本看不见前面的路。

"咚"的一声，小眼镜和这个年轻人撞了一个正着。小眼镜身子一歪，"扑通"一声掉进了河里。小眼镜是"旱鸭子"，不会游泳，他在河里大喊："救命!"几个过路人把小眼镜救了上来。

看书的年轻人赶紧跑过来赔礼道歉："真对不起，请你到我家换件干衣服，休息一下。"

小眼镜摇摇头说："不用了，我还要去拜见大数学家祖冲之哪!"

"祖冲之?"年轻人一愣，接着笑笑说，"找祖冲之更应该去我家啦!"

"为什么?"小眼镜也一愣。

年轻人说："祖冲之是我父亲。"

"啊，你是大数学家祖暅啊! 失敬! 失敬!"小眼镜拉着年轻的手，使劲晃动。

年轻人奇怪地问："你怎么认识我? 我可不是什么大数学家。"

小眼镜笑笑说："现在你还年轻，过几年你就是鼎鼎有名的数学家啦!"几句话把祖暅说得更糊涂了。

小眼镜跟随祖暅回了家，见到了祖冲之。祖冲之满脸怒气地问祖暅："你是不是又一边走路一边看书?"祖暅低头不语。

祖冲之对小眼镜说："娃娃你受惊了。祖暅就有这么个坏毛病。前几天他边走路边看书，结果撞在了大树上。"

小眼镜听了"咪咪"直乐。

小眼镜说："您能给我讲讲圆周率吗?"

路遇诗仙

祖冲之说:"我求出的圆周率在 3.1415926 与 3.1415927 之间,误差不超过一千万分之一。"

小眼镜双挑大拇指说:"您计算的圆周率,在世界上领先了 1000 多年。大数学家刘徽用的是圆内接正 192 边形,您利用的是多少边形?"

祖冲之回答:"我利用的是圆内接两万四千五百七十六边形。"

小眼镜瞪大眼睛,吃惊地说:"我的妈呀!两万多边形!这要计算起来,多费劲哪!不过,圆周率是八位数,不太好记。"

祖暅插话:"我父亲还求出两个分数形式的圆周率:一个是 $\frac{22}{7}$,大约等于 3.14,叫'约率',另一个是 $\frac{355}{113}$,大约等于 3.141592,比较准确,叫'密率'。"

"$\frac{22}{7}$,$\frac{355}{113}$,嘿!这两个数果然好记多了,"小眼镜说,"祖冲之老爷爷,您在数学上的成就为国人争了光。月亮背面的一座山现在被命名为'祖冲之山'。"

祖冲之拍拍小眼镜的肩头,说:"好好学数学,给国人争气!"

"好!"小眼镜响亮地答应一声,向祖氏父子深鞠一躬,转身出去了。

小眼镜对时间大鹰说:"该回到咱们所在的时代了,我要参加期末考试。"

"好吧。我就往 2018 年飞了。"时间大鹰说着腾空而起。随着大鹰的飞行,地上一朝一代像放电影一样从眼前掠过。

突然,小眼镜看见地面上一个中年人,手中拿着一把酒壶,边走、边喝、边唱。

小眼镜问:"这个人是谁呀?"

大鹰答:"是唐代大诗人李白。"

"李白？快停下来，让我见见这位诗仙。"小眼镜急于要见大诗人李白。

小眼镜问："李大诗人，您喝了多少酒了？"

李白笑了笑，随口说出一首打油诗：

"李白提壶去买酒，遇店加一倍，见花喝一斗。三遇店和花，喝光壶中酒。试问壶中原有多少酒？"

"哈哈，好个诗仙，你倒考起我来了，我来算算。"小眼镜提笔就算。

回归现代

刚要算，忽然想到应该先把题目弄清楚。他问道："大诗人，您的壶里原来就有酒，每次遇到酒店便将壶里的酒增加一倍；当您赏花时，就要饮酒作诗，每饮 1 次喝去 1 斗酒。这样反复经过 3 次，最后喝光壶中的酒。您问我壶中原有多少酒？"

李白点点头说："正是此意。"

"您这个题还挺难，嗯……"小眼镜想了想说，"我用反推法解这道题。您第三次见到花时，将壶中的酒全部喝光了，说明您见花前壶里只有 1 斗酒，进一步推出您第三次遇到酒店前，壶里有 $\frac{1}{2}$ 斗酒；按着这种推算方法，可以算出第二次见到花前，壶里有 $1\frac{1}{2}$ 斗酒，第二次见到酒店前壶里有 $1\frac{1}{2} \div 2 = \frac{3}{4}$（斗）酒；第一次见到花前壶里 $1\frac{3}{4}$ 斗酒，第一次遇到酒店前，壶里有 $1\frac{3}{4} \div 2 = \frac{7}{8}$（斗）酒。"

李白问："答案为多少？"

小眼镜说："壶中原有酒 $\frac{7}{8}$ 斗，您一共喝了 3 斗酒。"

李白晃了晃手中的酒壶说："我还想喝酒，我再去找个酒店。"

小眼镜劝阻说："诗仙，您都喝了 3 斗酒了，不少了。再说，您就是遇到酒店，人家也不会卖给您酒呀！"

李白吃惊地问："这是为何？"

小眼镜解释说："您想啊！遇店加一倍，就是说遇到酒店把壶中的酒量乘以 2。"李白点头说："对。"

小眼镜拿过酒壶晃了晃说："您现在的酒壶是空的，酒量为 0，$0 \times 2 = 0$，就是加倍也是空壶啊！"

"啊呀！没有酒喝，我如何作诗啊？"李白真着急。

李白眼珠一转，从怀中掏出一些碎银，对小眼镜说："娃娃，你去替我买壶酒来，回来咱们两个对饮，你看如何？"

小眼镜连连摆手说："不成，不成。学生不许喝酒，再说我要去考试，没有时间啦！再见啦，大诗人！"小眼镜骑上时间大鹰飞上天空。

李白挥挥手说："好孩子，祝你考上状元！"

小眼镜笑着说："状元是没地方考了，我一定要成为一个有用之才！"

时间大鹰载着小眼镜急速向 2018 年飞去。

4. 寻找外星人留下的数学题

带弯刀的阿拉伯男人

　　大双和小双是育新小学五（4）班的学生。他俩是孪生兄弟，奇妙的是，这哥儿俩无论是长相还是性格都有很大差别。哥哥大双，细高个，一双眼睛老是眯缝着，好像总在思考什么问题似的。大双性格内向，做事慢条斯理，走起路来也是慢悠悠的。告诉你一个小秘密，大双数学学得可好了，在他们年级那是数一数二的。

　　弟弟小双，长得敦厚结实，浓眉大眼，一对招风耳甚是可爱。小双性格外向，干什么都是风风火火的，除了睡觉，嘴巴也总是"叽叽喳喳"不闲着。至于学习嘛，那是"一般一般，班上十三"。

　　不过，虽然这哥儿俩长相、性格有很大差别，但他们有一个共同的爱好，那就是都爱看科幻小说。什么飞碟、外星人、时间隧道，这哥儿俩只要一看起来就着迷。

这天，哥儿俩借了一本科幻小说，讲的是一个小男孩无意中得到一根魔笛，通过这根魔笛，小男孩可以穿越时空在过去、现在、未来之间穿梭的故事。哥儿俩脑袋扎在一起看得忘记了白天黑夜，晚上睡觉时，这哥儿俩脑海里还尽是魔笛穿越时空的场景。

睡着睡着，也不知是梦境还是现实，忽然银光一闪，一架银白色的飞碟悄然降落到他们身边。从舱体里钻出一个长相奇特的外星人，只见外星人轻轻推醒了大双、小双，然后微笑着对他们说："大双、小双，我知道你们爱看科幻故事，所以，今天我就带你们乘坐时间机器去旅游，你们想去哪里？"

大双、小双呆住了，半天说不出一句话来，直到外星人又重复了一句，哥儿俩才异口同声地说："埃及金字塔！"

恍惚中，大双、小双爬进了飞碟。很快，飞碟就淹没在一片旋涡中。也不知过了多久，飞碟停住了，外星人轻轻地对他们说："埃及到了，你们下去吧，注意安全！"

哥儿俩又新奇、又害怕地爬出舱体，发现自己置身在一个全然不同的世界里。小双好奇地东张西望，只见这里人来人往，叫卖声此起彼伏。原来，这里是开罗著名的汗·哈利里市场。市场道路狭窄，街道两旁挤满了小店铺，主要出售铜盘、石雕等埃及传统手工艺品。哥儿俩这里摸摸，那里看看，新奇极了。

小双光顾着看周围的东西了，突然"哎哟"一声，不知和什么东西撞了一下。大双连忙扶住小双，抬眼一看，忍不住笑了起来。原来，和小双相撞的是一头毛驴。毛驴上骑着一名着阿拉伯服饰的中年男子，头上包着大头巾，腰间还别着一把阿拉伯弯刀。

小双抱着头嘟嘟囔囔地说："有没有搞错？你是谁呀？骑着毛驴也不注意点！"

这个中年男子一看撞了人，忙翻身从驴上下来，嘴里不停地说着

"对不起！对不起"，然后从口袋里掏出一张名片递了过来："不认识我呀？喏，这是我的名片，好好看看。"

小双接过名片，一看，上面没有文字，只写着四组数字：

1234 56 78 78。

小双觉得奇怪，悄悄对大双说："这人古里古怪的，连名字也稀奇古怪，居然是四组数字！"

大双也觉得奇怪，他想了想说："翻过来，看看背面是什么？"

小双翻过名片，只见背面有张表：

4534 何	2356 理
5078 靶	1289 陈

"大双哥，背面有一张表，表里有数字还有汉字。"

大双仔细看着这张表，说："小双你看，表里的每个汉字上面都有四位数字。"

小双点点头："而且每个汉字都是由左右两部分组成。"

"对！"大双有点兴奋，"这样一来，汉字的每部分都对应一个两位数字。比如说，'靶'字的左边'革'对应数字50，右边的'巴'就对应着数字78。"

50 78
革 巴

突然小双有新发现："看！名片里最后两组数字就是'78 78'呀！"

大双想了想："78 78对应的就应该是'巴巴'，他应该叫'xx 巴巴'。"

"我知道了，"小双反应还是快，"'12'对应着'阝'，'34'对应着'可'，合起来'1234'对应着'阿'，而'56'对应着'里'。哇！他就是大名鼎鼎的阿里巴巴呀！"

李毓佩
数学科普文集

阿里巴巴摸着下巴，不无遗憾地说："难道你们连我阿里巴巴都不认识？我就是世界名著《阿里巴巴与四十大盗》里的主角，那个会秘诀'芝麻开门'的阿里巴巴呀！"

"真是阿里巴巴，太好啦！"小双高兴得跳了起来。

阿里巴巴眯缝着眼睛，问："你们二人是双胞胎吧？"

小双奇怪地问："你怎么看出来的？我们俩长得可是一点也不像呀！"

阿里巴巴笑着说："虽然你们俩长得不太像，但你们俩笑起来的神态可是一模一样的呀！"

小双拍了一下阿里巴巴的肩头："算你有眼力。我叫小双，你看，我长着大脑门、大眼睛，聪明得不得了啊！"

小双一指大双："他是我哥，叫大双。大双数学学得特别好！"

"数学特别好？"听了这句话，阿里巴巴眼睛一亮，"那可太好啦！我正到处找数学学得特别好的人哪！"

小双感到奇怪："你找数学学得特别好的人干什么？"

阿里巴巴表情十分神秘，小声地说："我听说，外星人在埃及的大金字塔里留下了10道数学题。"

阿里巴巴左右看了看，接着又说："如果谁能把这10道数学题找到并正确解出来，外星人就带谁到火星上去玩。"

"这是真的！"小双嘴张到了最大。

大双慢吞吞地问："这样的好事，你为什么不去金字塔找找呢？"

"我一直想去找。嘻！我的智商极高，偏偏数学不好。我想找一个数学特别好的人和我一起去。"

大双撇了撇嘴，悄悄对小双说："吹牛！哪有智商高而数学不好的？"

阿里巴巴非常遗憾地说："可惜呀，现在是数学好的人不多了，傻子、白痴满街跑。我找了这么多日子了，竟一个也没有找到。"

小双本就是个科幻迷，听说能到火星上去玩，早就激动得不行，这时听阿里巴巴这么一说，忙央求道："让我们哥儿俩跟你去好吗？"

"那当然好了。不过，我先要出道题考考你哥，看看他数学是不是学得真好。"

"请随便出题。"大双不怕考数学。

阿里巴巴十分严肃地说："有一道数学题困扰了我十多年了。题目说，两数的和大于一个加数 21，也大于另一个加数 19，这两个数的和是多少？"

"哈哈，这么简单的问题还用问我哥？还困扰了你十几年？我来告诉你，一个加数 21，另一个加数 19，这两个数的和就是 19＋21＝40 啊！"

阿里巴巴竖起大拇指："这么快就算出来了，真了不起呀！"

"这么简单的问题，一年级小学生都会算呀！哈哈……"小双笑得前仰后合。

阿里巴巴没笑，更加严肃了："还有一道更难的题，让我费了二十年的脑筋，直到现在还没做出来。这个题是这样的，有一个一位数，这个数的两倍是个两位数；如果把这个两位数写在纸上，倒过来看，就变成这个数的自乘了。问这个数是几？"

小双觉得这道题有点难度，就看了一眼大双。

大双知道这是让他来解："这个一位数必然大于 4，不然的话，它的两倍就不可能是两位数了。"

小双解释说："4×2＝8，8 还是一位数呀！5×2＝10，10 才是两位数。"

大双又说："而且这个两位数，只能是 10 到 18 之间的偶数，而且倒过来看还是一个两位数，要满足题意的话，这个数只能是 9 了。"

小双补充说："你看，9×2＝18，将 18 倒过来看是 81，81＝9×9。这个数就是 9！"

阿里巴巴同时竖起左右两根大拇指："真了不起！"

小双笑嘻嘻地说："这第二道题嘛，还够二年级水平。"

"看来你们俩的数学没问题。好吧，咱们一块去找外星人留下的数学题，你们等我一会儿啊！"说完阿里巴巴一拍毛驴走了。

"跑了？不会是骗子吧？"小双有点莫名其妙。

大双没说话，若有所思地看着阿里巴巴远去的背影。

一顿饭工夫，阿里巴巴回来了。他找来一匹单峰骆驼，对大双、小双说："这里离大金字塔还比较远，你们俩骑这匹骆驼，我还骑我的毛驴，咱们出发！"

奔向金字塔

阿里巴巴骑着毛驴在前面走，大双、小双合骑一匹骆驼跟在后面。三人不紧不慢地往前走着，顺道看看沿途的风光。

小双骑在骆驼上一晃一晃的，看着阿里巴巴腰间的阿拉伯弯刀，小双十分好奇。那弯刀做得十分精致，刀鞘上还镶嵌着美丽的宝石。小双问："阿里巴巴，你为什么老是带着这把弯刀呢？"

阿里巴巴笑了笑说："看过《阿里巴巴与四十大盗》这本书的人都知道，四十大盗都被我和我的女仆消灭了。"

小双一伸大拇指："你的女仆马尔佳娜好棒啊！聪明得不得了！"

阿里巴巴微微点点头，转眼间表情却变得沉重起来："是啊，虽说四十大盗死了，他们的儿子又组成了小四十大盗。小四十大盗到处追杀我，扬言要替他们的父亲报仇。"

小双大吃一惊："啊？怎么会这样？太可怕了！"

三人正有一搭没一搭地聊着，突然后面扬尘暴起，马蹄声急，一支马队朝他们这边疾驰而来，隐隐约约听到有人在大喊："我看清楚了，前面那个骑毛驴的就是阿里巴巴，快追啊！别让他跑了！"

阿里巴巴脸色大变："糟糕，小四十大盗追来啦！他们怎么知道我在这里的？"

大双、小双哪见过这种阵势，脸早就吓白了，一个劲地追问阿里巴巴："怎么办？怎么办？"

阿里巴巴已经慌了神，他一边摇头，一边快速抽出腰刀，强自镇定地说："只有跟他们拼了！"

眼看着小四十大盗越追越近，小双急中生智，对阿里巴巴说："你一个人也打不过他们。这样吧，咱俩互换一下衣服，你和我哥哥骑着骆驼按原路走，我骑你的毛驴往另一个方向跑，引开他们。"

阿里巴巴也没有什么好主意，只好点点头。两人赶紧脱衣服，阿里巴巴穿上小双的衣服，就像穿着裤衩和背心，而小双穿上阿里巴巴的衣服，就像套上了个大口袋。旁边的大双看着他俩那滑稽样，忍不住笑了起来。

阿里巴巴瞪了他一眼："都什么时候了，还有心情笑？"

小双一脸苦相："穿这么厚的羊皮袄，我非捂出一身痱子不可！"

阿里巴巴和大双骑上了骆驼，继续往前走。小双骑上毛驴，朝另一个方向跑去。

阿里巴巴叮嘱小双说："小心小心再小心，镇定镇定再镇定！对了，小双，咱们怎样联系呀？"

小双回头说："我和大双都有手机。打电话吧！"说完照着驴屁股狠狠抽了两巴掌，毛驴高叫一声，撒腿就跑。

小双骑着毛驴在前面跑，小四十大盗挥舞着弯刀在后面追。眼看着越追越近，小双强装镇定，装作不紧不慢地往前走着。

很快，小四十大盗就追上了小双。只见这伙阿拉伯人个个手拿弯刀，身披黑斗篷，一个个凶神恶煞的样子。为首一个头领模样的人手拿弯刀一指："阿里巴巴，这次你跑不了啦！快快下驴受死吧！"

小双故作害怕地滚下毛驴，甩掉身上的长袍，颤颤抖抖地说："什么……什么阿里巴巴……我是……我是小双。你们……你们追我小双干什么……"

那个头领立刻勒住了马，看清是一小孩后大吃一惊："啊，他不是阿里巴巴，是个毛头小孩！"说完他掉转马头，对他手下的人大声呵斥："你们是怎么搞的，叫你们找阿里巴巴怎么找一小孩了？一群废物加笨蛋！走，咱到别处去找阿里巴巴！"说完这个头领一夹马背，领着那帮喽啰扬长而去。

小双看着他们远去的背影心里暗道："四十个笨蛋也斗不过我一个小双！"

确定他们已走远后，小双掏出手机和大双通话："大双哥，小四十大盗全跑了，你们现在在哪儿？"

大双回答："我们在前面一个沙丘的后面。"

"驾！"小双在驴屁股后猛拍一巴掌。毛驴快步往前跑，果然在沙丘的后面找到了大双和阿里巴巴。

阿里巴巴十分佩服："小双真是智勇双全，一个人力退小四十大盗，了不起呀！"

阿里巴巴一夸，小双还真有点不好意思："嘿，我这是初生牛犊不怕虎。你这羊皮袍子热得不得了，咱俩快换过来吧！"

"好，好！"阿里巴巴和小双换好衣服。小双和大双继续骑骆驼，把毛驴还给阿里巴巴，三人继续前行。

小双问："你带我们去哪个大金字塔呀？"

"我带你们去埃及最著名的胡夫金字塔。胡夫金字塔大约建于公元前2580年，距现在有4500多年了。在1888年巴黎建筑起埃菲尔铁塔以前，它一直是世界最高的建筑物。"

"那还不快走！"小双又猛拍了骆驼屁股一巴掌，骆驼一惊，猛地往前一蹿，差一点把哥儿俩摔下来。

"哈哈！"小双觉得好玩。

又走了一段路，终于看到了漫漫黄沙。小双第一次看到沙漠，高兴极了，忍不住脱了鞋翻身从骆驼背上下来。没想到脚一沾地，小双便"哎哟"一声跳了起来。原来，沙漠里的沙子是滚烫滚烫的。

阿里巴巴笑着说："别闹了，小双。看，金字塔到了！"大双、小双抬眼一看，真的，著名的金字塔已在眼前。大的有三座，小的若干座，还有那尊赫赫有名的人面狮身斯芬克斯雕像。三人来到最大的胡夫金字塔前，沿着周长一公里的金字塔转了好几圈。

小双兴奋极了："哇！这么高大，太雄伟啦！"

大双由衷地赞叹道："四千多年前，人类就能造出建筑技术这么精湛、又这么大的金字塔，真不可想象！"

又唱又跳的老主编

大双和小双正看着金字塔出神，突然跑来一个披头散发的欧洲人。这个人长得胖胖的，五十来岁，一双眼睛像铜铃般大。这个人来到金字塔前像着了魔似的，又唱又跳：

"金字塔太神秘，太神秘！

金字塔不可思议，不可思议！"

大双、小双吓了一跳，赶紧躲到一边。小双好奇地问阿里巴巴："这人怎么回事呀？"

阿里巴巴小声说："听说他过去是英国一家杂志的主编，叫约翰。这个人曾对胡夫金字塔的各部分尺寸做过仔细计算，发现了一些奇特现象。他研究了许多年，但对这些奇特现象还是百思不得其解，最后精神失常了。"

什么都好奇的小双，当然不能放过这件新鲜事，他赶紧下了骆驼，跑了过去。

小双先行了一个举手礼："约翰先生，你讲金字塔太神秘——金字塔怎么太神秘了？又怎么不可思议了？"

约翰看小双问他有关金字塔的问题，立刻来劲了。他停止了跳舞，眉飞色舞地说："胡夫金字塔可是一个非常神秘的建筑。它的底座是一个正方形，这个正方形的边长 a 为 230.36 米，金字塔的高 h 为 146.6 米。我把正方形相邻两边相加，再除以高……"说着他在地上列出算式：

$$\frac{a+a}{h} = \frac{230.36+230.36}{146.6} = \frac{460.72}{146.6} \approx 3.142 \approx \pi 。$$

约翰瞪着一双铜铃般的大眼睛，指着计算结果说："你看，金字塔里怎么会藏有圆周率呢？简直是不可思议，不可思议啊！"

小双点点头："确实是不可思议呀！"

约翰见小双同意他的观点，立刻高兴地拉起小双，又开始连唱带跳起来。小双干脆也跟着跳起来。

约翰唱："金字塔太神秘，太神秘！"

小双跟着唱："金字塔不可思议，不可思议！"

阿里巴巴怕小双和约翰一样，也得了精神病，赶紧把小双一把拉了过来："你别和他跳了，咱们赶紧进金字塔找外星人留下的数学题吧！"

大双却站住不动了，他自言自语地说："金字塔和圆周率 π 怎么会联系到一起去了呢？实在是怪呀！"

这时旁边恰巧站着一位年长的埃及学者，他给大双做了解释："小朋友，我来给你解释。"

埃及学者先在地上画了一个图，接着说："据考证，修金字塔时，先定塔高 h 为 2 个单位长，取高的一半为直径，在中心处做一个大圆。让大圆向两侧各滚动半周，

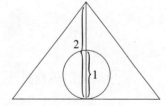

这样就定出了金字塔的一条底边长。其长度为

$$a=\frac{1}{2}\times\pi+\frac{1}{2}\times\pi=\pi。"$$

埃及学者又说："再利用上面的算式计算，就得到圆周率了：

$$\frac{a+a}{h}=\frac{\pi+\pi}{2}=\pi。"$$

大双问："老爷爷，当时他们为什么要在中心处作一个大圆？而且让大圆向两侧各滚动半周呢？"

"问题提得好！"埃及学者说，"据考古学家发现，古埃及人丈量长度常用测轮。当轮子半径一定时，轮子转动一周所丈量的长度恰好等于圆周长。看来，π 出现在金字塔中实际上是测轮起了作用。"

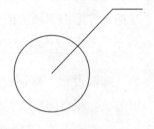

"谢谢爷爷的指点。"大双向埃及学者深深鞠了一躬。埃及学者笑着点点头："好，多懂事的孩子啊！"

阿里巴巴怕约翰又来找小双，他一手拉着大双，一手拉着小双，朝金字塔的大门跑去，边跑边说："咱们快进去找题吧！"

大双问："进了金字塔，咱们到哪儿去找外星人留下的数学题呢？外星人留下的数学题有什么特殊记号吗？"

阿里巴巴说："外星人留下的数学题没有固定地点，常常出现在你预想不到的地方；但是题目上一定有一个飞碟的记号。"说完阿里巴巴停下来画了一个飞碟模样的图案。

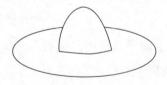

金字塔的门离地面还有十几层台阶，小双带头往上爬。爬着爬着，

李毓佩
数学科普文集

突然从上面掉下一块土块，正好砸在小双的大脑门上。

小双抱着头大叫："呀！是什么东西？砸死我啦！"

土块掉在地上，摔碎了，从里面掉出一张纸条。小双捡起来，发现上面画有飞碟的记号。

小双高兴得手舞足蹈起来，忘记了脑门的疼痛："哇！土块里面掉出一张纸条，上面有画和数字，还画有飞碟的记号哪！"大双和阿里巴巴赶紧围拢过来。

只见纸条上画有房子、猫、老鼠、大麦穗、装有大麦的斗，图的下面都有数字。

这幅画是什么意思呢？三个人你看看我，我看看你，百思不得其解。

突然大双拍了一下大腿，说："有了！我理解这幅画的意思了：有7座房子，每座房子里有7只猫，每只猫吃了7只老鼠，每只老鼠吃了7穗大麦，每穗大麦种子可以长出7斗大麦。让你算出房子、猫、老鼠、麦穗数和麦穗长出的大麦斗数的总和是多少？"

"我来算算，"小双一听有道理，忙抢着开始计算，

"房子数为7，猫有7×7只，老鼠有7×7×7只，麦穗有7×7×7×7，麦穗长出的大麦斗数为7×7×7×7×7。"

小双扭头看着大双，问："哥，我做的对不对呀？"

大双点点头。

一看自己做对了，小双信心倍增："把这几个数相加，总数是：

$$7+7\times7+7\times7\times7+7\times7\times7\times7+7\times7\times7\times7\times7$$
$$=7[1+7(1+7+7\times7+7\times7\times7)]$$

$$=7\{1+7[1+7(1+7+7\times 7)]\}$$

$$=7[1+7(1+7\times 57)]$$

$$=7[1+7(1+399)]$$

$$=7[1+7\times 400]$$

$$=7(1+2800)$$

$$=7\times 2801$$

$$=19607。$$

哇！总数是 19607。"

"完全正确！"大双又一次肯定小双的做法。

爬上大通道

阿里巴巴带着大双、小双来到金字塔门前，发现金字塔的大门紧闭。

小双皱了皱眉："糟糕！金字塔的大门怎么是关着的呀？"

"大门紧闭不要紧，我有开门的口诀呀！"阿里巴巴双手合十，念着口诀："芝麻开门，芝麻开门，芝麻快开门！"

尽管阿里巴巴连念了好几遍口诀，大门却不"买账"，依然紧闭，甚至连个门缝都没开。

大双嘟着嘴巴说："喂！阿里巴巴，你念了半天口诀，这大门怎么连个门缝也没开呀？"

阿里巴巴紧锁眉头："奇怪呀，我的口诀是十分灵验的，今天怎么失灵啦？"

"到了埃及，只有芝麻就不行了！听我小双的吧！"

说完小双双手合十，学着阿里巴巴的样子念起口诀："芝麻、巧克力、泡泡糖、胡椒粉、酸黄瓜、小辣椒开门来！"

阿里巴巴听了小双的口诀，哭笑不得："你这都是些什么呀？是口

李毓佩
数学科普文集

诀吗？酸甜苦辣五味俱全。"

"哈哈！时代不同了，口味也在发生变化。"

说也奇怪，小双念完之后，金字塔的门真的打开了。

"看，大门打开了。不管念的是什么口诀，打开大门就行！同志们，跟我往里冲啊！"小双撒腿就往里跑。

"冲！"大双紧跟着往里跑。

进了金字塔的门就是上行通道，一进门就看见一个戴着眼镜的中年人，拿着仪器正在测量着什么。这个人一边测量一边口中还念念有词。

"金字塔里面有人！"小双对什么事情都好奇，他跑过去问："先生，您这是在干什么啊！"

中年人扶了一下眼镜，头也没抬地说："我在测上行通道和水平面的夹角。"

大双也凑了过去，问："您测出的角度是多少呢？"

"26°——可是怎么会是26°呢？"中年人对自己测出的度数表示出一脸的不解。

大双看这中年人一脸的迷惑，好奇地问："26°角有什么奇怪的？"

中年人瞪了大双一眼："26°角就是奇怪得很！你知道，这26°可不是一个随便的角度啊！"

小双也奇怪了，问："这26°有什么特殊的？"

中年人不耐烦地看了他们俩一眼，说："怎么你们连这都不知道。喏，是这样……"说完中年人在地上画了一个图，然后指着图说："金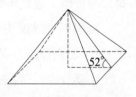字塔是个正四棱锥，侧面是四个全等的三角形，侧面和水平面的夹角是52°，恰好是26°的两倍！这难道是偶然的吗？这绝不可能是一种巧合！"

小双没弄懂："这26°我还没弄清楚哪，又出来52°了，越说我越糊涂。"

大双问中年人："您知道金字塔这个正四棱锥的侧面和水平面的夹角为什么是 52°吗？"

"当然知道，我来给你做个试验。"说完中年人用手捧起一捧沙土，然后让沙土自己慢慢流下，落下的沙土形成一个圆锥体，"我让沙土自然流下，形成一个圆锥体的沙堆。"

中年人把测角的工具递给大双："你量量这个圆锥的侧面和水平面的夹角是多少？"

大双刚一量完，就大叫一声："哇！夹角正好是 52°，真的很酷耶！"

中年人解释说："52°是锥体最稳定的角度。由于金字塔处在沙漠之中，风沙很大，金字塔必须修建得十分牢固和稳定才行，所以当初的修建者就选择了 52°这个角度。"

小双伸伸舌头，佩服地对中年人说："想不到，你还是一位大学者哪！"

大双又问："那么，上行通道和水平面的夹角为什么是 26°呢？"

"谁知道这是为什么呢？我要是知道就好了，"中年人说着说着就开始又唱又跳起来：

"金字塔太神秘，太神秘！金字塔不可思议，不可思议！"

小双听到这首歌，立刻大惊失色："哇！他和英国的约翰主编唱的是同一首歌，他是不是也神经错乱啦？"

阿里巴巴摇摇头："这金字塔里竟是一些不可思议的事，咱们还是走吧！"说完拉起小双就要走。

小双没动："他有病，应该请医生看。我可不能看着不管，我要打 120 叫急救车。"说着他掏出手机就拨打 120，"喂，你是急救站吗？我这儿有一个精神病患者，需要医治。"

对方问："你现在在哪儿？"

"我在埃及大金字塔。"

"我们去不了埃及，请你求助当地的急救站。"

阿里巴巴苦笑着说："你打中国的急救站，人家怎么来得了？咱们还是赶紧往上爬吧！"

三人刚要离开，小双忽然发现，中年人的屁股上贴着一张纸条："看哪，这位大学者的屁股上还贴着张纸条！"

大双说："快揭下来看看。"

小双轻轻揭下来，看见纸条上面画有飞碟的记号："哇！纸条上面有飞碟的记号！"

大双一听来劲了："这是外星人出的第二道题。这题怎么贴到他屁股上了？小双你念念题。"

小双大声读题："大双5天没撕日历了。他一次撕下了前5天的日历，这5天日历上的数字和是45。问大双是几号撕的日历？"

"外星人认识我大双？"大双十分诧异，"可是外星人说得不对，我是天天撕日历的。"

阿里巴巴摇摇头说："不管你是不是天天撕日历，你必须把这道题做出来。"小双在一旁帮腔："对啊！答不上来，外星人就不带咱们去火星上玩了。"

没想到大双不假思索，脱口而出："是12号撕的日历。"

阿里巴巴大吃一惊："哇！脱口而出，大双的数学真的很厉害耶！"

小双有点不相信："快是真快，做得对吗？"

阿里巴巴也问："大双，你是怎么算的？"

大双解释说："由于是相连的5天，所以日期必然是相连的5个数。这5个数的和是45，中间的数必然是$45 \div 5 = 9$；9号往后数3天，就是撕日历的日子12号。"

小双眼珠转了转，他在琢磨着什么："这么说，你撕的是7号、8号、

9号、10号、11号这5天的日历。7＋8＋9＋10＋11＝45，对！可是……"

阿里巴巴摸摸小双的头说："小双，你还有什么怀疑的吗？"

"这5天有没有可能是跨月的，比如31号，接着是下月的1号、2号、3号、4号。"

"想得好！"大双夸奖小双说，"可是31＋1＋2＋3＋4＝41，不够45。如果上一个月取2天，就拿2月份来说，取最后2天27号和28号，但是27＋28＝55，已经超过45了，不可能取。"

"看来只能是12号这一个答案了。"阿里巴巴点点头，接着催促大双、小双："进了金字塔，咱们就快往上爬吧！"

小双抬起头，眯着眼向上看："上面有什么好看的"

阿里巴巴拍拍小双的肩膀，说："当然有好看的了！咱们先到王殿看看国王胡夫的木乃伊。"

"木乃伊是什么东西？"

"木乃伊就是经过特殊处理的干尸。"

"干尸？哇！"听说是干尸，小双大叫一声；吓晕过去了。

巧遇大胡子

大双一看小双吓晕过去了，可着了急了，又拍后背，又掐人中："小双，小双，你醒醒。"

忙活了好一阵子，只听小双嗓子里"咕噜"响了一声，然后才缓过气来。

阿里巴巴安慰说："干尸已经死了好几千年了，小双，你不用害怕。"

小双哭丧着脸说："越老越可怕呀！"

待小双缓过劲来，三个人沿着上行通道继续往上爬。

阿里巴巴嘱咐说："爬上行通道也不容易，每爬一步都会遇到危险！"

小双毕竟是个孩子，缓过劲来，就又恢复了活泼调皮、敢冲敢闯的本色："你不用吓唬我，除了干尸，我什么都不怕！"

爬着爬着，突然听到有人大喝一声："看刀！"接着银光一闪，从拐角处闪出一把明晃晃的阿拉伯弯刀，直奔阿里巴巴砍去。

阿里巴巴大吃一惊，低头闪过弯刀，嘴里哇哇大叫："哇！要命啦！"一边叫，一边赶紧抽出腰间的弯刀，和这个蒙面人打在了一起。

混战中，阿里巴巴架住对方的弯刀，大声喝问道："你是什么人？敢暗算我阿里巴巴！"

蒙面人瓮声瓮气地说："我乃小四十大盗的老大卡西拉是也！阿里巴巴拿命来吧！"说完手底也不含糊，一刀就向阿里巴巴砍去。阿里巴巴忙举刀相迎。两人你来我往，硬是不分高下。

大双、小双在旁边干着急。大双心想："照这样打下去，也不知打到猴年马月，得想个法子。对了，小双练过中国式摔跤……"于是，他拉过小双，在小双耳边嘀咕了几句。

小双点点头，瞅准时机，"嘿"的一声，冲上前抱住卡西拉的大腿一转身，把他摔倒在地，手中的弯刀也摔出去老远。

卡西拉大叫："救命哪，我要滚下去了！"说着他顺着斜坡"叽里咕噜"滚了下去。

大双在一旁拍手称快。阿里巴巴好奇地问："小双，你这么小的个子，怎么能把那个大块头摔下去？"

"嘿嘿！"小双得意地说，"这招叫'四两拨千斤'，露一小手，见笑，见笑！"

小双找到卡西拉丢掉的弯刀，高兴地说："这是我的战利品！"

这时，一旁的大双突然有了新发现："快看，弯刀上还穿着一张纸条呢！"小双仔细一看，果然弯刀上穿着一张纸条。小双拿下纸条，发现上面有飞碟的记号："我的天，上面有飞碟的记号！"

大双一听忙抢过纸条："这是外星人出的第三道题，快给我！"

大双开始读题："把两箱鸭蛋和四箱鸡蛋放在一起，这六箱蛋的数目分别是44个、48个、50个、52个、57个、64个。只知道鸡蛋的个数是鸭蛋的2倍，问哪两箱装的是鸭蛋？"

大双好奇地问："外星人也吃鸡蛋和鸭蛋？"

小双搞笑地说："也不知外星的鸡蛋好不好吃！"

阿里巴巴看着大双问："这题怎么做呀？"

"先把这6箱蛋加起来44＋48＋50＋52＋57＋64＝315，根据鸡蛋的个数是鸭蛋的2倍这个关系可以知道，总数必然是3的倍数。"

阿里巴巴又问："往下怎么做？"

"总数的$\frac{1}{3}$就是315÷3＝105（个），因此鸭蛋的总数是105。这六箱中能凑成105的只有48＋57＝105，所以必然是装57个和48个的那两箱装的是鸭蛋。"

"外星人为什么要把鸭蛋找出来呢？"小双的脑袋瓜就是稀奇古怪，居然提了这么一个问题。

阿里巴巴想了想，一本正经地说："也许在他们那个星球上，只有鸡，没有鸭子。"大双问："照你这么说，他们是想把鸭蛋拿回去，在他们星球上繁殖鸭子啰？"

小双插话道："那我就在他们星球上开一个烤鸭店。哈哈！天天吃烤鸭。"大双笑着说："也不知外星人爱不爱吃烤鸭？"

小双晃着脑袋说："他们爱不爱吃，我不管，反正又解出了一道外星人出的题。"

小双正说得高兴，突然从后面伸出两只大手，抓着他的衣服，把他从地上揪了起来。小双吓得魂飞魄散，一边蹬腿一边叫喊："怎么回事？勒死我啦！"

小双转头一看，见一个又高又壮，满脸长着大胡子的中年人，正鼓着一双电灯泡似的大眼睛死死盯着他。

小双吃力地问："你——你想干什么？"

大胡子瓮声瓮气地说："你是说把金字塔里的问题解决了？我的问题你能解决吗？"

"什么问题？"

大胡子把小双往上提了提："我问你，为什么金字塔的重量乘 10^{15} 等于地球的重量？"

小双先"哎哟"了一声："你……你别那么使劲。什么是 10^{15}？我不知道。"

"连 10^{15} 都不知道！"大胡子不屑地说，"10^{15} 就是在 1 的后面画上 15 个零。"

"也就是说 $10^{15}=1000000000000000$。"大双补充说。

"对！"大胡子突然又把小双往上提了一下，问："为什么金字塔的塔高 $\times 10 \times 10^9 \approx 1.5$ 亿千米 $\approx$ 地球到太阳的距离？"

"哎哟，我的妈呀！"小双又大叫一声，"我不知道。哎，你慢点提行不行！"

听到小双说不知道，大胡子来气了，干脆把小双一下子提过了头顶："我问你，为什么金字塔塔高的平方＝金字塔侧面三角形的面积？"

"求你了，别往上提了，再提我要上天啦！我说过，我不知道。"

大胡子发怒了，他瞪着眼睛问："你什么都不知道，怎么敢说把金字塔里的问题解决了？"

"唉！"小双满脸委屈地说，"我们解决的不是金字塔里的问题，是外星人出的数学题。"

阿里巴巴实在看不下去了，扑了过来，大喊一声："你这个大男人，怎么敢对一个小孩子如此无理？你给我躺下吧！"接着阿里巴巴来了一个阿拉伯式的摔跤，"扑通"一声把大胡子摔倒在地。

"哎哟!"大胡子叫了一声,"哇,我真听话!他让我躺下我就躺下了。"

小双虽然也摔了一跤,但他迅速爬了起来,扶起大胡子:"大胡子叔叔,你提的问题都是很重要的问题,虽然我现在解决不了,将来我一定会给你解决的。"

阿里巴巴拉过小双说:"这个人精神好像也不太正常,你别给他解释了,快往上爬吧!"大双也催促说:"小双走吧!"

没想到大胡子一把拉住小双不让走:"你们别把我丢下,我要和你们一起走!"

"怎么办?"小双没主意了。阿里巴巴把大双、小双拉到一边,小声说:"他神神叨叨的,不能带他走!"

大双也低声说:"可是怎么拒绝他呢?"

小双略一思忖,有了主意。他走到大胡子跟前,说:"这样吧,你来说一个童谣,一只青蛙一张嘴,两只眼睛四条腿,呱呱跳下水。两只青蛙两张嘴,四只眼睛八条腿,呱呱跳下水。你一直说到十只青蛙,如果不说错,说明你计算能力不错,我们就带你走。"

"好,好!咱们一言为定,"大胡子手脚并用,开始数,"三只青蛙三张嘴,六只眼睛十二条腿,呱呱跳下水。四只青蛙四张嘴,九只眼睛……唉,怎么九只眼睛?多了一只眼睛……"

小双小声说:"趁他数糊涂了,咱们赶紧走吧!"阿里巴巴和大双、小双一溜烟似的跑了。

探索石棺的秘密

三个人爬完了大通道,前面出现一间石室。

阿里巴巴喘着气指着石室说:"看!这就是王殿。"

大双也气喘吁吁地说:"终于到了,咱们进去吧!"

李毓佩
数学科普文集

大双和阿里巴巴一前一后走进了石室，唯独小双站在石室门口，全身发抖，就是不进来。

阿里巴巴转身冲小双招招手："小双，快进来呀！"

小双摇摇头，嗫嚅着说："我……我不进去。"

大双奇怪了："为什么？"

"里面有木乃伊、干尸！"小双的声音越来越小。

阿里巴巴和大双连说带劝，终于把小双说服了。小双不情不愿地跟在他们后面，眼睛盯着脚尖不敢看前方，好像怕踩上什么地雷似的。

进得石室，只见石室里除了一个没有盖的石棺，其他什么也没有。

大双说："那里有一个没有盖的石棺，我过去看看。"说着大双就朝石棺走去。

阿里巴巴说："听说石棺里空空如也，里面什么也没有，是一口空棺材！"话音刚落，突然从石棺里传出声音："谁说空空如也呀？谁说是一口空棺材呀？"

"哇！胡夫法老的干尸说话了，吓死人啦！"小双本就胆战心惊的，一听棺材里传出声音，吓得转头就跑。阿里巴巴一把拉住了小双："别害怕！我过去看看。"

阿里巴巴"噌"的一声，抽出了腰间的弯刀，大声问道："你是什么人？敢躺在石棺里装神弄鬼，快给我出来！不然的话，别怪我的弯刀不认人！"

"别，别，别动武！我是活的！"只见一个干瘦的埃及老头慢慢从石棺里坐起。

小双一看石棺里坐起一个老头，吓得跳了起来："哇！你看这个老头，又干又瘦，一定是胡夫的干尸活啦！"

阿里巴巴一个箭步蹿了过去，把弯刀架在老头的脖子上，喝问道："你到底是什么人？快说！"

埃及老头吓得直哆嗦："我……不是坏人……只不过……我年轻时干过几年……盗墓的行当。"

阿里巴巴收起了弯刀："是退休的盗墓贼！你这次来，偷着什么啦？"

"这金字塔被盗了几千年了，现在什么也没有了，我只是在石棺里找着这么一张纸条。"老头颤颤巍巍地从石棺里拿出一张纸条。

大双接过纸条一看，兴奋地说："纸条上画有飞碟的记号，这是外星人出的第四道题！"

"快念念。"

大双念题："小双想从百米跑道的起点走到终点。他前进 10 米，后退 10 米；再前进 20 米，后退 20 米。就这样，小双每一次都比前一次多走 10 米，又退回来。这样下去，他能否到达终点？"

小双听了题目，来劲了："怎么？外星人出的题目里还有我小双哪！看来，我小双名扬宇宙啊！可是题目里说我，一会儿前进，一会儿又退了回来，我小双没事瞎折腾啊？"

"哈哈！外星人都知道你小双爱折腾！"大双和阿里巴巴大笑。

阿里巴巴琢磨这道题："小双一会儿前进，一会儿又退了回来，他这样走，永远走不到终点哪！"

小双也说："我是白折腾！"

大双却说："不，小双不是白折腾，小双可以走到终点。"

阿里巴巴挠了挠头，说："这怎么可能呢？"

"小双走到第十次就可以到达终点。小双第一次前进 10 米，退回到起点；第二次再前进 20 米，又退回到起点；虽然这样，可他第十次是前进了 100 米就走到了终点，这样小双就没必要再退回来了。"

小双竖起大拇指："说得对！看来，我小双没有白折腾，我第十次终于走到了终点。"

"可是胡夫的墓室里怎么会空无一物呢？连干尸都没有。"小双显得

李毓佩
数学科普文集

十分失望。

大双忽然想起什么似的，转头问那老头："既然这座金字塔里什么也没有，你躺在石棺里干什么？"

小双一瞪眼睛："你是不是想装干尸吓唬人？"

老头摆摆手说："不，不，我没那么坏。我只是想体验一下18世纪法国皇帝拿破仑的感受。"

"奇怪了，你躺在石棺里和拿破仑有什么关系？"小双弄不明白。

"嘿，这你就有所不知了，"老头慢吞吞地说，"这是一段真实的历史。18世纪，法国皇帝拿破仑带兵攻占了埃及，他来到这间法老胡夫的墓室。不知是什么原因，他决定单独一个人在这间墓室里待上一夜。"

小双惊呼："哇！拿破仑好大的胆子，敢一个人在这里过夜！"

老头左右瞄了瞄："这里除了石棺，什么也没有。我想，拿破仑一定是睡在这口石棺里的。"

"后来呢？"

老头说："既然拿破仑敢在这里睡，我为什么不敢？于是，我也想睡在石棺里，尝尝是什么滋味。"

大双插嘴说："你知道拿破仑在这个石棺里睡了一夜后，感觉如何呢？"

老头神秘地说："据说第二天早上，他浑身发抖，脸色苍白地走出了墓室。至于这一夜墓室里发生了什么，他始终没说。"

阿里巴巴叹了口气，说："唉，又是一个千古之谜！我说老先生，这么恐怖的地方，你也敢躺下睡觉？"

老头笑了笑："我也是走累了，想躺在石棺里休息一下。另外，顺便看看金字塔里还有没有没被发现的藏宝地点。"

小双听完拿破仑的故事，背脊发凉，总觉得这里阴森森的，只想赶紧离开。他嚷道："这里不好玩，咱们赶紧走吧！"说完拉着大双和阿里巴巴就往外走。

阿里巴巴提醒说："一般盗墓贼都不是一个人，咱们还要留神他的同伙！"

走进了岔路

大双问阿里巴巴："看完了王殿，该去哪儿了？"

阿里巴巴用手往上一指："应该到金字塔的塔顶上去看看。站在塔顶，周围风光一览无遗。"

听说要到塔顶，盗墓的老头连忙跑过来阻拦："金字塔的塔顶可是去不得呀！"

"为什么？"大双不明白。

老头紧张地说："金字塔塔高约 146 米，共有 201 层。有些游客冒着生命危险爬到顶端，刻下自己的名字。可你知道吗，不知有多少人掉下去摔死了。"

小双有点不相信，说："你不是在吓唬我们吧？"

老头十分认真地说："据书上记载，在 1581 年，一位好奇的绅士爬上了顶端，因为眩晕从顶端掉了下去，摔得粉身碎骨，连人的形状都看不出来了。"

小双吓得直吐舌头："我的妈呀，太可怕啦！咱们还上吗？"

大双鼓励他说："一定要上！不到长城非好汉，咱们不上到金字塔的顶端也不算男子汉！"

阿里巴巴向老头打听上金字塔塔顶的走法："老人家，从这里上金字塔塔顶怎样走？"

老头往外一指："出了门往右拐。"

"谢谢您！"阿里巴巴、大双和小双谢过了盗墓老头，走出了墓室。

老人见他们执意要上塔顶，叹了一口气："唉！不听老人言，吃亏在眼前。"

三个人沿着老头所指的方向走了一大段路。这一段道路特别窄，路也高低不平，阿里巴巴觉得有点不对劲。

阿里巴巴停了下来："唉，不对劲啊！这条路怎么坑坑洼洼的，好像很少有人走这条路似的。"

小双也觉得不对劲："咱们是不是上了盗墓老头的当了？"

突然，大双大叫一声："看！墙上有张纸条。"大家仔细一看，果然墙上有张纸条。

大双摘下纸条，看了看："纸条上面画有飞碟的记号，是外星人出的第五道题！"阿里巴巴催促："快念念。"

大双大声念道："上一次，我们 500 名外星人来到地球做好事。有一半男外星人每人做了 3 件好事，另一半男外星人每人做了 5 件好事；一半女外星人每人做了 2 件好事，另一半女外星人每人做了 6 件好事。全体外星人共做了 2000 件好事，对吗？"

小双摸着头装作非常遗憾的样子说："啊？外星人共做了 2000 件好事？我怎么一件也没看见啊！"

阿里巴巴笑着说："地球这么大，外星人做点好事，你哪都能看见呀！"

"这道题我知道应该用乘法去做，可是男外星人有多少，女外星人有多少都不知道啊！"小双学老外的样子，耸耸肩，两手一摊表示无能为力。

"不知道也不要紧。由于有一半男外星人每人做了 3 件好事，另一半男外星人每人做了 5 件好事，所以每个男外星人平均做了 4 件好事。"

经过大双的提示，小双有点开窍了："哦，我明白了。女外星人也一样，一半女外星人每人做了 2 件好事，另一半女外星人每人做了 6 件好事，平均每人做了 4 件好事。"

"这样一来，500 名外星人，不管男女，平均每人都做了 4 件好事，总共做了 4×500＝2000 （件） 好事。"大双把题做完。

阿里巴巴高兴地说："看来，做 2000 件好事这个答案是对的了。"

小双高兴地跳了起来："哇！我们做出了外星人出的 5 道题了！"

阿里巴巴可没有小双那么高兴："小双你别闹了。看来这条路肯定不是通往塔顶的路，咱们还是想法看看怎么出去吧，不能总在这里转悠啊！"

哥儿俩点点头。大双向四周仔细看了看，指着墙上画的一个箭头说："看，墙上画有一个箭头！我想顺着箭头所指的方向走，一定可以走出去。"

三人顺着箭头所指的方向往前走，可是越往前走光线越暗，道路也越走越窄，最后三人只能爬着前进。

小双有点受不了了："这是什么路啊？弄得咱们像狗一样往前爬。"

阿里巴巴摇摇头说："看来这是一个遗留下来的盗洞！"

小双气愤地说："我说一个盗墓贼能给咱们指什么路？"他一抬头，突然"哎哟"大叫一声，原来他不小心碰到上面的洞壁，头上撞出一个大包。

大双一边帮小双揉头上的包，一边说："这个盗洞很可能就是那个老头过去挖的。"

"非常可能。大双哥，不用给我揉了，咱们还是赶紧出去吧！"小双说完带头往外爬，爬着爬着前面突然亮了起来。

阿里巴巴高兴地喊道："好了，咱们快出去了！"

小双挥舞着拳头，叫道："朋友们，加油爬呀！胜利就在前面。"

果然，再往前爬一段就爬出了金字塔。

小双刚一爬出来，就像一只小兔子，又蹦又跳："哈，可爬出来了！解放喽！"

大双也出来了，唯独阿里巴巴没有出来，他探出脑袋问小双："小双，你仔细看看，周围有没有人？有没有小四十大盗？"

小双向周围仔细看了看，紧张地叫道："哎呀！阿里巴巴，可不得了啦！金字塔外面人山人海，那些人大部分都披着黑色的斗篷，看不出谁是小四十大盗。"

听了小双的话，阿里巴巴赶紧又往洞里缩了缩，不敢出来。

阿里巴巴在洞里小声说："这么多人，谁敢说这里面没有小四十大盗？我可不敢出去。"

"阿里巴巴愿意在盗洞里趴着，就让他在洞里待着吧！大双，走！咱俩往金字塔塔顶上爬。"小双故意逗阿里巴巴，说完就往前走。

"等等！"大双叫住了小双，"咱们要走就一块走，不能让阿里巴巴一个人留在这儿。"

小双"嘿嘿"一乐："我只是想吓唬吓唬阿里巴巴，咱们怎么能丢下他不管哪！"

"咱们还用老法子。不过，这次让阿里巴巴和我换衣服。"说完大双脱下自己的衣服，让阿里巴巴穿上，他穿上阿里巴巴的阿拉伯长袍。

两人穿上对方的衣服后，都显得很滑稽。小双在一旁拍着手："哈哈，好看，好看！这叫照方抓药！"

万能的金字塔

大双、小双和阿里巴巴出了金字塔后，看到金字塔门前人们已经排起了长队。这些人都很奇特：有的人捂着自己的脸痛苦地呻吟；有的人抱着头大声地叫喊；有的背着很大的奶桶；还有的抬着成捆的菜苗……

大双诧异地说："这些人是来参观金字塔的吗？参观金字塔怎么还带着奶桶和菜苗？"

小双也很奇怪："我去问问。"说完一溜小跑，跑到捂着自己的脸的人面前。

小双问："看来您是牙痛！您牙痛得这么厉害，为什么不去医院，反而来参观金字塔呀？"

这位牙痛患者，捂着腮帮子，十分痛苦地说："小朋友，虽说牙痛不算病，可痛起来真要命！你说得对，牙痛是应该上医院，可是我听当地人说，在金字塔里待上 1 小时，牙就会不疼了。我来金字塔是来治牙痛的。"

小双伸伸舌头："啊？金字塔可以治牙痛！真新鲜！"

小双又问另一个捂着头的患者："您头痛得直叫唤，怎么还来参观金字塔？"

这个患者说："听人家说，只要在金字塔里待上 1 小时，我的头就不痛了。我来金字塔是治头疼的。"

小双又吃一惊："哇！金字塔变成医院了，除了能治牙痛，还可以治头痛！真新鲜！"

小双跑到背奶桶的人面前："您能背着这么大一桶牛奶，身体一定很棒，肯定没病。您背这么多牛奶，是准备在金字塔里卖吗？"

背牛奶的人摇摇头说："金字塔里是不许卖东西的。听人家说，把牛奶放在金字塔里，即使过上好几天，牛奶也能鲜美如初。我是到金字塔里冷藏牛奶的。"

"啊！金字塔是特号电冰箱，可以保鲜？"小双吃惊地蹦了起来。

这时抬菜苗的人凑过来主动对小双说："听人家说，把菜苗放进金字塔里，它的生长速度是外面的 4 倍，叶绿素也是外面蔬菜的 4 倍。"

"什么？金字塔是蔬菜生产基地！这怎么可能？我晕了！"小双听到这么多新闻，脑袋有点晕，要不是阿里巴巴扶了他一把，说不定就要倒在地上了。

阿里巴巴也不太相信，他对小双说："这都是一些传说，你别信以为真。"

突然，远处传来急促的马蹄声。马蹄声由远及近，可以听出是一群马奔驰而来。大双竖起耳朵，警惕地环顾四周。他对阿里巴巴说："听，马蹄声！是不是小四十大盗又回来找你来啦？"

听说小四十大盗来了，阿里巴巴立刻慌了神，他挥手："快！咱们快往金字塔塔顶上爬，小四十大盗的马爬不上金字塔！"

大双、小双也有点害怕，赶紧跟着阿里巴巴往金字塔上爬。不知为什么，小双落在了后面。阿里巴巴催促说："小双，快往上爬呀！"

小双气喘吁吁地说："唉，我的晕劲儿还没过去哪！"

三个人刚爬上十几层台阶，小四十大盗已经来到金字塔下。

小四十大盗的老大卡西拉往上一指："看！阿里巴巴正往金字塔上面爬哪，快下马往上追！"

40 名大盗，齐刷刷下了马，又"唰"的一声一起抽出了腰间的弯刀，大喊一声："追！"接着像一群恶狼似的朝三人追来。

小双哪见过这种阵势，头上的汗直往下冒，腿也抬不起来了。

小双忽然想起什么似的，问："阿里巴巴，金字塔每层有多高啊？"

阿里巴巴有点奇怪："你问这干吗？——每一层大约有 1.5 米高。"

小双已经累得上气不接下气了，听说每一层大约有 1.5 米高，干脆一屁股坐在台阶上不爬了："哇！我才 1.55 米，这一层台阶就有 1.5 米高，我需要跳着往上爬，累死我了！你俩往上爬吧，我是爬不动了！"

再看小四十大盗，他们爬起金字塔来如履平地，不一会儿就追上来了。小四十大盗齐声高喊："阿里巴巴，化了装也认得你！看你往哪里逃？"

阿里巴巴紧张地回头一看："糟糕，他们追上来啦！"

正在这时，突然从半空中飘下一张纸条，落在小双的头上。

大双指着纸条喊："小双小双，有张纸条掉你头上了！"

小双伸手拿下纸条，看了一眼后把手一举："纸条上面还画有飞碟的记号，是外星人出的第六道题！"

说也奇怪，听到"外星人"三个字，小四十大盗像听到了什么命令似的全都愣在那里，不动了。

小四十大盗中一个特别瘦小的强盗惊恐地说："啊？外星人？外星人出的题！"

小双感到奇怪："怪呀，怎么小四十大盗听到外星人就不追了？"

大双想了想："可能小四十大盗怕外星人。"

"有道理！"小双有点兴奋，"小四十大盗既然怕外星人，肯定也怕外星人出的数学题了！"

大双双手一拍："说得对！咱们解出外星人出的第六道题，肯定有用。"

阿里巴巴在一旁催促："快念题！"

大双为了让小四十大盗也能听见，成心大声念道："在你们刚刚爬出的盗洞里藏有 3 支枪和 64 颗子弹。把 64 颗子弹放进 3 支枪里，要使每支枪里的子弹数都带 8，并且每支枪里的子弹数都不一样。如果放得对，就可以用这些子弹消灭任何敌人。"

阿里巴巴直发愣，他自言自语地说："64、3、8 这三个数有什么关系？"

小双蛮有把握地说："当然有关系了！"

"有什么关系？"

"大双一看就知道。"

阿里巴巴把嘴一撇："说得气壮如牛，我还以为你知道这 3 个数的关系哪！"

大双说："64 和 8 都是子弹的数目，先从这两个数考虑，比 64 小的，带 8 的数一共有六个，8，18，28，38，48，58。题目要求从这六个带

李毓佩
数学科普文集

8 的数中选出三个，使这三个数的和恰好等于 64。"

小双先用左手拍了一下前脑门，又用右手拍了一下后脑勺，马上答道："这个我会！由于 8＋18＋38＝64，所以，3 支枪里的子弹数分别是 8 颗、18 颗和 38 颗。"

大双一拍小双的肩膀："你这前拍后拍还真管用，就是这三个数。"

小双冲阿里巴巴做了一个鬼脸："嘿，我一拍就知道吧！"

听了题目的答案，卡西拉倒吸了一口凉气："不好！我们才 40 个人，他却有 64 颗子弹，送咱们一人一颗子弹，还多出 24 颗哪！"

小四十大盗中一个胖胖的强盗说："妈呀，咱们当中肯定有人至少中两颗子弹。我胖，我准吃两颗枪子儿！"

卡西拉一挥手，高喊道："弟兄们，他们手中有枪，快撤！"

随着一阵杂乱的马蹄声，小四十大盗走远了。

小双高兴得差点跳了起来："好险哪！这下好了，小四十大盗全吓跑了！"

阿里巴巴抹了一把头上的汗："我的妈呀！又过了一关。"

小双不干了："我说阿里巴巴，你说带我们找 10 道外星人出的数学题，说把题目解出来，外星人就带我们去火星玩。可是咱们在金字塔里转了一大圈，除了一个盗墓的干瘪老头，什么宝贝也没看见。数学题也只找到 6 道，还差点让小四十大盗给杀了！我不跟你玩了！"

阿里巴巴笑嘻嘻地说："小双，胡夫金字塔因为来的人多了，好东西都被盗墓贼偷光了。我带你们俩去一座还没被发掘过的坟墓，听说，那里面尽是好宝贝！"

小双一听来精神了，把手一挥："那还等什么？咱们快走吧！"

"慢着！"大双问，"阿里巴巴，咱们在胡夫金字塔只找到外星人留下的 6 道数学题，现在到别的坟墓去，剩下的 4 道数学题还能找到吗？"

阿里巴巴飞身上了他的毛驴，右手一拍胸脯："没问题！包在我身上了，肯定能找到，你们俩快跟我走吧！驾！"他左手在驴屁股上猛拍了一把，毛驴往前一冲，撒腿就跑。

小双也赶紧拉过单峰骆驼，招呼大双："哥，快上骆驼！"

可怕的诅咒

阿里巴巴骑着毛驴，沿着尼罗河一个劲地往前赶，大双和小双合骑一匹骆驼紧紧跟在后面。途中他们经过一处集市。集市非常热闹，人来人往，有卖吃的、穿的的，还有卖工艺品的，最吸引大双和小双的是卖古董的。小双好奇地看着这一切，突然，一个埃及老人面前摆放着的一堆古旧树叶引起了小双的注意。他溜下骆驼，跑了过去。

小双翻动着这些古旧树叶，突然大喊一声："快来看，这里有飞碟记号！"

"有这等事？"阿里巴巴和大双一听赶紧跑过来。

"这应该是外星人留下的第七道数学题。"等大双跑过来一看，却傻眼了，树叶上画了许多不认识的奇怪符号：

小双问埃及老人："老爷爷，您认识树叶上的这些符号吗？"

"当然认识，"埃及老人说，"这可不是树叶，这是埃及著名的'纸草书'。'纸草'是尼罗河三角洲出产的一种水生植物，形状像芦苇，把它晒干刨开，摊开压平后可以在上面写字。四千年前的古埃及人就把它当纸用。"

"您快说说这上面的符号是啥意思吧！"小双非常着急。

"这是古埃及的象形文字。最左边的三个符号表示的是'未知数'、

李毓佩
数学科普文集

'乘法'和'括号'；第四个符号是3根竖线，表示3；第五个符号'小鸭子'表示'加号'；第六个符号上半部分的'∩'，表示10，再加上下面的2根竖线，表示12；第七、第八、第九个符号连在一起表示括号和等号，最右边的符号表示30。"

根据老人的翻译，大双列出了一个方程：

$$x \cdot (3+12) = 30。$$

"这个方程我会解。"小双自告奋勇解起来：$15x=30$，$x=2$。

"未知数 x 等于2。"小双解完后不以为然地说："这外星人数学水平也不高啊，怎么出的题这么简单呀！"

突然，大双无意中发现人群里有一个人特别像小四十大盗的成员，他悄悄对阿里巴巴耳语了几句。

"啊！"阿里巴巴大吃一惊，飞身上了毛驴，在驴屁股上猛拍了两掌，"你们俩还不快走！我可先走了，驾！"毛驴一激灵，飞快地往前奔。大双、小双也上了骆驼，猛追了上去。

阿里巴巴边跑边往后看，跑出去好远，他才让毛驴放慢了脚步。这时，大双和小双才有时间观看沿途的景色，一路上看到了许多大大小小的古墓。

小双奇怪地问："阿里巴巴，这里怎么有这么多的古墓？"

"咱们进入了有名的帝王谷了。这里分布着64座帝王墓，咱们要找的图坦卡蒙墓就在这里面。"

说也奇怪，阿里巴巴进入帝王谷后并没有仔细寻找图坦卡蒙墓，而是领着大双、小双这里转转，那里转转，把哥儿俩都转晕了。

小双有点生气了："我说阿里巴巴，你没毛病吧？你怎么带着我俩转个没完了？"

阿里巴巴停下来，环顾四周，压低声音说："是这样，表面上看好像小四十大盗被我们甩掉了，实际上他们并没有被我们落下，有可能他们在后面偷偷跟着咱们哪！我是要通过转圈甩掉他们。"

在一座很大的古墓前，阿里巴巴飞快地下了毛驴，招呼大双、小双赶紧下骆驼。他把毛驴和骆驼拴在石桩上，左手拉起小双，右手拉着大双，说了声："快走！"猫着腰撒腿就跑。

一阵狂奔之后，三人在一堆沙丘前停下。大双抹了一把头上的汗，问："阿里巴巴，小四十大盗为什么总是跟着你？"

"唉！"阿里巴巴先叹了一口气，"小四十大盗跟着我，一方面是找我报仇，更主要的是想跟踪我，通过我找到图坦卡蒙墓。他们知道图坦卡蒙墓中有许多价值连城的宝贝。"

小双着急地说："嘿，那可不成！这些宝贝可不能让他们拿到！"

阿里巴巴脸色凝重地点点头，然后弯下腰从沙子里找出 3 把铁锹，对大双、小双说："这是我藏在这里的铁锹，咱们赶紧挖沙丘吧！"三个人挥舞着铁锹挖了有一个多小时，终于挖到一扇门。

阿里巴巴忙招呼大双、小双停下，悄声对他们说："就是它！"说完推开门，里面漆黑一片。大双打亮手电，首先看到的是一块石板，石板上刻有古埃及的象形文字。阿里巴巴认识象形文字，他念道："无论是谁，只要打扰了图坦卡蒙国王的宁静，死神就会与之相伴。"

小双听完，大叫："哇！可怕的诅咒！我可不想和死神做伴。"

大双用手电照了照，看到前面不远有扇门，门是关着的，门上写着古埃及的象形文字，旁边有一个摇把。

阿里巴巴念道："把摇把摇⊙下，门可打开。"

"这⊙下是多少下呢？"大双紧皱眉头，"这周围应该有什么提示吧！"想到这，大双拿手电在门周围仔细照了照，没发现任何线索。

大双转过身，拿手电一晃，突然大叫起来："看！飞碟符号！"

原来飞碟符号画在写着诅咒话语的石板后面，符号下面写着："有四个数，其中每三个数相加得到的和分别是 31，30，29，27。⊙是这四个数中最大的一个。"

小双高兴地说："这是外星人留下的第八道数学题。"

大双想了想，说："把题目给出的 4 个和数相加，结果是
$$31+30+29+27=117。$$

小双问："这个 117 代表什么呢？"

"题目中没有给出四个数具体是多少，只告诉这四个数中的每三个数都要相加一次。小双你说说，每个数都加了几次？"

"我想想啊！"小双说，"比如说，这四个数是 a, b, c, d。4 个数每次取出 3 个相加，一共有 4 种不同的结果，即：
$$a+b+c, \ a+b+d, \ a+c+d, \ b+c+d,$$
也就是说，每一个数都加了3次。"

"对！每一个数都加了 3 次。也就是说，117 是这四数和的 3 倍。$117 \div 3 = 39$，这四个数之和是 39。"

"往下怎么做？"

"既然 39 是四个数之和，用 39 减去三数和中的最小数 27，所得的一定是这四个数中的最大者。因此，最大的数是 $39-27=12$。"

大双刚算完，小双就快步跑到门前，双手握住摇把用力摇了起来："1，2，3，…"

狼！狐狸！

小双使尽了吃奶的力气，摇了 12 下摇把，只听"轰隆"一声响，图坦卡蒙国王墓的大门打开了。

墓里面漆黑一片。"我看看墓里有什么宝贝？"小双夺过大双手中的电筒，一个箭步就蹿了进去。小双往左边一照，"哇！"地尖叫了一声，接着往右边一照，又"哇！"地尖叫了一声。

小双的两声尖叫把阿里巴巴和大双吓了一大跳。他俩赶紧跑了进去，这时小双已经吓得动不了啦。大双向左一看，看到那里站着一个人；向右一看，一个一模一样的人也站在那儿，两个人面对面站着。

大双也有点害怕，他捅了一下阿里巴巴："这墓里有人！"

"不可能！"阿里巴巴仔细看了看，"这是守墓的，是假人。"

大双用手电筒仔细看了看这个假人，发现假人是用木头做的，"皮肤"是黑色的，身穿金裙，脚穿金鞋，手握权杖，头上盘着一条可怕的眼镜蛇。

大双摸了一下权杖，突然盘在假人头上的眼镜蛇嘴一张，一张纸条飘飘悠悠从眼镜蛇嘴中落了下来。

大双一眼就看到了纸条上画有飞碟记号："看！飞碟记号！"

大双这么一喊，把小双惊醒了。他懵懵懂懂地说："什么……什么飞碟记号……"

阿里巴巴摸了摸他的脸说："可怜的小双，那是个假人！"

小双这才彻底清醒了过来。他抢过纸条，高兴地说："咱们找到了外星人留下的第九道题了！大双哥，快念题。"

大双大声读："我准备了 3 堆珍珠，每堆珍珠数都一样多，珍珠有黑、白两种颜色。第一堆里的黑珍珠和第二堆里的白珍珠一样多，第三堆里的黑珍珠占全部黑珍珠的 $\frac{2}{5}$。把这 3 堆珍珠集中在一起，如果小双能算出黑珍珠占全部珍珠的几分之几，我就把这些黑珍珠都送给小双。"

小双瞪大了眼睛，自言自语地说："我的妈呀！死了快三千年的图坦卡蒙国王，还知道我小双，还送给我珍珠？大双哥快帮帮忙。"

大双说："图坦卡蒙国王是让你算的。"

小双把手一摊："可是我不会算哪！"

大双想了一下，说："虽然珍珠数不知道，由于第一堆中的黑珍珠与第二堆中的白珍珠数目一样多，可以把第一堆里的黑珍珠和第二堆里的白珍珠对换一下，使得第一堆全部是白珍珠，第二堆全部是黑珍珠，它们各占全部珍珠数的 $\frac{1}{3}$ 。"

"好主意!"小双高兴地拍了一下大腿,"这样一来,问题就简化了。可是,往下我还是不会做呀!"

阿里巴巴摸着小双的头,笑着说:"你一惊一乍的,我还以为你会解哪!结果还是卡壳了。"

大双说:"这时,第一堆里全是白珍珠了,第二堆里全部是黑珍珠,又已知第三堆里的黑珍珠占黑珍珠总数的 $\frac{2}{5}$,那么第二堆里的黑珍珠就应该占黑珍珠总数的 $1-\frac{2}{5}=\frac{3}{5}$ 。"

"求出这个有什么用呢?"小双还是不明白。

"由于 3 堆珍珠数都一样多,第二堆里的黑珍珠就占全部珍珠数的 $\frac{1}{3}$ 。"大双耐心解释,"这样就可以用'已知部分求全体'的方法,求出黑珍珠占全部珍珠的多少,即

$$\frac{1}{3} \div \frac{3}{5} = \frac{5}{9} 。"$$

大双接着说:"最后答案就是黑珍珠占全部珍珠的九分之五。"

阿里巴巴一伸大拇指:"棒!大双分析得头头是道!"

小双点点头:"图坦卡蒙国王说送给我黑珍珠,可是这些黑珍珠在哪儿呢?"

阿里巴巴向里面一指:"肯定在他的棺材里。"

"啊!"听到"棺材"两个字,小双的脸又吓白了。

等小双缓过点劲儿,三个人在黑暗中又摸索着往前走。突然,小双摸到一个毛茸茸的东西,"啊"的一声,小双又是一声尖叫。

阿里巴巴忙问:"又怎么啦?"

大双用手电一照,先看到了一张桌子;再往上照,看到桌子上蹲着一只像狼一样的动物。

"狼……狐狸……"小双已经吓得不知说什么好了。

阿里巴巴搂住小双，安慰说："不要怕！它是古埃及神话中的胡狼之神阿努比斯，你看它的耳朵又尖又长。那张桌子是祭坛，它蹲在祭坛上是守卫图坦卡蒙国王陵室的入口。"

大双想搬开祭坛进入陵室，可是使出吃奶的劲，也没挪动祭坛一下。大双泄气地盯着祭坛，突然，他看到祭坛侧面写了许多字。阿里巴巴念道：

如能把下图中'★'处的数填出来，你就能顺利进入陵室。

$$1 \quad 6 \qquad 2 \quad 5 \qquad 4 \quad 8$$
$$142 \qquad 188 \qquad ★$$
$$3 \quad 5 \qquad 4 \quad 7 \qquad 6 \quad 1$$

小双琢磨了一下，没理出什么头绪，转头问大双："大双哥，这题应该怎样做？"

大双想了想，说："这里有三组数，要找出每组数之间的关系和规律。"

"对！"小双说，"每组数中，中间的数是个三位数，而四个角上的数都是一位数。光用加减法不成，必须用乘除法。"

大双在纸上演算了一会儿，高兴地说："规律找到了！"接着写出：

$$(1×1+6×6+3×3+5×5)×2=142,$$
$$(2×2+5×5+4×4+7×7)×2=188。$$

小双点点头："中间的数，等于四个角上的数自乘后相加再乘以2。我来算算★等于多少？"接着小双在纸上写出：

$$★=(4×4+8×8+6×6+1×1)×2=234。$$

"★应该是234，我把它填上。"小双刚想填，突然想起什么似的停住了，"哎，这道题是不是外星人出的第十道题？"

"对呀，我怎么没想到？我来找一找，看有没有飞碟的记号。"大双拿着手电在祭坛的周围仔细寻找。

李毓佩
数学科普文集

无意中，大双看见阿里巴巴在祭坛一面用手摸了一下，然后转身对大双说："看，这里有一个飞碟的记号。"

大双、小双过去一看，果然有一个飞碟的记号。

"没错！是外星人留下的最后一道题。"小双把234填到★处，只听"轰隆"一声，祭坛自动转到了一边。

飞向火星

祭坛移开后，三人相继进入了图坦卡蒙国王的陵室。一进入陵室，首先看到的是一口石棺，石棺的下面是一尊女神像。女神张开双臂和双翅托住棺材，像是防止有人来侵犯的样子。

三人轻手轻脚地走进石棺。阿里巴巴双手合十，嘴里默念了几句，然后敬畏地打开石棺。三人屏住呼吸，只见眼前金光一闪，定睛往里一看，哇！里面是一口纯金制造的棺材（后来他们称了一下这口金棺，竟有111千克）。再往里是图坦卡蒙国王的金像，金像做得十分精细，双手交叉分别拿着象征王权的节杖和神鞭。

大双和小双惊叹地看着这一切，不知用什么词来形容才好，只知道不停地说："太漂亮了！太漂亮了！"

他们在陵室里转了一圈，看见了许多由黄金、珠宝做成的珍贵文物和稀世珍宝，仅在棺材里的各类宝石就有143块。

正当他们陶醉于这些无价之宝时，忽听到陵室外面有喊声传进："阿里巴巴，快出来，快把里面的宝贝交出来！""不交出来，我们就冲进去，把你们全杀了！"

空气立刻变得紧张起来。小双恨恨地说："可恶的小四十大盗！阿里巴巴，他们把我们包围了，怎么办？"

大双从架子上拿下一杆长矛："咱们冲出去，和他们拼了！"

阿里巴巴微笑着摇摇头："他们进不来。小四十大盗非常迷信，当他们看见石板上的咒语，会立刻吓跑的。"

小双焦急地问："可是，如果小四十大盗总围着不走怎么办？我们会饿死的！"

大双突然想起一个问题："我们已经解出了外星人留下的 10 道数学题，外星人怎么还不带我们去火星上玩啊？"

小双也气嘟嘟地说："就是啊，我们全部找到并做出了外星人留下的数学题，可外星人现在在哪儿都不知道？"

"跟我来！"阿里巴巴嘴角闪过一丝笑意，走到一面墙前用手轻轻推了一下。说也奇怪，墙居然应声开了一扇门。阿里巴巴闪身走了进去，大双、小双也跟了进去。里面光线十分昏暗，大双、小双跟着阿里巴巴七拐八拐来到一个地方。阿里巴巴推开一扇门，就到了外面。

大双和小双走出去，立刻被眼前的景象惊呆了。也不知什么时候，阿里巴巴脱掉了老羊皮袄，换上了一身宇航服。前面不远的地方耸立着一架高大的火箭，上面有一艘宇宙飞船。

小双吃惊地问："阿里巴巴，你怎么变成宇航员了？"

阿里巴巴笑着说："我本来就不是阿里巴巴，我就是你们要找的外星人。"

"噢——"小双有点明白，"我们找到的 10 道题都是你出的，怪不得题目里有我和大双呢！"

大双也回忆起来："祭坛上的题目原本没有飞碟的记号，你用手摸了一下，立刻就出现了飞碟的记号，我当时就觉得奇怪。"

"走吧！ 10 道题都做出来了，我要履行诺言，带你们到火星上去玩一趟，快上宇宙飞船。"外星人带着他俩登上了宇宙飞船。

火箭启动了，在巨大的轰鸣声中，火箭带着宇宙飞船，飞向了太空。

大双和小双同时向地面招手："再见了地球！我们还会回来的！"

5. 追捕机器人

莫比和乌斯

A 国的台劳教授是一位在国际上很有名气的人工智能专家。他使用第八代电脑，制造出两个最新型号的机器人，一个叫莫比，一个叫乌斯，以纪念 19 世纪最早发现单侧曲面——"莫比乌斯圈"的数学家莫比乌斯。机器人莫比和乌斯有记忆功能，会联想，会推理，有近似人的思维能力。

B 国情报机关得知这个消息，急于把莫比和乌斯弄到手，便指派两名老牌间谍去 A 国执行偷盗机器人的任务，并嘱咐他们俩如果偷不回来，就把机器人毁掉。这两个间谍，一个外号叫"胖子"，另一个外号叫"瘦子"。他们俩二话不说，扭头就去执行任务了。

天快黑了，在实验室里，台劳教授又对莫比和乌斯做了一些改进，然后对他们俩说："莫比、乌斯，我要下班了。你们俩乖乖地躺下，我

把电源暂时切断，让你们俩睡一觉。”

“好的。台劳教授，明天见！”两个机器人各自躺在床上。

深夜，万籁俱寂。两个黑影出现在台劳教授实验室的窗外，一束手电光从窗户射进屋里，照在躺在床上的莫比和乌斯的身上。

胖子小声说：“瞧，莫比和乌斯都在那儿！”

瘦子把手枪一挥：“进去，赶紧动手！”

对于这两个老牌间谍来说，打开门上的锁是费不了多大工夫的。两人一前一后，鬼影似的溜进了实验室。他们俩动手抬莫比，没想到莫比还挺重。

瘦子吃力地抬着莫比的双腿，对胖子说：“你用力抬呀！”

胖子头上的汗都流下来了：“我把吃奶的劲都用上了，怎么还是搬不动？”

瘦子拍了一下后脑勺，说：“我把电源接通，让他们俩乖乖地跟咱俩走！”

胖子竖起大拇指说：“好主意！”

会变色的眼睛

瘦子接通了机器人的电源，莫比和乌斯立刻坐了起来。乌斯问：“你们是什么人？为什么天不亮就把我们叫醒？”

“嗯，嗯。”瘦子眨了眨眼睛，说，“我们是台劳教授的朋友。台劳教授找你们有急事，叫你们马上跟我们走！”

“台劳教授的朋友？让我来识别一下。”莫比命令两个间谍，“你们看着我的眼睛，回答我的问题。”莫比的眼睛霎时间发出两道强光，照得两个间谍直捂眼睛。突然，莫比眼睛里发出来的光开始变换颜色。

胖子问：“莫比的眼睛为什么有时发红光，有时发黄光？”

瘦子答：“这可能是一种密码信号。我把它记录下来。”说完，拿出笔记本认真地记录莫比眼睛发光的规律。

“这就是密码。”瘦子把笔记本递给胖子看。胖子见笔记本上写着：红黄、红黄红、黄，红黄、红黄红、黄……

“这是什么意思呢？”胖子看不懂。

瘦子说：“机器人使用的是二进制数。我用二进制数把它破译出来。”他很快翻译出来了：红光代表 1，黄光代表 0。这样，红黄表示 10；红黄红表示 101；黄表示 0。

胖子摇摇头，还是不懂。

瘦子画了一张十进制数和二进制数的对照表：

十进制数	0	1	2	3	4	5	6	7	8	9
二进制数	0	1	10	11	100	101	110	111	1000	1001

看了这个表，胖子明白了。他说：“按照这个表，把二进制数 10，101，0 变成十进制数，得出 2，5，0 三个数，连在一起是 250。莫比问咱俩是不是二百五？”

瘦子两手一摊，说：“咱俩是老牌间谍，怎么会是二百五呢？”

乌斯一指两个人，喊道：“不会回答密码，你们俩是假朋友！”

瘦子一拉胖子，说：“咱俩被识破了，快跑！”说完，两人撒腿就跑。

三岔路口

瘦子的阴谋被识破，他拉着胖子逃出了实验室。“两个坏蛋往哪里逃？追！”机器人莫比和乌斯紧跟着追了出来。

台劳教授被一阵电话铃声惊醒。他抓起听筒一听，是台劳实验室值班警卫的声音。

警卫焦急地报告："教授，不好啦！莫比和乌斯跟在两个陌生人的后面跑啦！"

事态严重，台劳教授驾车直奔警察局，向局长汇报。

警察局长问："你这两个机器人，不是有很高的智商吗？怎么会跟两个陌生人跑了呢？"

台劳教授一跺脚说："唉，机器人的智商高低是相对而言的，他们比过去的机器人是聪明多了，可是毕竟只具有小学四五年级学生的智力，我怕他们上当！"

警察局长立即做出决定，成立以台劳教授为首的追捕间谍小组，成员有电脑专家图灵博士和亨利探长。局长命令他们立即行动。

再说瘦子和胖子两名间谍，被机器人莫比和乌斯追得走投无路。

胖子气喘吁吁地问："怎么办？咱俩如果让机器人追上，非被劈成两半不可！"

瘦子向周围看了看，说："这里是三岔路口，我给他们留下三句话，迷惑他们一下。"说完，拿出笔和纸迅速写好，放在路中间。

莫比和乌斯飞快地追了上来。莫比发现了纸条，捡起来一看，只见上面写着：我们走中间的路，我们不走东边的路，我们不走中间的路。这三句话中只有一句是真话，机器人笨蛋，你们猜吧！

莫比问："怎么知道两名间谍沿哪条路跑了？"

乌斯说："用推理来判断。"

机器人中计

莫比用逻辑推理来判断间谍走的是哪条路。

莫比说："第一句话'走中间的路'和第三句话'不走中间的路'，这两句话中必定有一句是真话。"

乌斯眨了眨眼睛，说："有道理！这两句话不可能同时是真话，也不可能同时是假话，必然是一真一假。"

莫比又说："由于这三句话中只有一句是真话，所以第二句话一定是假话。"

乌斯点点头说："假话是'不走东边的路'，真话应该是'走东边的路'。走，往东边追！"两个机器人快步向东边追去。

突然，莫比对乌斯说："我接收到一种信号，好像是台劳教授追上来了。"

两名间谍在前面跑得满头大汗。胖子大口喘着粗气，问："怎么办？机器人又追上来了！"

瘦子跑上一个山坡，找到一块大石头。他高兴地说："咱俩把这块石头顺坡推下去，砸他们！"两个间谍使足了力气把大石头推了下去。大石头越滚越快，直奔莫比和乌斯砸去。

"来得好！"莫比先用双手把大石头接住，然后把它举过头顶，朝两个间谍猛力掷去，"原物奉还！"大石头"呼"的一声朝两个间谍飞去。两个间谍吓得抱头鼠窜，嘴里大叫："我的妈呀！"大石头在距他们俩不远的地方落地了，溅起的泥土碎石弄了他们俩一身。

瘦子说："咱俩不能只是一个劲儿地跑呀！机器人是金属的，咱们给他们俩铺上高压电网，他们俩只要踩上，一定会被电倒！"

"快点儿铺吧！"胖子和瘦子熟练地在地上铺好高压电网。

莫比和乌斯只顾一个劲儿地追间谍，没注意脚下的电网，两个机器人先后触电倒地。

　李毓佩
数学科普文集

改变程序

瘦子见两个机器人触电倒地，高兴地叫道："哈哈，成功啦！"

这时，台劳教授、图灵博士和亨利探长坐着警车尾随莫比和乌斯追了上来。图灵博士头上戴着信号接收器，随时接收莫比和乌斯发出的信号。突然，图灵博士叫道："怎么回事？莫比和乌斯发出的信号忽然中断了！"

台劳教授一拍座椅，说："莫比和乌斯一定出事啦！"

亨利探长下令："全速前进！"警车飞也似的向前开去。

瘦子对胖子说："我把机器人的电脑程序改变一下，叫他们俩听咱俩的话，乖乖地跟咱俩回去！"

"绝好的主意！"胖子称赞道。

瘦子先把莫比的脑盖打开，发现里面还有一个盖子，可是里面这个盖子怎么也打不开。胖子看到盖子上有一个图。它由四个大小不同的正方形构成，每个正方形都是由一段一段的小铁棍组成的，里面有个"－"号，外面有个"＋"号。

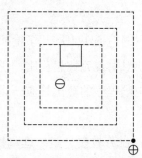

胖子伸手动了一根铁棍，忽然大叫："妈呀！这铁棍带电！"

瘦子认真看了一下图，说："这是一个特殊的电路开关。只有想办法把有关的铁棍接上，使电路的正负极接通，盖子才可以打开。"

胖子摸着脑袋说："怎么接呢？"

"看我的!"瘦子拨动了五根铁棍,电路被转着圈儿接通了。(如下图)

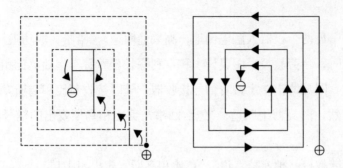

只见莫比的眼睛一亮,头上的第二层盖子"啪"的一声,自动打开了。

莫比脑子里的电路十分复杂,但是瘦子是个电脑专家,他把莫比头脑里的程序改了。瘦子刚想喘口气,胖子往后一指,叫道:"不好! 台劳教授追上来了!"

瘦子喊道:"快开枪!"

"啪! 啪! 啪!"双方展开了激烈的枪战。

莫比叛变

两个间谍和台劳教授的追捕小组展开了枪战。打了一阵子,瘦子说:"他们人多,咱们赶紧撤吧!"说完拉起莫比,说:"快跟我跑!"

说也奇怪,被改了电脑程序的莫比答应一声:"是!"乖乖地跟着瘦子跑了。

间谍带着莫比跑了,台劳教授赶紧修理乌斯。乌斯睁开眼睛一看,发现莫比跟着间谍跑了,着急地大声呼叫:

"莫比,快回来! 你怎么跟坏人跑啦?"

听到乌斯的呼叫,正在奔跑的莫比回过头来说:"不,我是跟好人跑的!"

李毓佩
数学科普文集

"啊！你好坏不分！"乌斯气坏了，他握紧双拳朝莫比奔去，"我要打死你这个叛徒！"

莫比停住脚步，把胸脯一挺："我绝不怕你！"

"莫比，你糊涂啦？你和我都是台劳教授制作的呀！"

"乌斯，你胡说！台劳教授是我的敌人，我要把他撕成碎片！"

"打死你这个叛徒！"乌斯冲上去揪住莫比就打。乌斯刚打两拳，莫比大喊一声，双手抓住乌斯，把他高高举过头顶，原地转了两圈，一撒手就把乌斯扔了出去。乌斯在被扔出去的一刹那，双眼一瞪，两束红光直向莫比射去。

台劳教授大喊一声："快趴下，这是激光枪！"

"啊！"莫比被乌斯的激光枪击中，倒在地上，滚了两下就不动了。

胖子在一旁说："莫比被打死了，咱俩快逃吧！"

瘦子把眼睛一瞪，说："不能把莫比扔下！不然的话，咱俩回去无法向头儿交代！"

胖子问："那怎么办？"

瘦子一挥手，说："咱俩先躲起来，看看再说。"两人躲在了一块大石头后面。

抢救莫比

打跑了间谍，台劳教授和图灵博士赶快跑到莫比身边。图灵博士对莫比进行了全面的检查，回头对台劳教授说："是太阳能电池的一部分被激光枪打坏了。"

台劳教授摸着下巴想了想，说："如果烧焦的部分不超过全部面积的二分之一，使用备用电池还可以使莫比重新站起来。"

亨利探长看了一眼被烧坏了的太阳能电池，说："我看烧焦的部分肯定超过二分之一，莫比看来是活不成了！"

图灵博士摇摇头说："用眼睛看是不准确的，必须计算一下。"

亨利探长弯下腰，仔细地看了看："这块太阳能电池由 25 个小正方形组成。有的烧焦的部分占了大半个小正方形，有的只占了小半个小正方形（如下图），这可怎样算哪？"

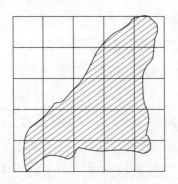

"你可以按这样的规律去数。"台劳教授说，"凡是一个小正方形的左下角的顶点，落到烧焦的部分内，就算这个小正方形全部被烧焦。其他的小正方形就算没烧焦。"

"能这样数？"亨利探长半信半疑地数了起来。过了一会儿，亨利探长说："我数完了，左下角的顶点落在烧焦部分内的小正方形一共有 11 个。"

台劳教授说："总共有 25 个小正方形，烧焦了 11 个，不到一半。马上启用备用电池！"

图灵博士接通备用电池，莫比慢慢地坐了起来。

这一切被躲在大石头后面的瘦子看见了，他对胖子说："不好，莫比恢复了活动能力。下一步台劳教授肯定要把他的电脑程序再改回去！"

胖子问："那怎么办？"

瘦子命令说："快开枪！把台劳教授从莫比身边引开！"

"啪！啪！"两个间谍一齐朝台劳教授开枪。

李毓佩
数学科普文集

追踪信号

两个间谍一齐向台劳教授开枪，企图阻止台劳教授接近莫比。但是，台劳教授心里明白，不赶快把莫比头脑里的电脑程序改过来，莫比还会跟着间谍走。

台劳教授冒着生命危险爬到了莫比的身边，他刚想打开莫比的脑盖，莫比厉声问道："你这个老头想干什么？"

台劳教授说："莫比，我是台劳，难道你连我都不认识了吗？"

"什么台劳不台劳的？我不认识你，去你的吧！"莫比抬起脚把台劳教授踢翻在地，转身朝两个间谍的方向跑去，很快就没了踪影。

台劳教授爬起来，问乌斯："你能不能收到莫比的信号？"

乌斯转了一下脑袋，说："能，我收到了他的信号。"

台劳教授又问："他在什么位置？"

乌斯说："位置大致在东北方向，距我们有 3000 米。"

亨利探长跳上警车，说："向东北方向行驶，乌斯注意监听莫比的信号！"警车急速行驶，行至 3000 米处停住。

台劳教授问乌斯："现在莫比在哪儿？"

"莫比还在刚才的位置。我监听到有人从他所在的位置上发电报，位置大致在我们现在位置的西北方向，距我们 120 米。"

亨利探长说："这是两名间谍在向他们总部发电报。"

台劳教授说："我们可以通过画图找出间谍的位置。假设我们刚才所在的位置为 A 点，距 A 点 3000 米远的点都在以 A 为圆心、3000 米为半径的圆周上。由于方向在东北，所以只要画出四分之一个圆周就可以了。"说完，画了一个四分之一的大圆弧。台劳教授又说："我们向东北方向跑了 3000 米，到了现在的位置 B 点。而间谍和莫比的位置没有改变，必然在以 B 为圆心、120 米为半径的四分之一圆周上。"他又画了一个四分之一的小圆弧。台劳教授指着大、小圆弧的交点 C 说："间谍就在 C 点！"

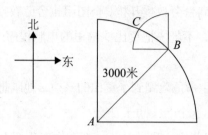

"向 C 点进发！"亨利探长发出命令。

斗牛中心

C 点是个山洞，两名间谍正藏在山洞里发电报，报告机器人莫比已经弄到手，让总部派人来接应。

只听胖子在山洞里喊："总部，总部，我是水牛，我们已经把莫比弄到手，请求接应，请求接应！"

亨利探长一闪身进了山洞，举起手枪大喊："不许动！举起手来！"

胖子见亨利探长闯进来了，撒腿就跑。亨利探长抬手一枪，正打中胖子的右腿，胖子"咕咚"一声栽倒在地上，他捂着伤口大呼："瘦子，快来救救我！"

瘦子指挥莫比说："不要管他，咱俩快走！"

"我掩护，你先撤！"莫比瞪圆双眼，激光枪发出几道光束，亨利探长赶忙趴在地上。

亨利探长对台劳教授说："教授，莫比的激光枪太厉害，我无法靠近。您有什么好办法吗？"

台劳教授趴在地上，摇摇头说："没有好办法！只有把他的能量全部消耗干净，才能让他停止射击。"

图灵博士一拍脑袋说："我有一个主意。这儿附近有个著名的斗牛训练中心，我去借 100 头牛来。"说完，爬起来就跑。跑出山洞没多远，他就看见一个由铁栅栏围成的大空场。一扇大铁门旁挂着一个大牌子，上面写着"西班牙斗牛训练中心"。

图灵博士推门跑了进去，一位身穿西班牙斗牛士服装的中年人满面笑容地迎过来说："欢迎你来到斗牛训练中心！我们这儿专门训练体壮、个大、凶狠的斗牛，每年大量出口到世界各地。我保证每一头牛都十分厉害。"

图灵博士问："你训练好的斗牛有多少头？"

"不多不少，正好有 100 头！"

图灵博士一拍中年人的肩膀，说："这 100 头牛，我全要啦！"

机器人斗牛

图灵博士赶着 100 头牛返了回来，见亨利探长正在审问胖子。

亨利探长问："你的同伙带着莫比往哪儿跑了？"

"哎哟，哎哟。"胖子抱着受伤的右腿叫了几声，说，"他们只有一条路可走，就是玫瑰峡谷。"

亨利探长把手一挥，说："去玫瑰峡谷！"三个人坐上汽车，乌斯赶着 100 头牛，直奔玫瑰峡谷追去。

玫瑰峡谷很窄，路不好走。没追出多远，他们就看见了瘦子和莫比。图灵博士照着一头壮牛的屁股用力拍了一下，喊道："上！"这头牛"哞"的一声，低着头直奔瘦子冲去。

瘦子见一头牛向他冲来，魂都吓飞了，他赶紧躲到莫比的身后，高喊："莫比，救命！"

莫比一点儿也不害怕，他照着冲过来的牛猛击一掌，只听"咚"的一声，这头牛便被打翻在地。第二头牛又冲了过来，莫比打出第二掌，"咚"的一声，第二头牛也被打翻在地。接着就听到"咚，咚，咚……"响声不断，牛一头接一头地倒下……

台劳教授问："莫比打倒了多少头牛？"

图灵博士数了一下，说："还剩下 15 头牛，莫比打倒了 85 头牛。"

台劳教授点点头说："嗯，莫比的能量消耗得差不多了。"

亨利探长笑着说："真不愧是博士！让机器人斗牛来消耗他的能量，这主意真妙！"

瘦子也看出了对方让莫比斗牛的真实用意，他拉了一下莫比，说："天不早了，咱们快走吧！"

莫比先是摇晃了一阵儿，然后"扑通"一声坐到了地上，他断断续续地说："我……已经……没有……能量……了。"说完就躺倒不动了。

剩下的牛见莫比倒下了，就朝瘦子冲去。瘦子连连开枪，可是不管用。他只好高举双手说："我投降！我投降！"

大家把莫比抬上警车，乌斯押着两名间谍，胜利而归。

李毓佩
数学科普文集

6. 智斗小胡子

敌人进村

故事发生在抗日战争时期河北省一个叫马家村的地方。那一年，马克 11 岁，是马家村小学四年级的学生。马克学习努力，成绩名列全班第一。

听大人们说，日本人就要打到马家村了。村里各家各户都在收拾东西，准备逃命。马克的书也念不成了，妈妈让他背上一小袋粮食，提上一包衣服，准备往山里撤。

马克来到村头，见于爷爷一个人坐在家门口，于是着急地说："于爷爷，日本人快进村了，您还不走？"

"走？"爷爷摇头说，"我今年 84 岁了，已经有三个孙子、孙女了，我不怕死！我要拿老命跟他们拼一拼！"

马克又问："您的孙子和孙女呢？"

于爷爷说:"他们都小,我让他们跟父母走啦!"

马克问:"他们都多大了?"

于爷爷摇摇头说:"你真爱刨根问底!说来也巧,他们三个人岁数的乘积恰好等于我的岁数,而且两个小孙女岁数之和正好等于大孙子的岁数。你自己算一算我的孙子、孙女各多少岁。"

马克可不怕做数学题,他蹲在地上写了一道算式:

$$84 = 3 \times 4 \times 7$$
$$= 2 \times 6 \times 7$$
$$= 2 \times 3 \times 14。$$

马克说:"乘积是 84 的三个数中只有 3,4,7 符合您的要求。所以,可以肯定,您的孙子 7 岁,两个孙女,一个 4 岁,一个 3 岁。"

这时,村外响起枪声,有人高喊:"快跑呀!日本人进村啦!"只见马家村的村民拉着牛,赶着猪,纷纷向山里逃去……

马克放下粮袋,着急地对于爷爷说:"于爷爷,我背您走!"于爷爷用力推了马克一把,说:"孩子,你快逃命去吧!"

杀人魔王

马克要背于爷爷走,于爷爷说什么也不走。这时,日本人的骑兵已经把马家村团团围住,一些跑得慢的村民被围在里面。

一个骑着枣红马、鼻子底下留着一小撮胡子的日本军官,指挥士兵,把被围的村民都轰到打麦场,马克扶着于爷爷也站在人群当中。

日本军官皮笑肉不笑地说:"大家不要害怕,我们是来开发大家智力的。"说着命令士兵拿来 8 个盘子摆在桌子上,又拿来 28 个苹果放到一边。

小胡子说:"我要考考你们,看谁能把这 28 个苹果放到 8 个盘子里,不仅每个盘子里都要有苹果，而且每个盘子里的苹果数目都不同。谁能办到，我就把这 28 个苹果送给谁。"

"如果你们都做不到，"小胡子把腰间的指挥刀"唰"的一声抽了出来，瞪圆双眼吼道，"就请你们把脑袋统统地送给我！你们大概还不知道，我的外号叫'杀人魔王'！"说完，只听"咔嚓"一声，小胡子抡刀把一棵小树拦腰劈断。

小胡子用刀一指人群中的王大伯，说："老头儿，你来放苹果！"王大伯走到桌前，拿起苹果往盘子里放。左放一次，不成；右放一次，还不成。

小胡子下了马，围着王大伯转了一圈儿，恶狠狠地说："看来你的智力十分低下，留着你有什么用？你把脑袋送给我吧！"说着举起指挥刀就要往下砍。

"慢！"马克一个箭步跳到小胡子面前，说，"你出了一个十分愚蠢的题！你提的要求根本做不到！"

"你胡说！"小胡子举着刀奔向马克。

"我没有胡说，"马克从容不迫地说，"按 8 个盘子装的最少苹果数来算，应该分别是 1，2，3，…，8 个，而 $1+2+3+\cdots+8=36$。也就是说，最少要有 36 个苹果才能达到你的要求，而这里只有 28 个，谁也做不到！"

"啊！"小胡子举刀猛力劈下去……

临危不惧

小胡子这一刀，把放苹果的桌子劈成两半，苹果和盘子满地乱滚。

小胡子见马克一点儿也不害怕，心中暗暗称奇。他用力拍了拍马克的肩头，说："你的顶好！不过你要回答我两个问题，如果答不上来，死啦死啦的！"

"你说吧！"马克临危不惧，信心十足。

"我的儿子在日本上小学六年级。"小胡子开始出题，

"他们班的学生，有$\frac{1}{3}$小于12岁，有$\frac{1}{2}$小于13岁，有6名学生小于11岁。11岁到12岁之间的学生数与12岁到13岁之间的学生数相等。我问你，这个班有多少学生？"

乡亲们听到题目这么复杂，都替马克捏把汗。

马克却不着急，他分析说："由于有$\frac{1}{2}$的学生小于13岁，$\frac{1}{3}$的学生小于12岁，因此12岁到13岁之间的学生占学生总数的$\frac{1}{2}-\frac{1}{3}=\frac{1}{6}$。"小胡子点点头。

马克又说："由于11岁到12岁之间的学生数与12岁到13岁之间的学生数相等，所以11岁到12岁之间的学生数也占$\frac{1}{6}$。这样，11岁以下的6名学生占全班人数的$\frac{1}{2}-\frac{1}{6}-\frac{1}{6}=\frac{1}{6}$，所以全班有$6\div\frac{1}{6}=36$（人）。"马克一口气算出答案。

"好！"乡亲们齐声叫好。

小胡子走近一步，问："我在日本有一辆汽车，车牌号是一个五位数。有一次我把车牌装倒了，车牌号成了另外一个五位数，比原来的数大了78633。你告诉我，我的车牌号是多少？"

"这也难不倒我！"马克说，"阿拉伯数字中，倒着看也是数的只有0，1，6，8，9。设车牌号为$ABCDE$，车牌倒着看为$PQRST$。"马克列出一个算式：

$$\begin{array}{r} A\ B\ C\ D\ E \\ +\ 7\ 8\ 6\ 3\ 3 \\ \hline P\ Q\ R\ S\ T \end{array}$$

马克说："根据P和E、Q和D、R和C、S和B、T和A是一正一

倒的关系，可以推出 *ABCDE* 为 10968，对不对？"

小胡子点点头说："对，对，你的大大的聪明！留下来给我当勤务兵。"

"让我当日本兵？"马克一愣。

房顶站岗

马克听小胡子说要他当勤务兵，立刻急了。他对小胡子喊道："让我当日本兵？没门儿！"

小胡子气得脸发青，"唰"的一声抽出了战刀，他把刀架在了于爷爷的脖子上，恶狠狠地说："你如果不答应，这个老头就死啦死啦的！"

"你……"马克愣住了。

于爷爷把脖子一挺，大声说："誓死不当亡国奴！孩子，爷爷死了不要紧，你可不能答应啊！"

这时，一个系着围裙的老头从日本人的队伍中跑了出来。老头拉着马克，小声说："我也是中国人，是被日本人拉来当伙夫的。为了救这位爷爷的命，你先答应下来再说。"

马克想了想，说："我不穿你们的衣服！"

"可以，"小胡子往前一指，说，"你的第一个任务是站岗放哨。那里已经有三名士兵，他们站成了等边三角形，你要找一个适当的位置站岗，当你选定位置后，你们四个人无论从哪一个人那里看，同其他三人的距离都相等。"

"我该站在哪儿呢？"马克思索起来。

老伙夫拿着一个馒头跑过来，说："小家伙，你先吃个馒头，站一班岗要 4 个小时呢！"说完指了指馒头。

马克对小胡子说："我先去趟厕所，回来就上岗。"他跑到一个僻静处，掰开馒头，发现里面有张纸条，上面写着：

你要想办法站到高处，朝正东方向用右臂画三个圈儿。八路军就埋伏在东边。

马克一边吃着馒头，一边往房上爬。

小胡子问："你上房干什么？"

马克说："我和那三个鬼子兵必须都站在正四面体的 4 个顶点上（如图，A、B、C、D 为正四面体的 4 个顶点），现在他们把地面上的 3 个顶点占上了，我只好爬高了！"

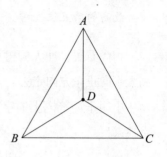

马克上了房顶，面向东方用右臂画了三个圈儿。

和尚献花

马克在房顶上站岗，看见一个和尚手拿一束莲花走了过来。

一个日本兵端枪迎了上去，用刺刀对着和尚的前胸，大声问道："什么的干活？是不是八路军？"

和尚举起手中的莲花说："我是给女神献花的。"

小胡子走了过来，上下打量了一下和尚，问："这个地方又没有庙，你到这儿找什么女神？"

和尚双手合十："阿弥陀佛。施主有所不知，我不知道应该准备多少支莲花献给五位女神。我昨夜做了一个梦，说答案就在此村。"

"有这种事？"小胡子两只眼珠滴溜乱转，"好，我'陪'你去找答案。如果找不到，再和你算账！"

和尚、小胡子和两个日本兵在村子里转开了，整整转了一大圈儿，最后转到一棵大柳树前，发现大柳树的一块树皮被剥去，树干上写着几

行字:

> 你要准备好一束莲花，把这束莲花的 $\frac{1}{3}$，$\frac{1}{5}$，$\frac{1}{6}$ 分别献给三位女神，还有 $\frac{1}{4}$ 奉献给第四位女神，剩下的 6 枝献给声望最高的第五位女神。

和尚看罢，冲大柳树拜了一拜，说："弟子记住了，阿弥陀佛。"说完大步向正东方向走去。

小胡子冲着树上的字直发愣。突然，他对一个日本兵说："去把马克找来！"

马克来了，小胡子叫他把树上的题算出来。

马克说："设莲花的总数为 1，则 $1-\frac{1}{3}-\frac{1}{5}-\frac{1}{6}-\frac{1}{4}=\frac{1}{20}$，这 $\frac{1}{20}$ 是 6 枝花，那么，莲花总数为 $6\div\frac{1}{20}=120$（枝）。献给前四位女神的莲花分别是 40 枝、24 枝、20 枝、30 枝。"

"120？"小胡子拍着自己的脑袋说，"这和我们连的人数一样，其中 40 名骑兵，24 名炮兵，20 名机枪手，30 名步兵，还有 6 名是连队军官和炊事兵。不对，和尚是八路军的探子，快去抓！"

几个日本兵急忙朝和尚走的方向追去……

鬼子被围

几个日本鬼子去追献花的和尚，追了好一段路，连和尚的影子也没见到。

突然，村东"叭、叭、叭"升起三颗信号弹，霎时间，马家村的四周响起一片喊杀声，八路军把村子包围了。

小胡子着急了，他立即召集士兵说："我们被八路军包围了，想活命就要突围出去。现在组成一支 42 人的突围敢死队。"

李毓佩
数学科普文集

小胡子用眼睛扫了一下面前的日本兵，说："这42人当中要有射击5发5中的一级射手16人，其余的是5发4中的二级射手和5发3中的三级射手。我要把敢死队分成7支小分队，每支小分队有6名士兵，而且每支小分队的士兵射中靶子的总次数各不相同，但是三种级别的射手至少各有1名。"

　　说到这儿，鬼子军官小胡子忽然停住了。他原地转了一圈儿，又敲了敲自己的脑袋，说："可是……这样一来，在敢死队中，二级射手和三级射手应该各有多少人呢？我把自己都搞晕了。"他回头看见马克，对马克说："还是你来算吧！"

　　"死到临头还找我！"马克白了小胡子一眼，说，"由于每支小分队中每个级别的射手至少有1名，我们先来计算一支小分队最多射中多少次靶子。想射中的靶子数最多，小分队中一级射手的人数要尽量多，但是小分队中三种级别的射手至少各有1名，所以一支小分队中一级射手的人数最多是6−2＝4（名），因此每支小分队射中靶子的总数不超过3＋4＋5×(6−2)＝27，也不能少于5＋4＋3×(6−2)＝21。从21到27正好是7个数，由于7支小分队射中靶子的总数都不一样，因此，只可能是21，22，23，24，25，26，27次。"

　　"分析得很好！"小胡子一个劲儿地点头。

　　马克又说："你的敢死队射中靶子的总次数应该是21＋22＋23＋24＋25＋26＋27＝168（次），其中二级射手和三级射手共射中168−5×16＝88（次），而他们的人数是42−16＝26（人）。如果把这26人都看成三级射手，他们共射中靶子3×26＝78（次），而实际射中88次，多出10次，10÷(4−3)＝10，说明有10名二级射手。"

　　"我明白了。三级射手有16名。"小胡子抽出战刀命令，"敢死队集合！向正东方向突围！"

撞上和尚

日本军官小胡子让敢死队往东突围，自己却带着其余的人马往西跑。他还特别叮嘱马克不要掉队，实际上他是怕马克跑了。

老伙夫从后面赶了上来，他对马克说："孩子，打起仗来吃饭就没准时候，你拿着这个馒头，饿了就啃几口。"说完指了指馒头。

马克趁别人不注意，把馒头掰开，从里面拿出一张小纸条，上面写着：

下面一行数是有规律的，其中"？"代表联系密码。

4，16，36，64，？，144，196。

马克边走边琢磨：这个"？"应该是几？突然，前面响起了机关枪的声音，走在前面的几个日本兵中弹倒地。小胡子命令部队向外突击，日本兵端起上了刺刀的步枪向前冲去。

八路军从高粱地里冲了出来，敌我双方展开了白刃战。马克一看时机已到，一弯腰就向高粱地里钻去，没跑多远，"咚"的一声和一个人撞了个满怀。马克定睛一看，原来是那个给女神献花的和尚。此时和尚已经脱去了袈裟，手中握着一把大号手枪。

和尚用手枪顶住马克说："刚才我进村时，见你和日本军官在一起，你是个小汉奸！"

"谁是小汉奸？我是为了救于爷爷才那样做的。"马克十分委屈。

和尚说："我不管你是救于爷爷，还是救杨爷爷，给日本人干活儿的就是汉奸！"

"是炊事员爷爷叫我这样做的！"马克这句话起了作用。

和尚问："密码？"马克答："100！"和尚一伸手，说："纸条！"马克把馒头里的纸条递给了和尚。和尚看了看纸条，问："为什么是100？"

马克解释说:"这一行数是有规律的。我找到了其中的规律:4=4×1×1, 16=4×2×2, 36=4×3×3, 64=4×4×4, 144=4×6×6, 196=4×7×7。所以,问号代表的数应该是4×5×5=100。"

和尚一摆手说:"密码对了,跟我走!"

秘密部队

和尚带着马克爬上一个小山冈,见到八路军的王司令员。王司令员见到马克很热情,紧握他的双手说:"你站在房子上给我们发信号,谢谢你啦!"

马克有点儿不好意思,他向王司令员行了个礼,说:"我想参加八路军!"

"欢迎,欢迎,他准能成为一个好兵!"那个给日本人做饭的老伙夫,穿着一身八路军军服,从后面跑了上来。

老伙夫说:"王司令员,这个小马克数学特别好,留下他会很有用的!"

王司令员笑着说:"凡是愿意抗日的,我们都要。"

马克拉住老伙夫高兴地说:"爷爷,您原来是八路军!"老伙夫笑着点点头。

一个八路军战士跑了过来,向王司令员敬了个礼:"报告司令员,我们消灭日军42人,俘虏11人,其余的日军在小胡子的带领下正向西逃窜!"

"好!"王司令员用力一挥右拳,说,"打得好,叫他们尝尝中国人的厉害!"

战士交给王司令员一件日本军服上衣,这件上衣的里面画着一张奇怪的图。

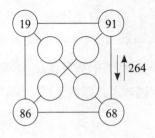

"这是什么意思?"大家围过来琢磨这张图。

王司令员说:"这次鬼子来了四支部队,有两支番号是公开的,一支是 1986 部队,另一支是 9168 部队。还有两支秘密部队番号不明。"

老伙夫插话说:"这张图中间四个圆圈应该填的数会不会是这两支秘密部队的番号?"

"我明白了,"马克说,"小鬼子总爱耍正着看和倒着看的把戏!在中间四个圆圈里都填上数后,要使得每条对角线上的四个数,不管正着看,还是倒着看,和都相等。正整数中正着看和倒着看都是数的只有 0,1,6,8,9。在这里,除了 0 没用上,其余四个数都出现了。我试着用这四个数再组成四个新数填上。"说话间,马克填好了数。

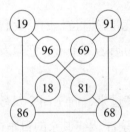

王司令员高兴地说:

"正着看: 19+96+81+68=264; 91+69+18+86=264; 倒着看: 89+18+96+61=264; 98+81+69+16=264。和都等于 264,太棒啦!"

特殊使命

王司令员说："现已查明日本人另外两支秘密部队的番号，一支是9618部队，另一支是6981部队。但是，这两支部队藏在哪儿，它们的任务是什么，至今仍旧是个谜！"

马克着急地问："那怎么办？"

王司令员想了想，说："日本军官小胡子曾把你留在身边，他想利用你的聪明才智。我看你可以这样……"王司令员俯在马克耳朵边小声说了几句，马克边听边点头。

几经周折，马克终于找到了小胡子。小胡子满脸狐疑地问："刚才突围时，你跑到哪里去了？"

马克说："你骑着高头大马，跑得那么快，我哪里追得上你呢？"

经过一番盘问，小胡子没发现什么疑点，就留下马克继续给他当勤务兵。

一天，日军司令部来了一封十万火急的密信。小胡子看后，一脸为难相。他犹豫了一会儿，笑嘻嘻地对马克说：

"我有一道智力题，要考考你！"

马克问："什么题？"

小胡子说："有一个没有重复数字的四位数，左边两位数字之和等于右边两位数字之和；中间两位数字之和等于旁边两位数字之和的3倍；右边三位数字之和是最左边一个数的9倍。你能算出这个四位数是多少吗？"

"这道题可真难，我怕是做不出来。"马克显得十分为难。

小胡子两眼一瞪，胡子一撅，说："这个四位数关系重大，你算得出来要算，算不出来也要算！"

马克说："你别发火，我来想想。根据右边三位数字之和是最左边一个数的 9 倍，右边三位数字最大的可能是 999，而 9＋9＋9＝27。而 9 倍不大于 27 的只能是 1，2，3 中的一个数；再根据其他条件，可以推出最左边的这个数肯定是 2。这样，四个数字之和是 2＋2×9＝20，又由于中间两位数字之和等于旁边两位数字之和的 3 倍，所以，旁边两个数的和是 20÷(3＋1)＝5，最右边的这个。这个数是 5－2＝3。好啦！这个四位数是 2873。"

"啊，是 2873！我一定要找到 2873！"小胡子显得很激动。

大金戒指

马克算出的四位数是 2873，小胡子听到这个四位数之后显得十分激动。马克想：难道这个四位数中藏有什么秘密？

从这天起，小胡子每天带着马克在街上乱转。他让马克注意门牌号、汽车车牌号，看看有没有 2873 这个四位数。两个人转了好几天也没发现这个四位数。小胡子已经没信心了。

一天，小胡子和马克走进一家百货公司，在卖金银首饰的柜台前，马克偶然发现一个大金戒指售价 2873 元。马克一拉小胡子衣角，说："看那个金戒指！"小胡子一看，立刻心花怒放，他对售货员说："我要买这个金戒指。"

售货员上下打量了一下小胡子，很客气地说："请等一等。"售货员转身到了里屋。不大工夫，一个又矮又胖的中年人从里面走了出来。

中年人问："你找这个金戒指好久了吧？"

小胡子答："有几天啦！"

中年人笑了笑，说："这个金戒指今天不能卖给你，明天来买吧！"

小胡子急着问："明天几点钟来买？"

中年人从口袋里掏出五张纸牌，上面分别写着 0，1，4，7，9 五个

李毓佩
数学科普文集

数。他指着纸牌说："你每次从中取出四张纸牌，排成一个四位数，把其中能被 3 整除的数挑出来，按从小到大的顺序排列，第三个数就是取货的时间。注意，早一分，晚一分都不行！"说完转身回到里屋。

小胡子拿着纸牌摆弄了半天也摆不出来，只好让马克来摆。

"不用摆！"马克说，"如果一个数的各位数字之和是 3 的倍数，则这个数一定能被 3 整除。我们做加法：$0+1+4+7=12$，12 可以被 3 整除；而 $1+4+7+9=21$，21 也可以被 3 整除。其他的 $0+1+4+9=14$，$0+1+7+9=17$，$0+4+7+9=20$，都不能被 3 整除了。所以取 0，1，4，7 或 1，4，7，9 四个数组成四位数，从小到大的排列是：1047，1074，1407，1470，1479，等等。好了，第三个数是 1407。"

小胡子高兴地两眼一瞪，说："1407，这就是说，明天下午 2 点零 7 分来取货！"

秘密通道

第二天，小胡子带着马克于下午 2 点零 7 分准时来到卖金戒指的柜台。售货员二话没说，把一个首饰盒交给了小胡子。

小胡子打开首饰盒，发现里面除了那只大金戒指外，还有一张纸条，纸条上写满了日本文字。

小胡子看完纸条非常兴奋，自言自语："当 9618 部队司令官！哈，我一步登天啦！"

"什么？ 9618 部队？"马克听了也为之一震。马克心里暗想：我必须把这个重要情报告诉王司令员。

小胡子戴上大金戒指，与马克直奔城北而去。半路上，马克去了一次厕所，趁机把情报告诉了八路军的秘密联络站。

小胡子带着马克进了一家饭店，两人坐定。小胡子兴奋地说："今天我请客，一来是庆祝我升官发财，二来是我们俩就要分手啦！"

马克问："为什么？"

小胡子小声说："我只能一个人去 9618 部队，不能带别人！"

马克假装舍不得离开小胡子。小胡子几杯酒下肚，有点儿醉了，他趴在马克的耳边小声说："进 9618 部队有一个秘密通道，门上有一个圆盘。"说着画了一个图。

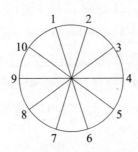

小胡子接着说："你只要调整一下圆盘上各数的位置，使得任何两个相邻数的和都等于直线另一端两数的和，秘密通道的门就会自动打开。这个秘密不许告诉任何人，否则，死啦死啦的！"

小胡子目露凶光，用手比划砍脑袋的动作，随即把图也毁了。

马克与小胡子一分手，赶紧去找王司令员。王司令员让马克把圆盘上的数字调整好，并验算无误。

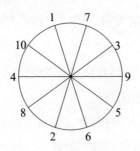

王司令员十分严肃地问："马克，你敢不敢去闯这个鬼门关？"

　　　　　　　　　　　　　　　　　　　　小诸葛智斗记　李毓佩
数学科普文集

马克坚定地回答："敢！"

闯鬼门关

受王司令员的重托，马克要勇闯日本人的 9618 部队。他找到了进部队的秘密通道，调整了圆盘上的数字，打开铁门走了进去。

进了铁门是一大段阴森森的通道，拐过一个弯，是一扇很厚的玻璃门。马克用手推了推，门纹丝不动。马克一看，门上画着一幅由三个圆组成的图形，三个圆心连成一个等边三角形。图的下面写着一行小字：

用右手食指，不重复地一笔画出这个图形，门就会自动打开。

马克知道，必须一次就正确地画出来，稍有差错，就会有生命危险。马克在手心连画了几次，确认准确无误后，才用右手食指在图上画了一遍。（如下图，从 A 点开始，到 A 点结束）

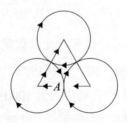

刚刚画完，就听轰隆一声，玻璃门自动升了上去，马克探头往里一看，里面漆黑一片，隐隐听到"哗啦啦"的流水声。

"不入虎穴，焉得虎子"，马克下决心往里闯。他边摸索边往前走，发现走的是下坡路，而且一股臭气扑面而来。走着走着，马克明白了，这里直通下水道，城市的污水从这里流过，臭气熏天。马克顺着下水道往前走，忽然看见墙上有一个用白漆写的数字阵：

数字阵下面写着：

往前走 n 个下水道口，上去即到。n 是 2000 在数字阵中所处的列数。

马克想：这是一个偶数阵，形状如同首尾相接的菱形，菱形上下顶点上的数依次为 2，32，62，92，…，1982，…，由于阵中的数都是偶数，所以 2000 在从 2 开始的偶数中占第 1000 位。另一方面，每一个菱形，不算最下面的数，都有 15 个偶数。计算 $1000 \div 15 = 66 \cdots\cdots 10$，因此 2000 在第 67 个菱形中。不算最下面的数，在第 66 个菱形中最大的数是 $15 \times 66 \times 2 = 1980$，第 67 个菱形最上面的数是 1982，写出来是：

2000 位于第 7 列，所以 n 等于 7。

"好，我往前走 7 个下水道口。"马克继续往前走去。

细菌试验

马克走到第 7 个下水道口，顺着梯子爬了上去，他小心地顶开上面的圆铁盖，刺眼的阳光晃得马克睁不开眼睛。

马克向四周看了看，周围一个人也没有，异常安静。马克小心地爬了上来，发现四周都是高墙，墙上面架设有电网。院里有许多高大的厂房。

马克一溜小跑来到一间厂房外面，想看看里面有什么。突然，门开了，几个穿白大褂的日本人走了出来，其中一个日本人还推着一辆医院送药用的小车。

这里是日本人的医院？马克又一想：不对，医院不会修成工厂的样子。几个日本兵推着车走进另一间厂房。不久，厂房里传出痛苦的叫声，马克从门缝往里看，见日本医生正在给几个中国人打针，被打针的中国人表情十分痛苦，倒在地上打滚。

突然，马克听到背后有脚步声，赶紧藏了起来，只见小胡子带着两个日本兵走进了这间厂房。

一个穿白大褂的日本医生向小胡子敬了个礼，说："我们正在做细菌试验。”

小胡子问："这间房子里有多少中国人？"还没等对方回答，他又十分严厉地说："不许直接告诉我数字！"

"是！"那个日本医生说，"一个数是 5 个 2，3 个 3，2 个 5，1 个 7 的连乘积。这个数的两位数约数中最大的约数，就是这里中国人的人数。"

马克赶紧计算：如果我先把这个数求出来，然后再求它的约数太麻烦，我干脆直接从它的最大的两位数约数入手。最大的两位数是 99，99 中含有质因数 11，而这个数中没有质因数 11。98 怎么样？98 含有两个质因数 7，不成；97 是质数，不成；96＝2×2×2×2×2×3，对，是 96！

马克心想：这一间厂房里就有 96 名中国人，这个院子里有 10 间厂房，差不多有 1000 名中国人被他们当作试验品。

马克刚想转身走，就听后面有人说："来了也不待一会儿就走？"

三种传染病

马克刚想离开细菌试验厂，两个日本兵跑来把他抓住了。

"放开，这是我的客人！"小胡子命令日本兵放开马克，然后对马克招招手说，"跟我走！"马克跟着小胡子走进了一间戒备森严的办公室。

小胡子说："我所管辖的 9618 部队是一支特殊部队，它专门研究治疗各种疑难病症的方法。刚才你看到的是医生们在治疗霍乱。"

"哼！"马克心里说，"你不用骗我，你在拿中国人当试验品，做细菌试验。"

小胡子挠了一下头皮，说："我遇到一个难题，我们刚才用于治疗霍乱、鼠疫、肺炎三种疾病的药各有 21 份。患者的情况很复杂：有人只得这三种病中的一种；有人得这三种病中的两种；还有人三种病全得了。”

小胡子又说：“患者的情况共7种，这7种情况的患者人数也各不相同。我已经知道三种病都得的人最少，只有3个人，而只得霍乱的人数是最多的。我想知道，被治疗的患者中只得霍乱的有多少人？你帮我算算。”

马克皱着眉头想了想，说：“为了计算方便，把霍乱、鼠疫、肺炎三种疾病中只得一种的人数分别记为A，B，C。同时得两种疾病的人数，用两个字母来记，比如同时得霍乱和鼠疫的人数是AB，那么ABC就是三种疾病都得的人数，已经知道ABC是3。你说，7种情况就是A，B，C，AB，AC，BC，ABC。”

小胡子点点头说：“好，这样记简单明了！”

马克说：“在这7种情况里，A、B、C各出现4次，我们把治疗相应疾病的药也分成4份。由于每一种药都是21份，所以要把21分成4份。由于这7种情况人数各不相同，只能分成以下三种情况：①3，4，5，9；②3，4，6，8；③3，5，6，7。因为最少是3人，所以三种情况中最小的数是3。我来给你画个图。”

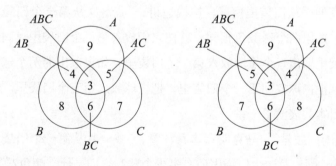

“这是什么意思？”小胡子看不懂。

马克解释说：“根据你说的条件，会出现两种可能，第一种可能是：只得霍乱的（A）9人，只得鼠疫的（B）8人，只得肺炎的（C）7人，同时得霍乱和鼠疫的（AB）4人，同时得鼠疫和肺炎的（BC）6人，同时得霍乱和肺炎的（AC）5人，三种病都得的（ABC）3人。第二种情况和这个类似。但是不管哪种可能，只得霍乱的（A）人数肯定是9人。"

小胡子一瞪眼说："才9人？太少啦！"

抓球游戏

马克终于弄清楚9618部队是进行细菌战的。怎样才能把这个重要情报送出去呢？他琢磨出一个好主意。

马克用泥捏了好多小圆球，然后把这些泥球晒干，用颜料染成黑白两种颜色。

每天上午8时，都有一辆送菜的车通过9618部队的大门，此时大门已开。这天上午7时45分，马克拿着三个口袋来到大门口。

马克对卫兵们说："今天咱们来玩个游戏。"卫兵们知道马克认识司令官小胡子，谁也不敢惹他，都点头说好。

马克拿出三个口袋，说："这第一个口袋里装有99个白球和100个黑球，第二个口袋里装的都是黑球，第三个口袋是空口袋。"

马克伸手从口袋里摸球，边摸边讲："我每次从第一个口袋里摸出两个球，如果两个球颜色相同，就把它们放入第三个口袋里，同时从第二个口袋里取出一个黑球放入第一个口袋里；如果取出的两个球的颜色不同，就把白球放回第一个口袋里，把黑球放入第三个口袋里。"说着，马克给日本兵表演了一番。

"我的问题是，"马克叫日本兵注意，"我一共从第一个口袋里取了197次球，问：第一个口袋里还有多少个球？它们是什么颜色？"

"这……"两个日本兵张口结舌。愣了一会儿，一个日本兵随口说："只剩一个白球。"

李毓佩
数学科普文集

"哈,不对!"马克笑着摇了摇头。这时,送菜的车来了,卫兵们忙把大门打开。

马克趁卫兵们不注意,从衣袋里摸出一个黑球,说:"多了一个黑球,把它扔了吧!"说完扔到门外,一个小孩拾起黑球,一溜烟地跑了。

马克解释说:"我每取一次,第一个口袋里的球实际上只减少一个。第一个口袋里原有199个球,我取了197次,还剩下2个球,又由于只有同时拿到两个白球时,才放入第三个口袋,而拿到一黑一白时,要把白球放回第一个口袋,因此白球成对减少。而原来第一个口袋里有99个白球,是奇数个白球,所以,剩下的球中一定有一个是白球,另一个是黑球。"

生日酒会

拾走黑球的小孩是八路军的小侦察员,他每天蹲在门口准备和马克接头。他拿着小黑球跑去见王司令员。

王司令员掰开黑球,里面有张纸条。王司令员读完后点点头说:"早听说日本人在做细菌试验,就是一直没找到他们的老窝在哪儿。好,这下子找到了。"他立即做了作战部署。

王司令员通过给9618部队送菜的人,把消灭这支细菌部队的方案传给了马克。

7月8日是小胡子的生日,9618部队改善伙食,为小胡子举行生日酒会,小胡子非常高兴。马克建议做智力游戏,输了的要罚喝酒。小胡子一拍马克的肩头,说:"我一定把你灌倒!"

马克说:"把100分成这样4个数,第一个数加上4,第二个数减去4,第三个数乘以4,第四个数除以4,结果都相等。这4个数各是多少?"

小胡子笑笑说："这个问题很容易，100除以4得25，这4个数都是25。"

"你连题目都没听懂！"马克说，"这4个数应该是12，20，4，64。喝酒！"马克倒了一大杯酒，递给小胡子。小胡子一仰脖，"咕咚、咕咚"喝了下去。

马克又问："今天是7月8日，星期三，请问，再过106天是星期几？"

小胡子昏头昏脑地伸出一根手指，说："是星期一。"

"不对，是星期四。每星期7天，106÷7＝15……1，就是说，从星期三再往后数一天，是星期四。"马克又让小胡子喝下一大杯酒。几个问题过后，小胡子喝得两颗眼珠已经不能一起动了。

这时，一个日本兵从外面跑来，报告说："今天送菜的车特别大，说是给您祝寿的，让不让进？"

"当然……让进。"小胡子摇晃着脑袋说，"给……给我祝寿，怎……么不让进？"

送菜的车开进院里，"呼啦"一声，几名持枪的八路军从车上跳下来。

审讯小胡子

几名八路军战士从送菜的车上跳下来后，用枪逼住守门的日本兵，埋伏在门外的八路军冲了进来，一场血战开始了。

经过大约半个小时的战斗，日本兵死的死，被俘的被俘，直到这时小胡子才清醒过来。

王司令员开始审讯小胡子。王司令员问："现在已经弄清楚你们9618部队是一支进行细菌战的部队。我问你，6981部队在哪儿？这支部队是干什么的？"

小胡子"嘿嘿"一阵冷笑，说："我就是告诉你，怕你也找不着！"

李毓佩
数学科普文集

王司令员严厉地说："你是我们的俘虏，问你什么，你要从实招来！"

小胡子斜眼看了一眼王司令员，说："6981 部队在正东 m 米处。m 是多少呢？你把 100 粒石子放在一条直线上，相邻两粒石子间的距离为 1 米。你从第一粒石子出发，逐个取石子放在第一粒石子处。请注意：'逐个取'的意思是取了一粒放回去之后，再去取第二粒。把所有石子全部放到第一粒石子处，你所走过的路程就是 m 米。"

"死到临头，还在耍刁！"马克说，"我来算！"

马克说："相邻两粒石子间的距离为 1 米，从第一粒石子出发，取到第二粒石子并放到第一粒石子处时，需要走 2 米；取到第三粒石子并放到第一粒石子处时，需要走 4 米。这样一直取下去，取到最后一粒石子并放到第一粒石子处时，需要走 $99 \times 2 = 198$（米）。所以取石子一共走的路程是——"马克列了一个算式：

$$2 + 4 + 6 + \cdots + 196 + 198 = 9900 \text{（米）}。$$

马克向王司令员报告说："m 等于 9900。"

王司令员点点头说："离这儿不足 10 千米。为了防止小胡子的口供有诈，马克，你和老伙夫押着小胡子在前面探路，我带领大部队随后就到。"

"是！"马克接受命令，他和老伙夫一左一右押着小胡子朝正东方向走去。

拨动指针

马克和老伙夫押着小胡子朝正东走了 9900 米，来到一座破旧的工厂。工厂里有许多破旧机器，连个人影也没有。

老伙夫用手枪捅了一下小胡子，问："你是不是在欺骗我们？"

小胡子"嘿嘿"冷笑了两声，说："军人从不说假话！"

马克问："6981 部队在哪儿？"

小胡子带着他们俩走到一台大机器前，指着机器上的一个数字转盘说："用转盘上 0～9 这十个数字可以组成许多个各位数字都不相同的十位数，比如 2307814659，这里面又有许多能被 11 整除的数。"

老伙夫有点儿不耐烦，催促说："你想干什么就快说，不用绕弯子！"

小胡子白了老伙夫一眼，继续说："你们拨动指针，让它指出一个十位数，这个十位数是能被 11 整除的数中最大的一个，你们就能找到 6981 部队了。"

"真的？"老伙夫不信。

"我来试试看。"马克说，"先要把这个十位数算出来。如果一个自然数能被 11 整除，那么，它的奇数位数字之和与偶数位数字之和的差，一定能被 11 整除。"

老伙夫点点头说："说得对！"

马克又说："设 a 是奇数位数字之和，乃是偶数位数字之和，那么 $a+b=0+1+2+3+\cdots+9=45$，而且 $a-b$ 能被 11 整除。由于要最大的数，所以，最高位一定要取 9，这样 $b>a$，也就是 $b-a>0$。因此，$b-a$ 的差是 11 的倍数。由于 $a+b=45$，可以确定只能取 $b-a=11$。由此算出 $b=28$，$a=17$，进一步凑出这个最大的十位数是 9876524130。"

马克按照这个十位数拨动指针，只听"哗啦"一声，机器下面出现一个地下通道口。

王司令员指挥部队冲进地下通道，来到一个大化工厂，消灭了那里的日本兵。原来 6981 部队驻扎在一个专门制作化学武器的兵工厂。

王司令员拍着马克的肩膀说："你真是一个好兵！"

7. 胖子大侦探

联络电话

在市警察局，一说胖子大侦探无人不知，无人不晓。别看胖子大侦探人高体壮，体重有 90 千克，但是他肯动脑子，会动脑子，再加上数学特别好，破案率很高，许多疑难案件都要由他出面来解决。

今天一上班，市警察局长急匆匆地来找胖子大侦探。局长说："胖子，我市发现一个武器走私集团，我命你带人端掉它！"

"是！"胖子站起来向局长行了个举手礼。他转身到隔壁房间，里面坐着两名警察，一个又高又瘦，一个又矮又敦实。胖子喊了声："瘦猴、大头，换上便衣跟我走！"

"好的！"瘦猴换上一套笔挺的条纹西装，大头套上一件宽大的 T恤衫，跟着胖子走了出去。

大头问："胖子，有任务吗?"

胖子面带微笑说："局长让咱们去侦破一件武器走私案，端掉这个走私集团。"

瘦猴问："有什么线索吗?"

胖子从口袋里掏出一张纸，说："这是截获的电话号码和秘密联络地点。"

大头接过纸，只见上面写着：

电话		3	□	6
+		□	8	□
门牌		9	□	□

（注意：数字无重复，不包括0）

大头摇摇头说："缺这么多数可怎么办?"

瘦猴想了一下说："可以先从百位上算起，3 加 6 得 9，百位上的空格填 6 才对。"

"不对，不对。"胖子摆摆手说，"你没看见纸条上写着，数字无重复嘛！在个位上已经有 6 了。"

瘦猴反问："百位上不是 6，你说是几?"

胖子十分有把握地说："百位上肯定是 5，百位上是 3 加 5，再从十位上进 1，加起来正好是 9。"

大头点点头说："有理。下面空格我来填。"

说完他把格子里的其他数字填上：

电话		3	4	6
+		5	8	1
门牌		9	2	7

（注意：数字无重复，不包括0）

胖子看了看，说："数字无重复，又不包括 0，那么只有这样一种填法。"

瘦猴说："走私集团的联络电话是 346581，我去给他们打个电话。"

电话打通了，对方要求面谈，胖子紧握右拳说："不入虎穴，焉得虎子！咱们去会会他们。"

大头听说要和走私集团正面接触，非常高兴："坏蛋的门牌号已经算出来了，是 927 号，咱们这就去！"

瘦猴问："全城这么大，到哪儿去找 927 号？"

胖子说："只有中央大街有 927 号，其他大街没有这么长。走，去中央大街。"

3 个人驱车来到中央大街，很快找到了 927 号。大头推开门就往里走，边走边说："就是这儿，咱们进去。"

"慢。"胖子拦阻说，"咱们不能都进去，让瘦猴先进去探探路。"

瘦猴双手插在裤袋里，慢悠悠地往里走。没走几步，迎面走出两个戴墨镜的年轻人，其中一个人喝道："站住！你找谁？"

瘦猴说："电话里你们约我面谈，货在什么地方？"

另一个年轻人从口袋里掏出一张卡片递给瘦猴说："你先把暗号对上。"

瘦猴接过卡片一看，上面写着：

abc＝? 其中 a 是最小的质数，b 是最小的合数，c 是最大的个位数。

"这……"瘦猴琢磨一下说，"这么简单的问题，还想难住我？"说完就填上了数：abc＝149。

两个青年一看瘦猴填的数，大声叫道："好小子，你是冒充来取货的，打！"

两人的拳头如雨点一般落在瘦猴身上，瘦猴转身就跑，边跑边喊："哎呀，打人喽，快来人啊！"

转动拨盘

瘦猴在里面一叫，胖子和大头立即冲了进去。大头看见两个壮汉正在打瘦猴，他气不打一处来，冲上去用头照准一个匪徒的肚子，猛力一撞，只听"哎哟"一声，那个被撞的匪徒捂着肚子立刻蹲在了地上。

大头揪住另一个匪徒，低头又要撞，吓得那个匪徒高叫："好汉饶命！你这个同伴没接对暗号。"

胖子接过卡片一看，说："1 不是质数，最小的质数应该是 2。"说完把卡片上的数字改成了：$abc=249$。

匪徒一看暗号接对了，就冲胖子点点头说："你们随我们来。"说完快步往前走，而且越走越快。

"你们慢点走！"胖子走起来有点费力。

一转眼，两个匪徒走进一扇门，"咣当"一声，把门关上了。胖子跑到门前推门，可是推不开。

在门上有一个电话拨动，旁边还写着几行字：

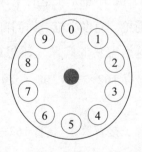

舌头，一来就干，天下无人敌。

大头一摸大脑袋："这写的都是什么玩意儿？"

瘦猴说："这 3 句话，可能代表 3 个数字。不然的话，旁边放一个数字拨盘是什么意思？"

"说得对！"胖子分析说，"舌字的上头是千哪！一来就成为干字，那应该是十呀！"

大头一听高兴了，他说："有门儿，天字下面没有了人，可就成了二了。"

瘦猴一拍手说："把千、十、二合在一起，就是 1012，快拨这个号码！"

瘦猴在拨盘上连续拨出了 1、0、1、2 四个数。"呼啦"一声，房门大开。大头刚想往里冲，从里面"砰、砰、砰"打来三枪。

胖子命令："快趴下！还击！"3 个人不约而同地掏出手枪，向里面射击。经过一阵激烈对射，里面停止了射击。

"冲进去！"胖子一招手，带头冲了进去。进屋里一看，他们追赶的两名匪徒不见了，在屋子中间站着一个白发老头。

白发老头问："是来取货的吗？钱带来了吗？"

胖子收起手枪，说："我要先看看货。你这儿有什么货，各有多少？"

"嗯……听我慢慢地说。"白发老头慢条斯理地说，"这儿有步枪 162 支，步枪占枪支总数的 18%；手枪是步枪的 $\frac{2}{3}$；冲锋枪是步枪的 $\frac{3}{2}$；剩下的就是新式的霹雳火箭枪。有多少枪，你们自己算吧！"

瘦猴一瞪眼说："这么容易的问题，还想难倒我们？手枪和冲锋枪的支数最好算。手枪有 $162 \times \frac{2}{3} = 108$（支）；冲锋枪有 $162 \times \frac{3}{2} = 243$（支）。"

"总数也不难算，"胖子接着算，"共有 $162 \div 18\% = 900$（支），霹雳火箭枪有 $900 - (162 + 108 + 243) = 387$（支）。"

白发老头点点头说："嗯，算得不错。"

胖子倒背双手在屋里来回走了几步，突然他停下脚步大声说："有900件武器，是一桩大买卖，我全买下啦！"

白发老头用怀疑的眼光看着胖子，问："你有那么多钱吗？"

胖子十分肯定地说："有。你现在就带我去看这批武器！"

白发老头眼珠往上一翻说："先交钱，不交钱别想看武器！"

大头掏出手枪，说："不许动，你被捕啦！"

初战告捷

"啊！警察！"白发老头掉头就跑，边跑边喊，"警察来端窝啦！快开枪！"

"砰、砰"，从另一间屋里伸出几枝手枪，朝胖子开火。胖子立刻还击，一番枪战，一名匪徒中弹倒地。白发老头趁乱溜进了里屋。

白发老头在里屋叫道："快，快撤到密室里去！"

胖子一挥手说："冲进去，别让他们跑了！"

三个人一齐冲进了里屋，发现屋内空无一人，匪徒们跑到哪儿去了呢？

胖子、大头、瘦猴都举着手枪，仔细在屋里寻找，希望找到密室的入口。他们在屋里一圈儿，没有找到。

突然，大头指着地下说："看，下水道！"

大头发现在屋子的一角，有一个下水道盖。这东西怎么会跑到屋子里呢？

胖子说："这可能是密室的入口。我把这拉开，你们朝里面射击！"说完胖子用力拉下水道盖，但使出吃奶的劲儿也没拉动。

"怎么回事？"胖子低头一看，下水道盖上插着3黑3白共6根小棍，盖上面还写着两行字：

调动 4 次；把盖上的 6 根小棍调成一黑一白的排列。每次只能调相邻的一对，调对了盖自开，调错就爆炸！

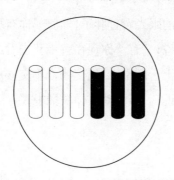

"你俩往后靠，我来调动这 6 根小棍。第一步把中间的一白一黑两根棍调到最左边；第二步把最右边的两根黑棍调到最左边；第三步是把左数第四和第五两根棍调到最右边；第四步把左数第二和第三两根棍调到最右边。"胖子调动了 4 次，下水道盖忽地打开了。

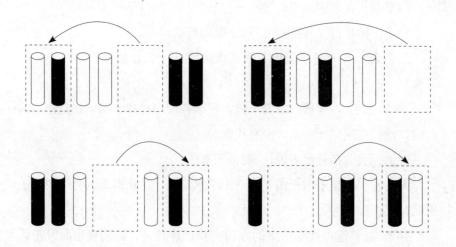

"射击！"胖子一声令下，3 支手枪同时向下水道里面开枪。"我们投降！"从下水道里伸出一面小白旗。

胖子命令："放下武器，举手出来！"

白发老头领头，一行 5 名匪徒高举双手走了出来。胖子问："武器呢？"白发老头回答："武器都藏在下面。"

　　经过清查，900 支枪一支也不少。胖子拿出手机向局长报告："重大武器走私案已破获！"

　　局长高兴地说："好！我立刻派警车去捉拿人犯，起运武器！你们三人立即赶往人民路 53 号——红光电器商店，那里发生了重大盗窃案！"

　　"是！我们马上就去！"胖子带领瘦猴、大头坐上警车直奔红光电器商店。

　　走进商店，看见几个人围着两名警察在报案："我们学校的电视机不见了！""我们商店被偷！""我们工厂失窃！"

　　两名警察见到胖子，立即行举手礼："报告胖子侦探，这一带接连发生盗窃案！"

　　胖子点点头说："看来是个作案老手！瘦猴、大头，你们对失窃现场进行勘察。"

　　突然，瘦猴叫道："胖子，这里有一个新挖的洞，盗贼可能是从这儿钻进来的。"

　　胖子看见墙上有一个正方形的洞。通向外面。大头低头想从洞里钻过去，可是钻不过去。

　　大头摇摇头说："钻不过去呀！这可能是猫洞或狗洞吧？"

　　"不会，"胖子说，"猫洞、狗洞不会开得这么高。你脑袋太大啦！"

　　胖子掏出皮尺量了一下正方形的边长，说："边长 14 厘米，这是盗贼脑袋的直径。有了直径可以算出他脑袋的周长。"胖子随手写出：

　　　　圆周长＝3.14×直径＝3.14×14≈44（厘米）。

　　胖子一挥手说："走，到制帽厂去！"

　　制帽厂经理说："脑袋的周长才 44 厘米，这脑袋确实够小的，但是也不是没有。唉，我想起来了，前几天有一个人来专门定做了一顶周长

44 厘米的帽子!"

胖子忙问:"此人长得什么样?"

"嗯……一米五的个头儿,特瘦,脑袋奇小,肩膀很窄。"

胖子拿出手机呼叫:"总局、总局,我是胖子。要在全市搜捕戴周长 44 厘米的帽子、身高一米五的小矮人!"

没过多久,手机里传来信息:"胖子,胖子,在城东废砖窑里住着一个形迹可疑的小矮人!"

"马上就去!"胖子和瘦猴、大头跳上警车,直奔城东开去,到了城东却找不着那座废砖窑。这时,走来两个长得一模一样的少年。

大头冲两个少年点点头,问:"去废砖窑朝哪儿走?"两个少年从口袋里各拿出一张纸条,递给了大头,大头接过来一看,两张纸条一模一样,上面写道:

我们是孪生兄弟,一个专门说真话,一个专门说假话。

大头又问了一遍废砖窑的位置。一个少年说:"往东!"另一个少年说:"往西!"

大头摇摇头说:"这可怎么办?"

胖子问一个少年:"如果我问你兄弟废砖窑的位置,他将怎么回答?"

这个少年说:"我兄弟说往东。"

胖子一拍手说:"咱们往西走,没错!"

大头问:"为什么?"

胖子说:"他俩说话一真一假,合在一起必定是假话。假话说往东,咱们必须往西!"

李毓佩
数学科普文集

废旧砖窑

胖子、瘦猴、大头一行三人向西走了一段，果然发现一座废弃了的旧砖窑。

大头围旧砖窑转了一圈，说："这个废砖窑连个门都没有，怎么进去呀？"

胖子对里面喊："里面有人吗？"

里面有人尖声尖气地回答："有人，而且还是活的！"话音刚落，从窑顶上钻出一个小矮人。

小矮人左手叉腰，右手指着胖子问："你们找我有事吗？"

胖子拿出警察证给他看："我是警察。你有偷盗嫌疑，我们想找你谈谈。"

"要我出去？没门儿！你们有本事，就到我的砖窑里来谈。"说完人影一晃，就钻进了砖窑。

瘦猴把小脑袋一摇，说："进你的砖窑有什么困难？我先进去。"说完就像猴子一样"噌、噌"几下，就爬上了窑顶。

瘦猴从上面放了一条绳子，胖子和大头拉着绳子也爬了上去。旧窑顶的中心有一个小方洞，大头拿出尺来量了一下。

大头说："这个正方形的洞，边长也是 14 厘米，贼肯定是他！"

瘦猴摇着头说："是他也没用，我的脑袋都钻不进去，你们更进不去了。"

大头生气了，他掏出手枪，大声说："小矮人，你再不出来，我就向窑里开枪啦！"

小矮人在里面说："你还别用枪吓唬我，这里面地方大着呢，你根本打不着我！"

胖子示意大头不要动武。胖子心平气和地说："你还是出来和我们谈谈吧!"

"谈谈?"小矮人说,"只要你们答应我一个条件,我就出来。"

"什么条件?"

"我这儿有 17 张 100 元一张的钱,想分给我的朋友。甲分其中的 $\frac{1}{2}$,乙分 $\frac{1}{3}$,丙分 $\frac{1}{9}$。可以分得开吗?"

胖子说:"这可是个难题啊! 17 张的 $\frac{1}{2}$ 是 8 张半,可是这 100 元的票子又不能撕成两半。这样吧,我借给你一张 100 元的钞票,你有 18 张就好分了。"

小矮人在里面说:"对,18 张就好分了。甲分 $18 \times \frac{1}{2} = 9$(张),乙分 $18 \times \frac{1}{3} = 6$(张),丙分 $18 \times \frac{1}{9} = 2$(张),最后还剩一张恰好还给你。嘿,真是好办法,我出来啦!"

小矮人从窑口钻了出来:"你们瞧,我这不是钻出来了嘛!"

瘦猴连连点头称赞说:"真是奇迹!"

小矮人双手叉腰问:"你们凭什么说是我作的案?"

大头说:"你的脑袋奇小,作案现场的洞别人是钻不进去的。"

"噢,原来是这样。好吧!"小矮人把拇指和食指放进口中,用力吹了一下。

"吱——"随着一声口哨声,周围突然出现了好几个小矮人。这些小矮人异口同声地说:"这个窑口我们都能钻进去,我们常进去作客。"

胖子又问:"窑里有什么东西?"

小矮人说:"有 8 个大柜,每个大柜里有 8 个大箱,每个大箱里有 8 个大袋,每个大袋里装有 8 件新东西。"

胖子算了一下说:"8 个大柜,$8 \times 8 = 64$(个)大箱,$8 \times 8 \times 8 = 512$(个)大袋,$8 \times 8 \times 8 \times 8 = 4096$(件)新东西。你哪来这么多东西?"

小矮人说:"这些东西都是杂技团小丑寄存的。"

胖子又问:"小丑住在哪儿?"

"住在第 8 条大街 10 号。"

胖子说:"走,去第 8 条大街!"

发现毒品

胖子带着大头、瘦猴迅速赶到第 8 条大街 10 号。三个人举着手枪破门而入,房间里并没有人。

"搜!"三个人翻箱倒柜翻了个遍,连个小丑的人影也没有。他会跑哪儿去呢?突然,胖子把眼睛盯在一台大冰箱上。胖子跑到冰箱前拉开门一看,只见小丑穿着棉大衣蜷缩在里面。

"快出来!"胖子用枪指着小丑下达命令。

小丑哆哆嗦嗦地爬了出来,先打了两个喷嚏,然后说:"我交代,这几桩盗窃案都是我干的。我把赃物藏在废砖窑里了。"

门外传来紧急刹车声,一名警察跑了进来向胖子行了个举手礼说:"报告胖子探长,发现有人携带毒品入境,局长令你迅速赶往飞机场,截获毒品!"

"你来得正好。请把这个盗窃犯押回警察局!"胖子回头对大头、瘦猴说,"活儿还挺多,去飞机场!"

警车一到飞机场,胖子就命令说:"我去检查行李,你们俩拿着旅客登记表,去验证旅客的体重。"

"是!"大头和瘦猴跑步来到入境检查站。一个又高又胖的外国人走了过来。瘦猴找到这个人的登记表,看后说:"他原来体重 100 千克。"

大头一看秤说:"嗯?现在却是 102 千克,多出来 2 千克,有问题!"大头请这个外国人到 X 光机关透视。

海关人员说:"他胃里全是食物。"

这个外国人笑笑说："我在飞机上饱餐了一顿。"

第二个进站的是个留着长头发的青年人。

"原来重 51 千克。"

"现在体重 52.5 千克，多出 1.5 千克。你飞机上吃饭了吗？"

"嗯……"

见这名青年回答时吞吞吐吐，大头和瘦猴就带他去 X 光机前进行透视检查。

海关人员说："他胃里有 4 个圆形物体！"

大头下令："给他灌肠！"

经检查，这个青年把 1.2 千克毒品分 4 包吞进肚里。在物证面前，这个长头发青年承认自己走私毒品。

胖子来了，他问："还有别人带进毒品吗？"

"有，有，"长头发青年说，"我们的头儿先让一个矮胖老头带走全部毒品的 40%，让一个中年妇女带走剩下的 50%，又让一个小孩带走剩下的 60%，最后剩下的 1.2 千克给了我。"

胖子皱着眉头说："数量还真不少哪！看来先要算出每个人所带毒品所占的百分比。"

"我来算。"瘦猴抢先列出了式子：

老头儿：40%；

妇女：$(1-40\%)\times50\%=30\%$；

小孩：$(1-40\%-30\%)\times60\%=18\%$；

青年：$1-40\%-30\%-18\%=12\%$。

胖子摇摇头说："这个青年只带进毒品的 12%，全部毒品有 10 千克哪！"

大头说："要马上封锁机场附近的所有道路！凡是矮胖老头、中年妇女、小孩都要检查！"

胖子点点头说："对！咱们三个人分头检查。"

大头在机场出口处拦住一辆豪华"奔驰"轿车。他看见车里坐着一个戴礼帽的矮胖老头，帽檐压得低低的，大头出示了警察证。

大头很客气地说："对不起，请下车检查。"

矮胖老头不满地说："我是来中国旅游的，你们怎么能随便检查。"矮胖老头吃力地下了汽车，大头一看个头不足一米五，嗯，有门儿！

大头刚要上车搜查，一支冰冷的手枪顶住他的太阳穴。矮胖老头恶狠狠地说："上车！把我送进城！"说完把大头推上了车，汽车飞快地开走了。

汽车一拐弯，遇到了胖子探长。胖子见大头坐在汽车里，觉得十分奇怪，忙问："大头，车上有问题吗？"

矮胖老头用枪顶一下大头："你敢说出去，我一枪打死你！"

大头眼珠一转，对胖子喊道："没有事！只不过天不见了大个坏蛋！"

瘦猴跑过来问："大头说的话是什么意思？"

胖子在地上写了一下"天"字，"天字不见了大，剩下的是一呀！大头暗示我们车上有一个坏蛋！"

"追！"瘦猴截了一辆车，向"奔驰"车开走的方向猛追过去。

端掉毒窝

矮胖老头看见胖子的汽车紧追不舍，心中害怕。矮胖老头向后面"砰、砰"连放两枪。

大头趁矮胖老头开枪的机会，低头朝矮胖老头猛撞过去，大喊："让你尝尝我大头的厉害，下去吧！"

"我的妈呀！"矮胖老头从车里滚了出来。

"不许动！放下武器！"瘦猴用枪逼住矮胖老头。

这时从机场方向，走来一名打扮入时的中年妇女，手中牵着一只大狼狗。她在电话亭前停下来，在留言板上贴了一张纸条，转身离去。

瘦猴说："瞧，那个贵妇人在贴纸条！"

"过去看看。"胖子快步走了过去。

纸条上写着：

请速取 b 千克巧克力。

$$b \begin{array}{|c|} \hline b+1 \\ \hline \end{array} = \begin{array}{|c|} \hline b+3 \\ \hline \end{array} b-1$$

大头摸着自己的大脑袋，说："这张纸条可真怪，两个长方形中间还画了一个等号，什么意思呢？"

胖子说："等号表示两个长方形的面积相等吧！瘦猴，你算得快，你来算算 b 等于多少！"

瘦猴写出：长方形面积＝长×宽。

$$b(b+1)=(b+3)(b-1),$$
$$b^2+b=b^2+2b-3,$$
$$b=3。$$

瘦猴说："上次计算出那个中年妇女带了 3 千克毒品，这回是 3 千克巧克力。我看，这巧克力是假，毒品是真！"

"追！"三个人拔腿就追。边追边喊："喂，牵狗的，站住！"

那位贵妇人用手拍了一下狼狗的屁股，小声说："去咬他们！"

大狼狗"噌"的一声，蹿了过来，"汪、汪"地张嘴便咬。大头用事先准备好的笼子捉住了它。

贵妇人弄清楚来的三个人是警察，又知道自己的同伙已有两人被捕，立即招认自己带来 3 千克毒品。

 李毓佩
数学科普文集

胖子把矮胖老头和贵妇人交给警察，喘了一口粗气说："还剩一个小孩。"

这时一个卖报小孩跑过来，小声说："谁买神奇花粉，500元1克，又便宜又好用！"

"神奇花粉？"胖子一愣，他问小孩，"我要买神奇花粉，你有多少？"

卖报小孩低声说："我有许多神奇花粉，请你带足了钱，按这个地址去取货！"说完递给胖子一张纸条。

纸条上写着：

取货地点第 x 大街 y 号，其中 x 和 y 从下表中找。

1	5	6	30
2	3	8	12
3	x	7	35
4	3	y	9

大头接过纸条看了半天，摇摇头说："这表里的数字乱七八糟！"

胖子说："一定有规律，要耐心观察才行。"

还是瘦猴细心，他写出：$1\times30=5\times6$，$2\times12=3\times8$。然后高兴地说："我找到前两行的规律了，每行两边两数的乘积与中间两数的乘积相等！利用这个规律可以算出 x 和 y 来。"瘦猴接着算：

$$7x=3\times35，x=15；$$
$$3y=4\times9，y=12。$$

大头掏出手枪叫道："卖毒品的地点在第15条大街12号，快去捣毁毒窝！"说完就跑了出去。

警车迅速赶到藏毒地点，大头第一个闯了进去。没想到脚下一软，"扑通"一声，掉进了陷阱。这时里屋"砰、砰"地向外开枪，胖子和瘦猴奋力还击。

胖子和瘦猴都是神枪手，交火没多久，里屋的两名匪徒就受伤逃走。要救大头，又要捉拿匪徒，胖子心里十分着急。可是他们会躲在哪儿呢？

瘦猴说："大头是掉进陷阱里去的，我看他们肯定藏在地下室！"他们跑进屋寻找，在大沙发后面找到了通往地下室的门，可是门是关着的。门旁边画着一把扇子，扇子下面写着一行字：

在扇子的空格处填上适当的数字，门就会自动打开。

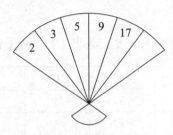

瘦猴看了半天，摇摇头说："前 3 个数 2、3、5 都是质数，可是第 4 个数却是合数，这里面的规律我找不出来。"

胖子一句话没说，在地上写出一系列算式：

$$3 = 2 \times 2 - 1, \quad 5 = 3 \times 2 - 1,$$
$$9 = 5 \times 2 - 1, \quad 17 = 9 \times 2 - 1.$$

瘦猴一拍脑袋说："我明白了！右边的数等于左边相邻数的 2 倍再减 1，$17 \times 2 - 1 = 33$。"胖子掏出笔在空格处填上 33，门自动打开了。两人端着枪顺着楼梯走下去，只见两名受伤的匪徒正在包扎伤口。

"不许动！举起手来！"胖子大喝一声，两名匪徒乖乖地举起了手。在另一间屋里找到了大头，并查获了大量毒品。

胖子叫来大批警察，对这个毒窝进行彻底搜查。胖子笑着说："大头、瘦猴，该休息两天啦！"

李毓佩
数学科普文集